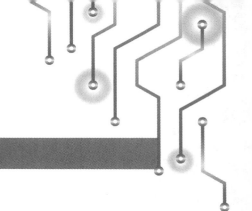

安徽省高等学校省级质量工程项目

省级规划教材——**工程训练实训**系列教程

电工电子技术 工程训练实用教程

主　编　李双喜

副主编　张海涛　张平娟

主　审　陈杰平

U0208497

重庆大学出版社

内容提要

本书主要介绍电工电子技术工程实践的基本内容,包括安全用电技术与触电救护训练、电工工具、电工仪表与使用训练、制图规范与电工、电子读图、识图训练、常用低压电器与控制线路训练、PLC 与变频器技术实训、电子元器件性能与检测训练、焊接机理与焊接技术训练、电路板设计与制作训练、整机装配工艺训练,以及电工电子技术工程实践综合训练。本书内容选取紧密结合当前高水平应用型大学建设、卓越人才培养计划的背景,突出学生电工电子工程实践能力的培养。

本教程可作为高等学校机械制造及其自动化、车辆工程、机械电子工程、汽车服务工程、建筑电气及其智能化、电气工程及其自动化、电子信息工程、自动化等专业的电工、电子技术工程实践训练教材,也可作为各类培训班和高职院校相关专业的电工电子技能实践教学配套教材或参考书。

图书在版编目(CIP)数据

电工电子技术工程训练实用教程/李双喜主编.—重庆:重庆大学出版社,2016.1(2017.1 重印)
ISBN 978-7-5624-9451-5

Ⅰ.①电… Ⅱ.①李… Ⅲ.①电工技术—高等学校—教材②电子技术—高等学校—教材 Ⅳ.①TM
②TN

中国版本图书馆 CIP 数据核字(2016)第 010939 号

电工电子技术工程训练实用教程

主 编 李双喜
副主编 张海涛 张平娟
主 审 陈杰平
策划编辑:曾显跃

责任编辑:李定群 高鸿宽   版式设计:曾显跃
责任校对:关德强   责任印制:赵 晟

*

重庆大学出版社出版发行
出版人:易树平
社址:重庆市沙坪坝区大学城西路 21 号
邮编:401331
电话:(023)88617190 88617185(中小学)
传真:(023)88617186 88617166
网址:http://www.cqup.com.cn
邮箱:fxk@cqup.com.cn(营销中心)
全国新华书店经销
重庆共创印务有限公司印刷

*

开本:787mm×1092mm 1/16 印张:20.25 字数:468 千 插页:8 开 2 页
2016 年 1 月第 1 版 2017 年 1 月第 2 次印刷
印数:2 001—4 000
ISBN 978-7-5624-9451-5 定价:39.00 元

安徽省高等学校省级质量工程项目
省级规划教材——工程训练实训系列教程
（项目编号：2013ghjc238）

编 审 委 员 会

主　任　郭　　亮（安徽科技学院　教务处）

　　　　陶庭先（安徽工程大学　教务处）

　　　　董　　毅（蚌埠学院　教务处）

　　　　李庆红（滁州学院　教务处）

　　　　冯武堂（奇瑞汽车股份有限公司）

委　员　陈杰平（安徽科技学院　机械工程学院）

　　　　许德章（安徽工程大学　机械与汽车工程学院）

　　　　倪寿春（滁州学院　机械与汽车工程学院）

　　　　吕思斌（蚌埠学院　机械与车辆工程系）

　　　　邓景全（滁州学院　机械与汽车工程学院）

　　　　张春雨（安徽科技学院　机械工程学院）

　　　　李长宁（安瑞科（蚌埠）压缩机有限公司）

　　　　吴长宁（蚌埠神州机械有限公司）

序

应用型本科高校对于促进地方经济社会的全面发展、区域经济的合理布局、人才培养多元化结构等都有着强有力的推动作用。安徽省应用型高校依托行知联盟推动分类指导、特色发展、共建共享优质教育资源建设，正在构建高校与用人单位、行业企业共同制订人才培养标准、共同研制培养方案、共同完善课程体系、共同开发教材、共同建设教学团队、共同建设实践实习基地、共同实施培养过程、共同评价培养质量的产教融合、校企合作、协同育人新机制。

教材建设是专业建设和课程建设的重要内容，是提升教育教学质量的重要保证，是高校内涵建设的重要抓手。而教材管理也是应用型本科高校人才培养过程中需要深入探索的重要课题，目前的问题是：教材选用定位不准确，过分强调知识的系统性和学术性；选用制度不完善，合作共享机制不健全；管理信息不畅通，教材监管不到位；教材内容和培养规格目标吻合度不够等。因此应用型本科高校各个专业教材编写，尤其是核心课程和实践教学环节实训教材更应该从专业定位和特色、教材选用制度、教材质量评价跟踪和信息反馈机制、教材立体化系列化建设等方面加强改进，逐步完善教材建设与管理模式。同时，学校应积极探索一校一策、一校一尺、一校一色，分类管理评价教材的新机制和新办法。

本实训教程吸取了安徽省内部分高等院校多年推行高水平应用性大学建设、进行人才培养模式改革的成果，得到了安徽省高等学校省级质量工程项目立项支持，由安徽科技学院、安徽工程大学、蚌埠学院、滁州学院等院校联合有关合作企业共同编写。该系列教材具有工程性、实践性、系统性、通用性和先进性的特点，能够较好地满足机电类应用型人才培养实训教学的需要，有利于各兄弟院校在教学改革方面的交流与合作，我们相信这套系列实训教程的出版和发行对于我省应用型高校教材的建设与管理起到很好的示范和推动作用。

当然,由于编者学术水平有限,对应用型人才培养的探索不足,其内容组织和体系都不够完善,需要在改革实践中不断修改、锤炼和完善,诚望同行专家及读者不吝赐教,多提宝贵意见。

安徽科技学院　郭　亮

2016 年 1 月

前　言

电工电子技术实践技能培养在机电类工程技术教育中具有重要地位,是未来机电类工程师基本专业素质的重要组成部分。以"会看图纸与分析""能选材料与器件""会初步设计与制作"与"能调试与参数检测、整定"为能力培养落脚点,通过项目引导的方式加强学生电工电子技术实践能力培养。

本书编写基本思想主要从以下3点出发:

1. 项目驱动,围绕工程实践需要为基石。

2. 体现电工电子新技术、新设备应用,符合技术发展方向。

3. 操作性强,能够在工程训练中心、实验室完成和实现。

内容组织上以电工技能(电工电子工具、电工安全与电气测量、电机与机床控制、PLC 与变频器应用初步)、电子技能(电子焊接与整机装配、电子设计基础、电子综合设计)为主线组织,文字简练、图文结合,增强判断、分析、设计能力与工程思想、工程经验传授,为学生全面掌握电工电子基本技能提供保障。

本书由李双喜主编,张海涛、张平娟副主编,李双喜编写第2、第3章、10.1 节、10.4 节,张海涛编写第5 章,张平娟编写第6 章、张新伟编写第7 章、第8 章,黄敏编写第1 章、10.2节,柳伟续编写第9 章、10.3 节,刘洪霞编写第4 章。本书由陈杰平主审。

本教材得到安徽省规划教材项目(2013ghjc238)——工程训练实训系列教程、安徽科技学院特色项目——电工电子技能实训优质实践课程资助。

由于时间和作者水平的限制,书中存在疏漏和不妥之处,敬请各位读者批评指正。

编　者
2015 年 12 月

目　录

第 **1** 章
安全用电技术与触电救护训练

电能是现代工农业生产、交通运输、商业、服务和人们日常生活的主要能源,已经成为现代工业化、信息化社会的"血液"。因此,电工技术在各行各业中得到越来越广泛的应用,并占有十分重要的地位。电工的任务就是能正确使用电工工具和仪器仪表,对电气设备进行安装、调试和维修,保证电气设备安全运行,从而保证正常生活和生产用电。

随着电气化程度的提高,人们接触电的机会越来越多,触电事故时有发生。如果用电不慎,可能会造成电源中断、设备损坏、人身伤亡,同时给生产和生活造成很大的影响,因此,安全用电具有极其重要的意义。对于电子产品的生产工人来说,经常遇到的是用电安全问题。人体是导电的,一旦有电流流过将会受到不同程度的伤害。由于触电的种类、方式及条件不同,人体受到的伤害程度也不一样。

1.1　触电及其对人体的危害

1.1.1　触电的种类和方式

(1)人体触电的种类

触电是指人体触及带电体后,或者通过其他导电途径(如导体或电弧)触及带电体而引起的病理、生理效应。

根据触电对人体伤害程度的不同,将它分为两种类型:电击和电伤。

1)电击

电击指的是电流通过人体时所造成的内伤即内部器官受到伤害,严重干扰人体正常的生物电流。它可使肌肉抽搐、内部组织损伤,造成发热、发麻、神经麻痹等。严重的会使人昏迷、窒息,甚至心脏停止跳动、血液循环终止等而导致死亡。100 mA 的工频电流可使人遭到致命电击。人们通常所说的触电则是指电击,大部分触电死亡事故都是由电击造成的。

2）电伤

电伤指的是电流的热效应、化学效应、机械效应及电流的作用下使熔化或蒸发的金属微粒等导致人体外表的创伤，严重时也可危及生命。常见的电伤有以下 3 种：

①灼伤

灼伤是指电流的热效应引起对人体皮肤、皮下组织、肌肉甚至神经产生的伤害，主要是电弧灼伤，造成皮肤红肿、起泡、烧焦或皮下组织损伤。

②烙伤

烙伤是由电流热效应或力效应引起，使皮肤被电气发热部分烫伤或由人体与带电体紧密接触而留下肿块、硬块，使皮肤变色等。

③皮肤金属化

皮肤金属化是一种化学效应，是指由于带电体金属通过触电点蒸发进入人体造成局部皮肤出现相应金属的特殊颜色的现象。

（2）影响电流伤害人体的因素

1）电流大小

通过人体的电流越大，人体的生理反应越明显、感觉越强烈，引起心室颤动或窒息的时间越短，致命的危险性越大，因而伤害也越严重。电流对人体的作用见表 1.1。

表 1.1　电流对人体的作用

电流/mA	对人体的作用
<0.7	无感觉
1	轻微感觉
1~3	刺激感，通常电疗仪器取此电流
3~10	感到痛苦，但可自行摆脱
10~30	引起肌肉痉挛，短时间内无危险，长时间危险
30~50	强烈痉挛，时间超过 60 s 有生命危险
50~250	使心脏产生心室性纤颤，丧失知觉，严重危害生命
>250	短时间内造成心脏骤停，体内造成电灼伤

触电通过人体的电流按危险程度分为以下 3 种：

①感知电流

感知电流是指能够引起人们感觉的最小电流。成年男子感知电流约为 1.1 mA，而成年女子约为 0.7 mA。

②摆脱电流

摆脱电流是指人能忍受并能自动摆脱电源的人体最大电流，为 10~16 mA。

③致命电流

致命电流是指使人短时间内出现生命危险的人体最小电流。

在一般的场合可取 30 mA 为安全电流,即认为 30 mA 是人体可以忍受而又无致命危险的最大电流。

2）电流的类型

电流的类型不同对人体造成的伤害也不相同。直流电一般引起电伤,而交流电则会出现电伤或电击或同时发生,特别是 40 ~ 100 Hz 交流电对人体最危险。不幸的是人们日常使用的工频市电(我国为 50 Hz)正是在这个危险的频段。当交流电频率达到 20 000 Hz 时对人体造成的危害很小,故用于医疗的一些仪器采用这个频段的交流电。

3）人体电阻

皮肤如同人的绝缘外壳,在触电时起着一定的保护作用。当人体触电时,流过人体的电流与人体的电阻有关,人体电阻越小,通过人体的电流越大,也就越危险。人体电阻还是一个非线性电阻,随着电压升高,电阻值减小。表 1.2 为人体电阻随电压的变化情况。

表 1.2　人体电阻值随电压的变化情况

电压/V	1.5	12	31	62	125	220	380	1 000
电阻/kΩ	>100	16.5	11	6.24	3.5	2.2	1.47	0.64
电流/mA	忽略	0.8	2.8	10	35	100	268	1 560

4）电流的作用时间长短

电流对人体的伤害与电流作用于人体的时间长短有密切关系。通电时间越长,由于人体发热出汗和电流对人体的电解作用,人体电阻逐渐降低,流过人体的电流也就越大,对人体组织的破坏越加厉害,后果也就越严重。可用电流与时间的乘积(也称电击强度)来表示电流对人体的危害。触电保护器的一个重要指标就是额定断开时间与电流乘积小于 30 mA·s,而实际产品能够达到 3 mA·s,因此可有效防止触电事故。

5）电流途径

电流通过人体的途径不同,对人体的伤害程度也不同。电流通过心脏会引起心室颤动,较大的电流还会使心脏停止跳动,这两者都会使血液循环中断而导致死亡;电流通过中枢神经系统会引起中枢神经强烈失调而导致死亡。

其中,最危险的途径是从手到胸部(心脏)到脚;较危险的途径是从手到手;危险性较小的途径是从脚到脚。

6）人体状况

触电对人体的伤害程度与人体本身的状况有着密切关系,如性别、年龄、健康状况、心理及精神疲劳等。

1.1.2　触电方式

（1）直接触电

直接触电是人体与带电体直接接触的触电。它分为单相触电和两相触电两种。

1)单相触电

在人体与大地之间不绝缘的情况下,直接接触带电体中的一相,电流通过人体流入大地的触电现象,称为单相触电,即电流通过人体经皮肤与地面接触后由大地返回,形成电流环形通路。此种触电是日常生活、生命中最常见的触电方式,其危险程度与电网运行方式有关。如图 1.1 所示为中性点接地系统的单相触电,由于人体电阻 R_b 比中性点直接接地电阻 R_0 大得多,所以相电压几乎全部加在人体上,这是很危险的。若人体与大地间绝缘电阻很大,通过人体电流 I_b 很小,则不会造成危险。如图 1.2 所示为中性点不接地系统的单相触电,由于电气设备对地具有绝缘电阻 R',发生单相触电时通过人体的电流很小,一般不会对人体造成伤害,但当非触电相的接地绝缘破坏或降低时,单相触电对人体仍是很危险的。

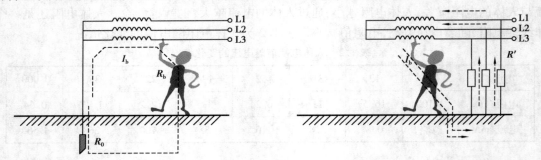

图 1.1 中性点接地系统的单相触电　　　图 1.2 中性点不接地系统的单相触电

2)两相触电

两相触电也称为相间触电,是人体同时接触两相导体,电流通过人体形成回路的触电现象,如图 1.3 所示。两相触电比单相触电更加危险,因为作用于人体的是线电压。

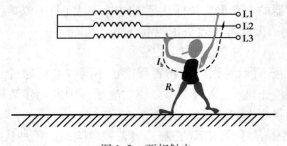

图 1.3 两相触电

(2)间接触电

不带电的物体在非正常运行情况下(如绝缘损坏)带电体与之触及而触电,称为间接触电,如图 1.4 所示。它可分为以下两种情况:

1)跨步电压触电

在发生接地故障的电气设备附近地面上,由于电磁场效应,以此电线落地为中心,在20 m之内的地面上有许多同心圆周,这些不同直径的圆周上的电压各不相同,离电线落地点越近的圆周电压越高,离中心越远的圆周电压越低,这种电位差称为跨步电压。人在接地短路点周围行走,其两脚之间(按 0.8 m 考虑)的电位差,就是跨步电压。跨步电压的大小,与两脚间的距离有关,还与接地点的距离有关,距离故障接地点越近,则跨步电压越大,当图 1.4 中甲一脚踏在接地点上,跨步电压将达到最大值 U_{s2}。

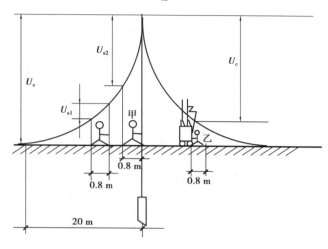

图 1.4　跨步电压和接触电压触电

2)接触电压触电(见图 1.4 乙)

接触电压是指人站在发生接地短路故障设备的旁边,其接触设备的手与脚之间所承受的电压,大小为故障设备对地电压与人所站立对地电压之差即 U_c,其大小随人体站立点位置而异,人体站立点离接地点越远,接触电压越大;反之越小。当人体站在接地点与设备外壳接触,接触电压为零。

(3)静电触电和感应电压触电

在停电的线路和电气设备上带有电荷,称为静电。带有静电的原因是各种各样的,如物体的摩擦带有电荷;电容器或电缆线路充电后,切除电源,仍残存电荷。人体触及带有静电的设备会受到电击,导致伤害。停电后的电气设备或线路,受到附近有电设备或线路的感应而带电,称为感应电。人体触及带有感应电的设备也会受到电击。

1.2　触电的原因与救护技术

1.2.1　触电原因

实际工作中,从造成事故的原因上看,主要有:缺乏电气安全知识;电气设备或电气线路安装不符合要求;电气设备运行管理不当,未采用有效的安全措施,使绝缘损坏而漏电;制度不完善或违反安全操作规程作业,特别是非电工擅自处理电气事务;接线错误,尤其是插头、插座接线错误;维修管理不善,不及时排查和处理事故隐患;高压线断落地面可能造成跨步电压触电事故等。当然,触电事故的规律不是一成不变的,而且很多触电事故都不是由单一原因,而是由两个以上的原因造成的。因此,应当在实践中不断分析和总结触电事故的规律,为做好电气安全工作提供可靠的依据。

造成触电的主要原因如下：

（1）**季节性原因**

一般每年以二三季度事故较多，6—9月最为集中。因为夏秋两季天气潮湿、多雨，降低了电气设备的绝缘性能，易产生漏电；人体衣单多汗，皮肤湿润，人体电阻降低，容易导电；正值农忙季节，农村用电量和用电场所增加，触电机率增多。

（2）**电压原因**

一般低压设备触电事故多，其主要原因是低压设备数量远远多于高压设备，与之接触的人比与高压设备接触的人多得多，而且都是比较缺乏电气安全知识。但在专业电工中，情况是相反的，即高压触电事故比低压触电事故多。

（3）**统计表明电气触头和链接部位触电事故多**

大量触电事故的案例中，很多触电事故发生在接线端子、缠线接头、压线接头、焊接接头、电缆头、灯座、控制开关、接触器、熔断器等分支线、接户线处，主要是由于这些连接处机械牢固性较差，接触电阻较大，绝缘强度较低以及可能发生化学反应的缘故。

（4）**操作者自身素质**

通常错误操作和违章作业造成的触电事故多。统计资料表明，有85%以上的事故是由于错误操作和违章作业造成的。其主要原因是由于安全教育不够，安全制度不严，安全措施不完善，操作者素质不高。

（5）**行业原因**

不同行业和不同地域触电事故不同。冶金、矿业、建筑、机械行业触电事故多，主要是这些行业的生产现场经常伴有潮湿、高温、现场混乱、携带式设备和移动式设备多以及金属设备多等不安全因素，而且农村触电事故明显多于城市。

（6）**年龄段原因**

不同年龄阶段的人员触电事故不同，中青年工人、非专业电工、合同工和临时工触电事故多，其主要原因是这部分人是主要操作者，经常接触电气设备，经验不足，比较缺乏电气安全知识，有的责任心还不够强，以致触电事故多。

1.2.2　触电症状分析

人体触电后，往往伴随出现神经麻痹、呼吸中断、心跳停止、呈现昏迷不醒等状态。但实际情况是这时触电者往往表现假死，一般触电死亡的医学特征如下：

①心跳、呼吸停止。

②瞳孔放大。

③血管硬化。

④出现尸斑。

⑤尸僵。

因此在实际工作中，根据以上特征，如尚有一个特征未出现，都认为触电者是假死，救护人员必须迅速进行救护。根据触电程度的不同，一般人体触电的主要症状等级见表1.3。

表1.3 人体触电的症状分析

序号	触电症状	临床表现
1	轻微型	脸色苍白、表情呆滞、呼吸、心跳突然停止、对周围失去反应;敏感人群会表现休克、晕倒,一般能够很快恢复,无特殊不适应
2	中度型	呼吸、心跳受到影响,呼吸急促、变浅、心跳加速;有时出现间歇性收缩,短时间处于昏迷、瞳孔不散大,对光的反应存在,血压无明显变化
3	重度型	呼吸中枢受到抑制或麻痹,迅速出现呼吸加速且不规则,出现呼吸时快时慢、时间长短不一、深度不等等具体症状,通常在数分钟内死亡。重型触电者心脏受到影响,心跳不规则,严重的可导致心室纤维颤动,只需要几分钟,心脏完全停止

1.2.3 救护技术

发生触电事故,千万不要惊慌,首先要用最快的速度使触电者摆脱电源。对触电人员进行紧急救护的关键是在现场采取积极和正确的措施,减轻触电人员的伤情和痛苦,争取时间,尽最大努力抢救生命,完全有可能使因触电而呈假死状态的人员获救;反之,任何拖延和操作失误都有可能带来不可弥补的后果。因此,在触电急救现场要认真观察伤员全身情况,防止伤情恶化,同时迅速拨打120急救电话联系医疗部门救治。发现触电者呼吸、心跳停止时,应立即在现场就地抢救。在送往医院过程中也不要中断抢救,如果抢救者体力不支,可换人操作,直到使触电者恢复呼吸和心跳,或由医生确诊已无生还希望为止。

(1)脱离电源

人触电后,可能由于痉挛或失去知觉等原因而紧抓带电体,不能自行摆脱电源,使自己成为一个带电体。因此,使触电人员尽快脱离电源是救活触电人员的首要措施。脱离电源最有效的措施是使触电者接触的那一部分带电设备的开关、刀闸或其他断路设备断开,或设法将触电者与带电设备脱离。在脱离电源时,救护人员既要救人,也要注意保护自己。触电者未脱离电源前,救护人员不准直接用手触及伤员。脱离电源可采取的措施如下:

①若电源开关或电源插座就在出事点附近,应立即拉下开关或拔掉插头,切断电源。

②若开关太远或一时找不到开关,可用绝缘钳或装有干燥木柄的刀、斧等工具将导线切断或用干燥木棒、竹竿等绝缘物迅速将导线挑开。

③如果是低压触电,在触电人员的衣服是干燥的且导线并非缠身时,救护人员可站在干燥木板上用一只手拉住触电人员的衣服将其拉离带电体。如果是高压触电,应立即通知相应的管理部门迅速拉闸断电。

④切断电源后,人体肌肉不再紧张而立即放松,触电人员将自行摔倒,为此要有防止摔伤的措施,特别是在高空触电的情况下。

⑤如果触电者触及断落在地面的带电高压导线,在尚未确认线路无电和救护人员是否做

好安全措施前,不能接近断线点周围 8～10 m,防止跨步电压伤人。触电者脱离带电导线后应迅速带至 8～10 m 以外,并立即开始触电急救。只有在确定线路已经无电时,才可在触电者离开触电导线后,立即就地进行急救。

（2）**急救处理**

对触电人员的急救分秒必争,当其脱离电源并确认现场环境安全后,应让触电人员仰卧,并将上衣和裤带放松,排除妨碍呼吸的因素,迅速鉴定触电人员是否有知觉、呼吸和脉搏,然后对症就地抢救。

①如触电者神志清醒,应将其就地平躺,严密观察,切忌立即站立和行走。

②拍摇患者并大声询问,手指甲掐压人中穴约 5 s,如无反应表示意识丧失,应将触电者就地仰面平躺,确保其气道通畅。同时,检查脉搏,时间不应超过 10 s,禁止摇动伤员头部呼叫伤员。

③如果触电者失去知觉,不能正常呼吸(无呼吸或仅仅是喘息),但心脏微有跳动时,应迅速采用口对口(鼻)人工呼吸法。如果触电者虽有呼吸,但心脏停止跳动时,应迅速采用人工胸外挤压心脏法。如果触电者心跳和呼吸都已停止,则需同时合并采取人工胸外挤压心脏和口对口人工呼吸两种方法进行抢救。

1.3　电气安全技术基础

1.3.1　电气事故的类型

根据电能的不同作用形式,可将电气事故分为触电事故、静电危害事故、雷电灾害事故、电磁场危害及电气系统故障危害事故等。

（1）**触电事故**

1）电击

电击是指电流通过人体,刺激机体组织,使肌肉非自主地发生痉挛性收缩而造成的伤害,严重时会破坏人的心脏、肺部、神经系统的正常工作,形成危及生命的伤害。按照人体触及带电体的方式,电击可分为以下 3 种情况:

①单相触电

单相触电是指人体接触到地面或其他接地导体的同时,人体另一部位触及某一相带电体所引起的电击。根据国内外的统计资料,单相触电事故占全部触电事故的 70% 以上。因此,防止触电事故的技术措施应将单相触电作为重点。

②两相触电

两相触电是指人体的两个部位同时触及两相带电体所引起的电击。两相触电的危险性一般比较大。

③跨步电压触电

跨步电压触电是指站立或行走的人体,受到出现于人体两脚之间的电压,即跨步电压作用所引起的电击。跨步电压直接电击的危险性一般不大,这是由于跨步电压本身不大而且通过人体重要组织的电流分量小,但可能造成二次伤害。

2）电伤

这是电流的热效应、化学效应、机械效应等对人体所造成的伤害。它表现为局部伤害。电伤包括电烧伤、电烙印、皮肤金属化、机械损伤及电光眼等多种伤害。

（2）静电危害事故

静电危害事故是由静电电荷或静电场能量引起的。由于静电能量不大,不会直接使人致命。但是,其电压可能高达数十千伏乃至数百千伏,发生放电,产生放电火花。静电危害事故主要有以下3个方面:

①在有爆炸和火灾危险的场所,静电放电火花会成为可燃性物质的点火源,造成爆炸和火灾事故。

②人体因受到静电电击的刺激,可能引发二次事故,如坠落、跌伤等。此外,对静电电击的恐惧心理还对工作效率产生不利影响。

③某些生产过程中,静电的物理现象会对生产产生妨碍,导致产品质量不良,电子设备损坏,造成生产故障,乃至停工。

（3）雷电灾害事故

雷电是大气中的一种放电现象。雷电放电具有电流大、电压高的特点。其能量释放出来可能形成极大的破坏力。其破坏作用主要有以下3个方面:

①直击雷放电、二次放电、雷电流的热量会引起火灾和爆炸。

②雷电的直接击中、金属导体的二次放电、跨步电压的作用及火灾与爆炸的间接作用,均会造成人员的伤亡。

③强大的雷电流、高电压可导致电气设备击穿或烧毁。发电机、变压器、电力线路等遭受雷击,可导致大规模停电事故。雷击可直接毁坏建筑物、构筑物。

（4）射频电磁场危害

射频是指无线电波的频率或者相应的电磁振荡频率,泛指100 kHz以上的频率。射频伤害是由电磁场的能量造成的。射频电磁场的主要危害如下:

①在射频电磁场作用下,人体因吸收辐射能量会受到不同程度的伤害。过量的辐射可引起中枢神经系统的机能障碍,出现神经衰弱症候群等临床症状;可造成植物神经紊乱,出现心率或血压异常;可引起眼睛损伤,造成晶体浑浊,严重时导致白内障;可造成皮肤表层灼伤或深度灼伤等。

②在高强度的射频电磁场作用下,可能产生感应放电,会造成电引爆器件发生意外引爆。

（5）电气系统故障危害

电气系统故障危害是由于电能在输送、分配、转换过程中失去控制而产生的。断线、短路、异常接地、漏电、误合闸、误掉闸、电气设备或电气元件损坏、电子设备受电磁干扰而发生误动作等都属于电路故障。电气系统故障危害主要体现在以下3个方面:

1）引起火灾和爆炸

线路、开关、熔断器、插座、照明器具、电热器具、电动机等均可能引起火灾和爆炸；电力变压器、多油断路器等电气设备不仅有较大的火灾危险，还有爆炸的危险。

2）异常带电

电气系统中，原本不带电的部分因电路故障而异常带电，可导致触电事故发生。例如，电气设备因绝缘不良产生漏电，使其金属外壳带电；高压电路故障接地时，在接地处附近呈现出较高的跨步电压，形成触电的危险条件。

3）异常停电

在某些特定场合，异常停电会造成设备损坏和人身伤亡。如正在浇注钢水的吊车，因骤然停电而失控，导致钢水洒出，引起人身伤亡事故；医院手术室可能因异常停电而被迫停止手术，无法正常施救而危及病人生命等。

1.3.2　电气设备的防火措施

几乎所有的电气故障都有可能导致电气着火。如设备材料选择不当，绝缘老化，过载、短路或漏电，照明及电热设备故障，熔断器的烧断、接触不良以及雷击、静电等都可能引起高温、高热或者产生电弧、放电火花，从而引发火灾事故，尤其是在易燃、易爆场所，潜在危害就更大了。

电气火灾与一般火灾相比一般有两个特点：一是着火的电气设备可能带电，灭火时若不注意就会发生触电；二是有些电气设备充有大量油，如油浸式电力变压器和多油断路器等，一旦着火，可能发生喷油甚至爆炸事故，造成火势蔓延，扩大火灾范围。对电气火灾必须根据其特点，采取适当措施进行防范和扑救。

（1）经常检查电气设备的运行情况

检查接头是否松动，有无电火花产生，电气设备的过载、短路保护装置性能是否可靠，设备绝缘是否良好。

（2）合理选用电气设备

有易燃、易爆品的场所，安装使用电气设备时，应选用防爆电器，绝缘导线必须密封于钢管内，应按爆炸危险场所等级选用、安装电器设备。

（3）保持安全的安装位置

保持必要的安全检查间距是电气防火的重要措施之一。为防止电气火花和危险高温引起火灾，凡能产生火花和危险高温的电气设备周围不应堆放易燃、易爆品。

（4）保持电气设备正常运行

电气设备运行中产生的火花和危险高温是引起电气火灾的主要原因，为控制过量的工作火花和危险高温，保证电气设备的正常运行，应由经培训考核合格的人员操作、使用和维护保养电气设备。

（5）保持电气设备的通风

在易燃易爆危险场所运行的电气设备，应有良好的通风，以降低爆炸性混合物的浓度，其通风系统应符合有关要求。

（6）接地

在易燃易爆危险场所的接地要比一般场所要求高,不论其电压高低,正常不带电装置均按有关规定可靠接地。

1.3.3　电气设备的灭火规则

（1）断电

电气设备或电气线路发生火灾,如果没有及时切断电源,扑救人员身体或所持器械可能接触带电部分而造成触电事故。使用导电的灭火剂,如水枪射出的直流水柱、泡沫灭火器射出的泡沫等射至带电部分,也可能造成触电事故。火灾发生后,电气设备可能因绝缘损坏而碰壳短路;电气线路可能因电线断路而接地短路,使正常时不带电的金属架构、地面部位带电,也可能导致接触电压或跨步电压触电危险。发现起火后,首先要设法切断电源,同时拨打火警电话和通知电力部门派人到现场指导和监护扑救工作。切断电源应注意以下5点:

①火灾发生后,由于受潮和烟熏,开关设备绝缘能力降低,拉闸时最好用绝缘工具操作。

②高压应先操作断路器而不应该隔离开关切断电源,低压应先操作电磁启动器而不应该先操作刀开关切断电源,以免引起弧光短路。

③切断电源的地点要选择适当,防止切断电源后影响灭火工作。

④剪断电线时,不同相的电线应在不同的部位剪断,以免造成短路。剪断空中的电线时,剪断位置应选择在电源方向的支持物附近,以防止电线剪断落下来,造成接地短路和触电事故。

⑤如果线路带有负荷,应尽可能先切断负荷,再切断现场电源。

（2）带电灭火安全要求

因生产不能停,或因其他需要不允许断电而必须带电灭火时,必须选择不导电的灭火剂,如二氧化碳灭火器、1211灭火器、二氟二溴甲烷灭火器等进行灭火。灭火时,救火人员必须穿绝缘鞋和戴绝缘手套。当变压器、开关等电器着火后,有喷油和爆炸的可能,最好在切断电源后灭火。

灭火的最短距离用不导电灭火剂灭火时,10 kV 电压,喷嘴至带电体的最短距离不应小于0.4 m;35 kV 电压,喷嘴至带电体的最短距离不应小于0.6 m,若用水灭火,电压在110 kV 及以上,喷嘴至带电体之间必须保持3 m 以上;220 kV 及以上者,应不小于5 m。

1.3.4　用电安全技术措施

为保障电工作人员的工作安全,国家行业操作规程《电业安全工作规程》明确规定,在高压电气设备或线路上工作,必须拥有保证人员操作安全的组织措施和技术措施;在低压线路或停电的低压配电装置上,必须采取必要的安全措施才能进行操作。电工操作安全的组织措施与技术措施见表1.4。

表 1.4　电工操作安全的组织措施与技术措施

序号	安全措施	措施内涵
1	组织措施	(1)电工安全操作工作许可制度:电工工作开始前,必须完成工作许可手续,工作人员应负责审查安全措施是否到位,是否符合现场的条件,并负责落实现场施工的电气安全措施。工作现场任何一方不得独自改变或变更安全措施,值班人员不得变更有关检修设备的运行接线方式、方法。停电检修,运行值班员必须在可能受电的各个方面均拉闸停电,并做好地线挂接,有效记录工作任务等信息后发出工作许可指令 (2)电工安全工作监护制度:完成工作许可手续后,工作人员应负责向工作班组人员交代现场安全措施,带电的部位和注意事项,工作负责人员必须始终留守工作现场,对工作人员的安全进行监护,及时纠正违反安全的作业动作,所有人员必须服从工作负责人的指挥
2	技术措施	(1)直接接触防护技术措施: ①防止电流经过人的身体流过; ②限制流过人体电流的大小,小于电击电流。 (2)间接接触防护技术措施: ①防止故障电流经过人的身体任何部位 ②限制流过人体故障电流的大小,小于电击电流 ③故障条件下触及外露可导电的部分,应该能在规定的时间内自动断开电流 ④工作人员不至于同时接触到两个不同的电位点 ⑤使用双重绝缘或加强绝缘 ⑥采用不接地的局部等电位连接保护 (3)热效应防护:保障工作场所不会发生因地热或电弧引起可燃或致人灼伤的危险 (4)阻拦物防护:采用护栏或阻拦物进行保护,阻拦物必须防止在正常情况下设备运行期间无意识的触及带电部位或人的身体无意识接近带电部位 (5)使设备置于伸直手臂范围以外的保护 ①凡是能够触及两个不同电位的两部分之间的距离严禁在手臂范围内 ②操作施工需要注意安全距离

电压等级/kV	< 1	1 ~ 10	35 ~ 110
最小操作距离/m	4	6	8

③架空线路应保持的最小垂直距离

电压等级/kV	< 1	1 ~ 10	35 ~ 110
最小垂直距离/m	4	7	7

训练 1.1 电工安全技术操作训练

（1）训练目标

①能进行安全用电。

②了解人体触电的知识，了解触电原因及预防措施。

③掌握触电急救知识，学会使触电者脱离电源的方法。

（2）理论准备

1）安全用电

①任何情况下检修电路和电器都要确保断开电源，仅仅断开设备上的开关是不够的，还要拔下插头。

②不要湿手插拔电器开关。

③遇到不明情况的电线，先认为它是带电的。

④尽量养成单手操作电工作业的习惯。

⑤不在疲倦、带病等状态下从事电工作业。

⑥遇到较大体积的电容器时先进行放电，再进行检修。

2）安全制度

在工厂企业、科研院所、实验室等用电单位，几乎无一例外地制订有安全的用电制度。这些制度绝大多数都是在科学分析基础上制订的，也有很多条文是在实际中总结得出的经验，换句话说很多制度是用惨痛的教训换来的。我们一定要记住：在你走进车间、实验室等一切用电场所时，千万要重视安全用电制度，不管这些制度咋看起来是如何"不合理"，如何"妨碍"工作。

（3）训练工具与材料

训练工具与材料见表1.5。

表1.5 训练1.1的训练工具与材料

训练工具	低压验电器、万用表
训练材料	绝缘钳、干燥的木棒、竹竿、木凳等常见绝缘体

（4）训练项目及内容

模拟工作人员站在凳、桌、梯子上，两手同时触及裸导线的两相或火、地线，造成触电，让同学们根据实际情况选择使触电者脱离电源的方法，以及应注意的问题。

一定注意是在无电线路上进行模拟。为此，可敷设专门的训练线路，两人一组，一人模拟触电者，一人进行让其脱离电源的急救。

训练 1.2　触电救护训练

（1）训练目标
①掌握触电急救知识。
②学会并会使用触电救护方法。
（2）理论准备
对于触电者,首先要将其移到安全、干燥、通风良好、平整过的硬地上或者硬木板上,并迅速解开触电者的领口,松除其身上的紧身衣、胸罩和围巾等,使胸部能自主扩张,不妨碍呼吸。

1）口对口（鼻）人工呼吸法

①救护人位于触电者头部的右边或者左边,用一只手捏紧触电者的鼻孔,使其不漏气,用另一只手将其下巴拉向前方如图 1.5（a）所示。使其嘴巴张开,嘴上可盖一层纱布,准备接受吹气。

②救护人做深呼吸后,紧贴触电者的嘴巴,防止漏气,如图 1.5（b）所示。如果掰不开嘴巴,可从鼻孔吹气,同时将其嘴唇紧闭,防止漏气,使其胸部膨胀。

③救护人吹气完毕后换气时,应立即离开触电者的嘴巴或者鼻孔,并放松紧捏鼻或者嘴巴,让其自主排气,如图 1.5（c）所示。

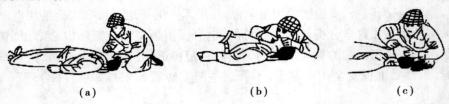

（a）　　　　　　　　　　（b）　　　　　　　　　　（c）

图 1.5　口对口人工呼吸法

④先连续大口吹气两次,每次 1～1.5 s,再判定是否需要继续人工呼吸,若还需人工呼吸,按照 12 次/min 的速率和（800～1 000）mL/次的进气量进行吹气,以免吹气量过大,引起胃膨胀。吹气和放松时要注意触电者胸部应有起伏的呼吸动作。吹气时如有较大的阻力,可能是因为头部后仰不够,应及时纠正。对幼小儿童实行此法时,鼻子不必捏紧,可任其自由漏气,而且吹气不能过猛,以免肺泡膨胀。只要发现触电者有苏醒的症状,如眼皮闪动或者嘴唇微动,就应停止操作几分钟,让触电者自行呼吸。

2）人工胸外挤压心脏法

①救护人位于触电者的一边,最好是跨腰跪在触电者的腰部,将一手掌根部紧贴在触电者双乳头连线的胸骨中心,即心窝稍微高一点的地方胸骨下 1/3 部位,另一手掌根部重叠放于其手背上,两手相叠。

②救护人找到触电者的正确压点,双臂伸直,自上而下、垂直均衡地用力向下挤压,压出心脏里面的血液,如果是儿童要用力适当小一些,使胸骨下陷至少 5 cm（婴儿约为胸廓厚度的 1/3 约为 4 cm）,如图 1.6（a）所示。

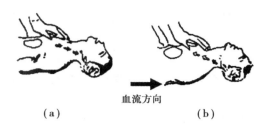

血流方向

（a）　　　　　　　　　（b）

图1.6　人工胸外挤压心脏法

③挤压后，手掌迅速放松，但不要离开胸部，每次按压后使胸廓完全反弹，心脏扩张，血液又回到心脏里，如图1.6（b）所示。

④胸外按压时最大限度地减少中断，按压频率至少为100次/min。用力、快速按压，挤压时定位一定要准确，但用力要适当，万万不可冲击式的猛压猛放，以免将胃中食物也挤压出来，堵塞器官从而影响呼吸或折断肋骨，损伤内脏；又不可用力过小，达不到挤压血流的效果。

（3）**训练工具与材料**

训练工具与材料见表1.6。

表1.6　训练1.2的训练工具与材料

训练工具	脉搏测量仪、血压计
训练材料	海绵垫子或棕垫、枕头、毛巾

（4）**训练项目及内容**

用人工的方法，使触电者迅速建立有效的循环和呼吸，恢复全身血氧供应，防止加重脑缺氧，促进脑功能的恢复，挽救生命。

①对触电者的检查：检查瞳孔、呼吸和心跳。

②口对口（鼻）人工呼吸法。

③人工胸外挤压心脏法。

检查触电者瞳孔主要是看瞳孔是否正常，有无放大现象；并用耳朵贴近触电者胸部听是否有心跳，或者手摸颈动脉或腹股沟处的脉动脉，看有无搏动；用薄纸放在触电者鼻孔处，检查是否还有呼吸。如果触电者神志不清，应使其就地仰卧，确保气道通畅，并用约5 s时间，呼叫触电者或轻拍其肩部，以判定是否丧失意志，严禁摇动触电者头部呼叫或剧烈晃动触电者。

口对口的人工呼吸法只做示范，模拟操作人工胸外挤压心脏法务必学会，男女同学可分在两个训练室分组练习。

若有条件，该项训练也可采用全自动电脑心肺复苏模拟人来完成。其功能特点以下：

①液晶彩显。人工呼吸与胸外挤压、模拟心脏搏动显示、模拟心电图显示；模拟标准气道开放。

②人工手位胸外按压时：动态条码指示灯显示按压深度；液晶计数显示；详细记录按压错误的具体原因（按压力量过大、按压力量过小、按压位置不对及正确的次数）；中文语音详细提示按压错误的具体原因，以便训练者及时改正。

③人工口对口呼吸(吹气)时:动态条码指示灯显示潮气量正确、过大或者过小;液晶计数显示;详细记录吹气错误的原因(按吹气量过大、吹气量过小及吹气正确的次数);语音提示吹气错误的具体原因。

④按压与人工呼吸比30∶2(单人或双人);操作周期:有效30次按压及两次人工吹气,30∶2的5个循环周期CPR操作。

⑤检查瞳孔反应:考核操作前和考核程序操作完成后模拟瞳孔由散大、缩小的自动动态变化过程的模拟体现。

⑥检查颈动脉反应:用手触摸检查,模拟按压操作过程中的颈动脉自动搏动反应,以及考核程序操作完成后颈动脉自动搏动反应的模拟体现。

第2章
电工工具、电工仪表与使用训练

电工技术是与工业生产设计、开发、安装以及服务行业、日常生活密切相关的实用技术。掌握常用电工工具的使用技巧、电工测试基本原理与电工仪表的正确使用是电工技术人员首要解决的基本技能。本章首先介绍常用电工工具的结构、类型与使用方法,在此基础上全面分析常用电工仪表的工作原理、结构与参数测量的方法。通过训练操作达到使学生掌握电工工具与电工仪表的初步使用能力。

2.1 常用电工工具

无论是安装电工、维修运行电工、弱电电工还是专业电工,进行电工作业都离不开电工工具。电工工具门类极其多样,随着科技的进步电工工具也处于不断的发展过程中。下面介绍安装与维修电工工作过程中常用基本电工工具及其使用方法。

常用电工工具见表2.1。

表2.1 常用电工工具

序号	电工工具	所属型号
1	测电笔	氖泡式、数字式、非接触式、声光式、汽车测电笔
2	螺丝刀	手动起子、电动起子、气动起子;一字形、十字形、米字形、T形(梅花形)、H形(六角)
3	电工钳	断线钳、剥线钳、压线钳、尖嘴钳、扁口钳、斜口钳、剥线钳、水口钳、钢丝钳、电缆钳
4	扳 手	内六角扳手、扭力扳手、梅花扳手、呆扳手、活动扳手、月牙形扳手、套筒扳手、两用扳手
5	电烙铁	内热式、外热式、吸锡电烙铁
6	镊 子	直头镊子、平头镊子、弯头镊子
7	其他工具	导线安全接地用具、脚扣子、登高踏板、安全带绳、提物绳子、起重器、滑轮、小型电钻、线头压接器、喷灯,土方锹镐工具,钢锯锯割工具,各种紧线器、挂线滑轮、拉子

2.1.1 验电器

为能直观地确定设备、线路是否带电,使用验电器是一种既方便又简单的方法。验电器是一种电工常用的工具。验电器分低压验电器和高压验电器。

(1)低压验电器(低压验电器又称试电笔)

1)氖泡式低压验电器

其检测范围为 60 ~ 500 V。它有钢笔式、旋具式和组合式多种,验电笔只能在 380 V 以下的电压系统和设备上使用。氖泡式低压验电器结构如图 2.1(a)所示。

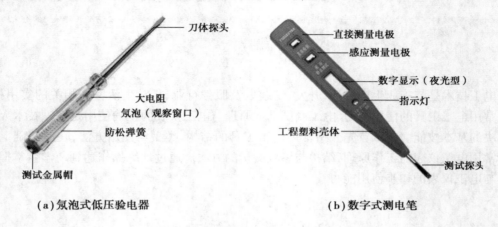

(a)氖泡式低压验电器　　　　　　　　　　(b)数字式测电笔

图 2.1　低压验电器

2)数字式测电笔

数字式测电笔(见图 2.1(b))适用于直接检测 12 ~ 250 V 的交直流电压和间接检测交流电的零线、相线和断点,以及测量不带电导体的通断。

①A 键

"DIRECT"直接检测时,探头接触带电体,人手接触直接测量电极(A 键),通过人体与大地构成闭合回路,测电笔内部的分压电阻输出不同的电压等级。当到大高段显示值 70% 时,显示高段值(12 V、36 V、55 V、110 V、220 V);否则,显示低段值。如测量 220 V 交流电压,则12 V、36 V、55 V、110 V、220 V 均点亮。

②B 键

"INDUCTANCE":为感应/断点测量键(离液晶屏较近),也就是用探头感应(注意是感应,而不是直接接触)线路时,即按此按钮。该测量功能是通过探头感应外在的电场的存在,通过数显测电笔内部线路感应出电压驱动显示器显示。若显示屏出现"高压符号",则表示被检测物内部带交流电。

断点检测:测量有断点的电线时,轻触感应/断点测量(INDUCTANCE)键,测电笔金属前端靠近(注意是靠近,而不是直接接触)该电线,或者直接接触该电线的绝缘外层,若"高压符号"消失,则此处即为断点处。利用此功能可方便地分辨零、相线(测并排线路时要增大线间距离),检测微波的辐射及泄漏情况等。

3）非接触式测电笔

非接触式测电笔（见图 2.2（b））是利用电磁感应原理，当空间存在一定强度的交变电场时（电磁辐射），通过电磁感应获得感应电压信号，经过测电笔内部的电子电路接收、滤波、放大、比较，可控制 LED 发光闪烁和发出声响。鉴于结果与检测探头处的空间电磁辐射强度有关，因此，非接触式测电笔的检测效果与检测距离具有一定的相关性。

4）汽车测电笔

汽车测电笔是根据汽车（12V 或 24V 系统）电路检测需要，通过在普通氖泡式测电笔的基础上将尾部的金属帽改进成鳄鱼夹结构，测试通过汽车电路的正极—测电笔探头—氖泡—金属鳄鱼夹—搭铁构成回路。当检测到电源信号时，氖泡放光，可满足汽车电路的检测需要。其结构如图 2.2（a）所示。

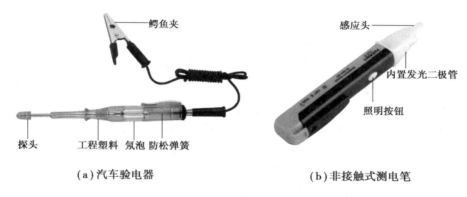

（a）汽车验电器　　　　　　　　　（b）非接触式测电笔

图 2.2　汽车验电器与非接触式验电器

（2）高压验电器

高压验电器又称为高压测电器，按照适用电压等级可分为：0.1～10 kV 验电器，6 kV、10 kV 验电器，35 kV、66 kV 验电器，110 kV、220 kV 验电器，500 kV 验电器。按照型号可分为 GDY 声光型高压验电器、GD 声光型高压验电器、GSY 声光型高压验电器、YD 语言型高压验电器、GDY-F 防雨型高压验电器、GDY-C 风车式高压验电器、GDY-S 绳式高压验电器等具体类型。

1）电容型交流高压声光验电器

这种高压验电器通过检测流过验电器对地杂散电容中的电流来指示电压是否存在。综合了多种传统验电器的优点，采用先进的电子线路进行信号处理，符合标准 DL740-2000。现场操作具备声光警示，安全可靠，电源用 4 粒 1.5 V 组扣式碱性电池，寿命长。伸缩拉杆绝缘体使用方便，根据《电力部电力安全工器具质量监督检验测试中心》标准生产，如图 2.3 所示。其中，护手直径应比绝缘杆直径大 40 mm，护手厚度最小为 20 mm。这种类型的验电器按照显示方式，可分为声类、光类、数字类、回转类及组合式类等。按照连接方式，可分为整体式（指示器与绝缘杆固定连接）和分体组装式（指示器与绝缘构件可拆卸组）；按照使用气候条件，可分为雨雪型、非雨雪型；按照使用的环境温度，可分为低温型、常温型和高温型。

19

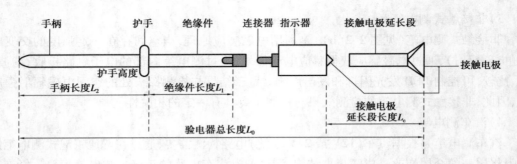

图 2.3　可组装型电容高压型验电器结构图

2）氖管发光型高压验电器

氖管发光型高压验电器主体结构与电容型相似，由握柄、护环、固紧螺钉、氖管窗、氖管及金属钩组成。

3）集成电路声光型高压验电器

棒状伸缩型高压验电器是根据国内电业部门要求，在汲取国内外各验电器优点基础上研制的"声光双重显示"型验电器，它具有以下优点：验电灵敏性高，不受阳光、噪声影响，白天黑夜户内户外均可使用；抗干扰性强，内设过压保护，温度自动补偿，具备全电路自检功能；内设电子自动开关，电路采用集成电路屏蔽，保证在高电压、强电场下集成电路安全可靠地工作；产品报警时发出"请勿靠近，有电危险"的警告声音，简单明了，避免了工作人员的误操作，保障了人身安全；验电器外壳为 ABS 工程塑料，伸缩操作杆由环氧树脂玻璃钢管制造。

高压验电器的使用方法和注意事项如下：

①使用高压验电器时必须注意其额定电压和被检验电气设备的电压等级相适应，否则可能会危及验电操作人员的人身安全或造成错误判断。

②验电时操作人员应戴绝缘手套，手握在护环以下的握手部分，身旁应有人监护。首先在有电设备上进行检验，检验时应渐渐移近带电设备至发光或发声止，以验证验电器的性能完好。然后再在验电设备上检测，在验电器渐渐向设备移近过程中突然有发光或发声指示，即应停止验电。

③在室外使用高压验电器时，必须在气候良好的情况下进行，以确保验电人员的人身安全。

④测电时人体与带电体应保持足够的安全距离，10 kV 以下的电压安全距离应为 0.7 m 以上。验电器应每半年进行一次预防性试验。

2.1.2　螺丝刀、电工刀

各种形式的螺丝刀是电工技术操作过程中必要的旋具，用于紧固或拆卸螺钉、装配产品、线路使用。常见的螺丝刀根据动力来源，可分为手动螺丝刀、电动螺丝刀、气动螺丝刀；根据螺丝刀口形状，可分为一字形、十字形、米字形、T 形（梅花形）、H 形（六角）、异型等。

（1）螺丝刀

1）一字形螺丝刀

一字形螺丝刀的型号采用刀头宽度×刀杆长度标识。例如，2×75 mm，则表示刀头宽度为2 mm,金属杆长为75 mm(不包含手柄长度)。常用的杆长有38 mm、50 mm、100 mm、150 mm、200 mm、300 mm、400 mm等。根据手柄的材料不同,可分为木质手柄和塑料手柄两种类型。

2)十字形螺丝刀

表示为头型×长度,如一字6×100,6 mm是杆子的头型也是杆子的直径,100 mm是杆子的长度(长度不含手柄部分),十字PH2×100,PH2是头型,100 mm是杆子的长度。型号为0#、1#、2#、3#、4#(PH0—PH1—PH2—PH3—PH4)与对应的金属杆粗细大致为3.0 mm、5.0 mm、6.0 mm、8.0 mm、10 mm。常用的杆长有100 mm、150 mm、200 mm、300 mm、400 mm等。

十字形螺丝刀从小到最大一般有7个规格:精密规格为PH000—PH00,常用规格为PH0—PH1—PH2—PH3—PH4。

3)多功能螺丝刀

这种采用组合方式设计,其手柄与螺丝刀部分是可以拆卸的,配置不同规格的螺丝刀头,可实现一刀多用功能。

4)电动、气动起子

电动起子也称电批、电动螺丝刀(见图2.4(a)),是用于拧紧和旋松螺栓、螺母用的电动工具。该电动工具装有调节和限制扭矩的机构,主要用于装配线。整机结构由电子、电机、机

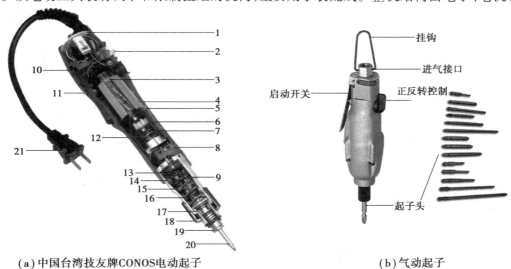

(a)中国台湾技友牌CONOS电动起子　　　　(b)气动起子

图2.4　电动起子与气动起子外形结构图
1—整流及滤波电路板;2—正反转/停止开关;
3—马达转子线圈以绝缘胶封固,可防止因高速旋转产生(风切)所引发之断线;
4—稀土类超强磁铁:体积小、扭力特强;5—双重绝缘装置;以符合UL安全规格设计;
6—风扇:散热及吹出炭灰;7—隔离座;8—启动及自动停止电源开关;9—机械式控制主机构;
10—两用功能选择开关:P下压启动专用PL按板、下压两用;11—外换式碳刷;
12—密封式整体合金钢减速齿轮组,坚固耐用;13—机械式瞬间动力释放开关,可消除后坐力;
14—离合器防冲击保护装置;15—扭力控制弹簧;16—扭力自动释放控制机构;
17—扭力稳定装置PAT.P;18—外调式无段扭力调节扭;19—外拉式起子头换装控制环;
20—起子头;21—110 V或220 V直接插电

械 3 大部分组成。由于它的精度高,效率快,已经成为组装行业必不可缺的工具。电动起子按照供电电压分 AC 高压、DC 低压,高压式不需要单独电源供应器转换电压,直接与市电连接,操作快捷占用空间小。低压电动起子具有体积小、质量轻,低压直流马达驱动,寿命长、安全系数高等优点。按照控制方式,可分为半自动和全自动;按照操作启动模式,可分为下压式和手按式。

①全自动电动起子

在达到设定扭力后能够完全自动刹车并停止运转的电动起子,称为全自动电动起子。

②手按式电动起子

操作启动时需用手指按住启动杠杆,或压板按钮等。

③下压式电动起子

操作启动时无须用手指按住启动杠杆,或压板按钮等。直接对准工件压下就可启动。

气动起子也称气动螺丝刀、风批、风动起子、风动螺丝刀等,是用于拧紧和旋松螺栓、螺母等用的气动工具。气动起子采用压缩空气作为动力。装有调节和限制扭矩的装置的称为全自动可调节扭力式。无以上调节装置,只是用开关旋钮调节进气量的大小以控制转速或扭力的大小,称为半自动不可调节扭力式,即半自动气动起子,主要用于各种装配作业。它由气动马达、捶打式装置或减速装置几大部分组成。由于它的速度快、效率高、温升小、已成为组装行业必不可缺的工具。操作启动模式有下压式和手按式。气动起子的分解结构图如图 2.4(b)所示。

电动起子与气动起子可选配各种规格的起子头,适应生产线不同规格的螺钉的装配需求。

(2)电工刀

电工刀是一种切削工具,如图 2.5 所示。普通的电工刀由刀片、刀刃、刀把和刀挂等构成。刀片根部与刀柄相铰接,其上带有刻度线及刻度标识,前端形成有螺丝刀刀头,两面加工有锉刀面区域,刀刃上具有一段内凹形弯刀口,弯刀口末端形成刀口尖,刀柄上设有防止刀片退弹的保护钮。电工刀的刀片汇集有多项功能,使用时只需一把电工刀便可完成连接导线的各项操作;不用时,把刀片收缩到刀把内。

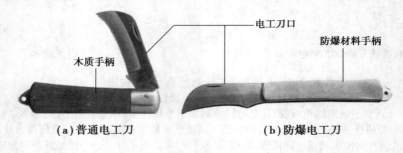

木质手柄　　　　　　　　　　　电工刀口　　　　　　防爆材料手柄

(a)普通电工刀　　　　　　　　　　　　(b)防爆电工刀

图 2.5　普通电工刀与防爆电工刀

电工刀的主要功能是用来剖削和切割导线的绝缘层、削制木枕、切削木台及绳索等。电工刀有普通型、多用型和防爆型 3 种。按照刀片长度分为大号(112 mm)和小号(88 mm)两种规格。多用型电工刀除具有基本的刀片外,还设计有可收式的锯片、锥针和旋具,可用来锯割电线槽板、胶木管、锥钻木螺丝的底孔。无须携带其他工具,具有结构简单、使用方便、功能多样等有益效果。防爆电工刀的材质是铜合金,由于铜的良好导热性能及几乎不含碳的特质,使工具和物体摩擦或撞击时,短时间内产生的热量被吸收及传导,另一原因由于铜本身相对较软,摩擦和撞击时有很好的退让性,不易产生微小金属颗粒,于是几乎看不到火花,因此防爆工具又称为无火花工具。

使用电工刀时,应将刀口向外剖削;剖削导线绝缘层时,应使刀面与导线成较小的锐角,以免损伤芯线;其次电工刀使用时应注意避免伤手,电工刀用毕,应随时将刀身折进刀柄。同时,应注意电工刀的刀柄不是采用绝缘材料制成,所以不能在带电导线或器材上剖削以防触电。

2.1.3　钢丝钳、尖嘴钳、断线钳、剥线钳

(1)钢丝钳

1)钢丝钳结构与规格

钢丝钳又名花腮钳、克丝钳,用于夹持或弯折薄片形、圆柱形金属零件及切断金属丝,其旁刃口也可用于切断细金属丝。作为一种夹持或折断金属材料、剪切金属丝的工具。电工钢丝钳由钳柄、钳头、绝缘套管组成,绝缘套管的耐压值一般为交流 500 V 以上。作为钢丝钳的关键部分钳头一般由钳口、齿口、刀口及铡口组成。其对应的功能较多,钳口用来弯铰或钳夹导线线头,齿口可代替扳手用来旋紧或起松螺母,刀口用来剪切导线、剖切导线绝缘层或掀拔铁钉,铡口用来铡切电线线芯和钢丝、铝丝等较硬的金属。其结构如图 2.6 所示。

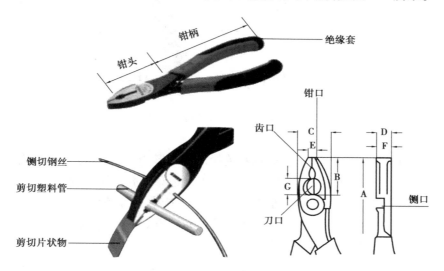

图 2.6　钢丝钳结构及其使用

钢丝钳的规格通常采用钢丝钳的全长标识:如 125 mm、150 mm、175 mm、200 mm(对应 5 in、6 in、7 in、8 in 规格)等,制造材料一般使用镍铬合金钢、铬钒合金钢、高碳钢、球墨铸铁等。

2）电工钢丝钳使用注意事项

①使用电工钢丝钳之前，必须检查绝缘套的绝缘是否完好，如绝缘损坏，不得带电操作，以免发生触电事故。对使用胶套（PVC、PP、TPR）等塑料制成的钳子，其胶套意图仅仅用于护手，以减缓手掌和钳柄的摩擦力。若是带电作业很容易被电流击穿而危及运用者的安全。

②使用电工钢丝钳，要使钳口朝内侧，便于控制钳切部位；钳头不可代替锤子作为敲打工具使用；钳头的轴销上应经常加机油润滑。

③用电工钢丝钳剪切带电导线时，不得用刀口同时剪切相线和零线，或同时剪切两根相线，以免发生短路事故。

（2）尖嘴钳

尖嘴钳的头部尖细，适用于在狭小的工作空间操作，一般用于夹持较小的垫圈、螺钉、电子元器件、导线等，也可用于导线接线头的弯曲造型；带刃口的尖嘴钳可用于剪断细小金属丝，剥削绝缘层。尖嘴钳的绝缘柄绝缘套耐压为 500 V 以上，其规格同钢丝钳一样以钳子的全长标识：常见的如 130 mm、160 mm、180 mm、200 mm 这 4 种。如图 2.7 所示为尖嘴钳的结构与外形图。

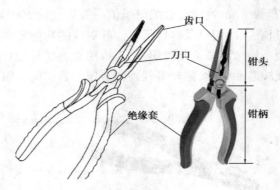

图 2.7　尖嘴钳结构

（3）断线钳

断线钳又称斜口钳，钳柄有铁柄、管柄和绝缘柄 3 种形式。其中，电工用的绝缘断线钳的外形如图 2.8 所示。其耐压为 1 000 V 以上。断线钳是专供剪断较粗的金属丝、线材及电线电缆等用，还常用来代替一般剪刀剪切绝缘套管、尼龙扎线卡、扎带等。其手柄有铁柄、管柄和绝缘柄 3 种具体类型。斜嘴钳的尺寸一般分为 4 in、5 in、6 in、7 in、8 in；比 4 in 更小的，常称为迷你斜口钳，长度约为 125 mm。

（4）剥线钳

剥线钳为内线电工，电动机修理、仪器仪表电工常用的工具之一，用来剥削 6 mm² 以下电线端部塑料线或橡皮绝缘的专用工具。它由钳头和手柄两部分组成。钳头部分由压线口和切口组成，分别有直径 0.5～3 mm 等的多个规格切口，以适应剥削不同规格的线芯需求；手柄采用绝缘套保护，耐压值为 500 V。使用时，电线必须放在大于其线芯直径的切口上剥，否则会切伤线芯。剥线的结构如图 2.9 所示。

图 2.8　断线钳结构　　　　　　　　　　图 2.9　剥线钳结构

（5）压接钳

导线压接钳是一种用冷压的方法来连接铜、铝导线的五金工具，特别是在铝绞线和钢芯铝绞线敷设施工中常要用到它。压接钳大致可分为手压和油压两类。导线截面为 35 mm² 及以下用手压钳，35 mm² 以上用齿轮压钳或油压钳。常见的压接钳如图 2.10 所示。

（a）手动压接钳　　　（b）电动压接钳　　　（c）分体式压接钳　　　（d）气动压接钳

图 2.10　压接钳外形

1）分体式压接钳

分体式压接钳需要配相应的泵浦，一般适合电架空线路和地下电缆线路使用；也有适合大型电缆的分体式压接钳。一机多用，可用于钳压管钳压，也可实现六角压模压接。

2）充电式压接钳

充电式压接钳结构紧凑、质量轻，进、退操作按钮安排合理。单手即可操作；采用低、高压两级柱塞泵驱动设计，压接快速，系统设有安全溢流阀，标准出力后自动卸压，头部可作 350°旋转，适合不同角度压接。

3）手动式压接钳

采用高、低两级柱塞泵驱动设计，操作快速省力；系统设有安全溢流阀，标准出力后自动卸压。空气式压接钳也属于手动类：空气式压接钳适合 1.25 ~ 5.5 mm 裸压端子、绝缘端子、绝缘闭端端子及连续端子；其使用空气式压力为 0.5 ~ 0.6 MPa，操作方式可踏板操作，也可手动，也可连续操作，压接头方便更换。

2.1.4　扳手

扳手是一种常用的安装与拆卸工具。利用杠杆原理拧转螺栓、螺钉、螺母和其他螺纹紧持螺栓或螺母的开口或套孔固件的手工工具。

扳手通常用碳素结构钢或合金结构钢制造。常见的扳手外形如图 2.11 所示。不同类型的扳手的功用如下：

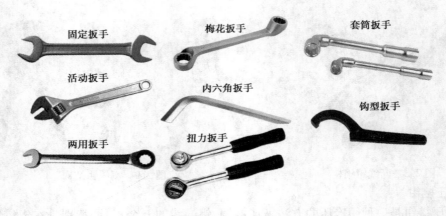

图 2.11　各种扳手

（1）呆扳手

一端或两端制有固定尺寸的开口，用以拧转一定尺寸的螺母或螺栓。

（2）梅花扳手

两端具有带六角孔或十二角孔的工作端，适用于工作空间狭小，不能使用普通扳手的场合。

（3）两用扳手

一端与单头呆扳手相同，另一端与梅花扳手相同，两端拧转相同规格的螺栓或螺母。

（4）活扳手

开口宽度可在一定尺寸范围内进行调节，能拧转不同规格的螺栓或螺母。该扳手的结构特点是固定钳口制成带有细齿的平钳凹；活动钳口一端制成平钳口；另一端制成带有细齿的凹钳口；向下按动蜗杆，活动钳口可迅速取下，调换钳口位置。

（5）钩形扳手

又称月牙形扳手，用于拧转厚度受限制的扁螺母等。

（6）套筒扳手

它是由多个带六角孔或十二角孔的套筒并配有手柄、接杆等多种附件组成，特别适用于拧转地位十分狭小或凹陷很深处的螺栓或螺母。

（7）内六角扳手

呈 L 形的六角棒状扳手，专用于拧转内六角螺钉。内六角扳手的型号是按照六方的对边尺寸来说的，螺栓的尺寸有国家标准。其用途是专供紧固或拆卸机床、车辆、机械设备上的圆螺母用。

（8）扭力扳手

它在拧转螺栓或螺母时，能显示出所施加的扭矩；或者当施加的扭矩到达规定值后，会发出光或声响信号。扭力扳手适用于对扭矩大小有明确规定的装配场合。

2.1.5　电烙铁

电烙铁是电子制作和电器维修必备工具，主要用途是焊接元件及导线。按机械结构，可分为内热式电烙铁和外热式电烙铁;按功能,可分为无吸锡式电烙铁和吸锡式电烙铁;根据用途不同,可分为大功率电烙铁和小功率电烙铁。电烙铁是手工焊接的主要工具,选择合适的电烙铁并合理使用,是保证焊接质量的关键。

（1）**电烙铁的类型与结构**

1）外热式电烙铁

外热式电烙铁由烙铁头、烙铁芯、外壳、木柄、电源引线及插头等部分组成。由于烙铁头安装在烙铁芯里面,故称为外热式电烙铁。烙铁芯是电烙铁的关键部件,它是将电热丝平行地绕制在一根空心瓷管上构成,中间的云母片绝缘,并引出两根导线与 220 V 交流电源连接。外热式电烙铁的规格很多,常用的有 30 W、40 W、50 W、60 W、70 W、80 W、90 W、100 W、150 W、200 W、300 W 等。功率越大烙铁头的温度也就越高。其结构如图 2.12 所示。

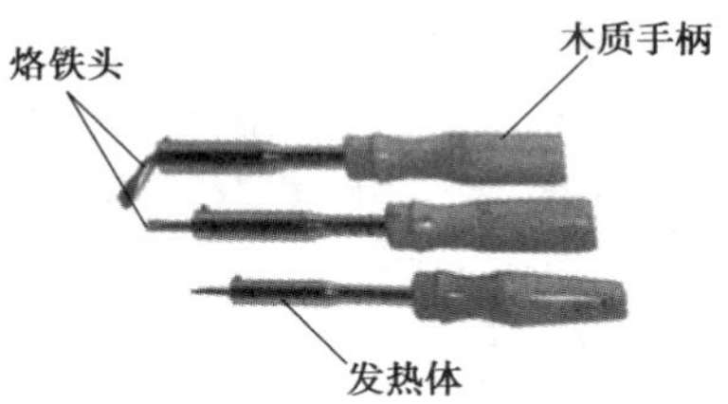

图 2.12　外热式电烙铁

2）内热式电烙铁

由手柄、连接杆、弹簧夹、烙铁芯及烙铁头组成。由于烙铁芯安装在烙铁头里面,故称为内热式电烙铁。内热式电烙铁发热快,发热效率较高,且其体积较小,价格便宜。内热式电烙铁的后端是空心的,用于套接在连接杆上,并且用弹簧夹固定。更换烙铁头较方便。当需要更换烙铁头时,必须先将弹簧夹退出,同时用钳子夹住烙铁头的前端,慢慢地拔出,切记不能用力过猛,以免损坏连接杆。一般电子制作都用 35 W 左右的内热式电烙铁。由于它的热效率高,20 W 内热式电烙铁就相当于 40 W 左右的外热式电烙铁。市场上常见的普通内热和无铅长寿命内热电烙铁,功率有 20 W、25 W、35 W、50 W 等,其中 35 W、50 W 是最常用的。

3）恒温式电烙铁

由于恒温电烙铁头内,装有带磁铁式的温度控制器,控制通电时间而实现温控,即给电烙铁通电时,烙铁的温度上升,当达到预定的温度时,因强磁体传感器达到了居里点而磁性消失,从而使磁芯触点断开,这时便停止向电烙铁供电;当温度低于强磁体传感器的居里点时,强磁体便恢复磁性,并吸动磁芯开关中的永久磁铁,使控制开关的触点接通,继续向电烙铁供电。如此循环往复,便达到了控制温度的目的。恒温式电烙铁的种类较多,烙铁芯一般采用PTC 元件。此类型的烙铁头不仅能恒温,而且可防静电、防感应电,能直接焊 CMOS 器件。高档的恒温式电烙铁,其附加的控制装置上带有烙铁头温度的数字显示（简称数显）装置,显示温度最高达 400 ℃。烙铁头带有温度传感器,在控制器上可由人工改变焊接时的温度。若改变恒温点,烙铁头很快就可达到新的设置温度。无绳式电烙铁是一种新型恒温式焊接工具,由无绳式电烙铁单元和红外线恒温焊台单元两部分组成,可实现 220 V 电源电能转换为热能的无线传输。烙铁单元组件中有温度高低调节旋钮,由 160～400 ℃ 连续可调,并有温度高低档格指示。另外,还设计了自动恒温电子电路,可根据用户设置的使用温度自动恒温,误差范围为 3 ℃。

4）调温式电烙铁

调温式电烙铁附加有一个功率控制器,使用时可改变供电的输入功率,可调温度范围为

100～400 ℃。调温式电烙铁的最大功率是 60 W,配用的烙铁头为铜镀铁烙铁头(俗称长寿头)。

5)双温式电烙铁

双温式电烙铁为手枪式结构,在电烙铁手柄上附有一个功率转换开关。开关分两位:一位是 20 W;另一位是 80 W。只要转换开关的位置即可改变电烙铁的发热量。

6)吸锡式电烙铁

吸锡电烙铁是将活塞式吸锡器与电烙铁熔为一体的拆焊工具。它具有使用方便、灵活、适用范围宽等特点。这种吸锡电烙铁的不足之处是每次只能对一个焊点进行拆焊。吸锡式电烙铁自带电源,适合于拆卸整个集成电路,且速度要求不高的场合。其吸锡嘴、发热管、密封圈所用的材料,决定了烙铁头的耐用性。

(2)烙铁头

烙铁头为电烙铁的配套产品,其为一体合成。烙铁头、烙铁嘴、焊嘴同为一种产品,是电烙铁、电焊台的配套产品,主要材料为铜,属于易耗品。常见的烙铁头(烙铁嘴、焊嘴)基本形状为尖形、马蹄形、扁嘴形及刀口形。各种配型的烙铁头的应用范围见表2.2。

表 2.2　烙铁头的类型与应用范围

序号	形　状	应用范围
1	I 型(尖端形)	烙铁头尖端细小,适合精细之焊接,或焊接空间狭小之情况,也可修正焊接芯片时产生锡桥
2	B 型/LB 型(圆锥形)	B 型烙铁头无方向性,整个烙铁头前端均可进行焊接。LB 型是 B 型的一种,形状修长。能在焊点周围有较高身之元件或焊接空间狭窄的焊接环境中灵活操作。适合一般焊接,无论大小之焊点,也可使用 B 型烙铁头
3	D 型/LD 型(一字批嘴形)	用批嘴部分进行焊接,适合需要多锡量之焊接,如焊接面积大、粗端子、焊垫大的焊接环境
4	C 型/CF 型(斜切圆柱形)	用烙铁头前端斜面部分进行焊接,适合需要多锡量之焊接。CF 型烙铁头只有斜面部分有镀锡层,焊接时只有斜面部分才能沾锡,故此沾锡量会与 C 型烙铁头有所不同,视焊接需要选择。0.5C、1C/CF、1.5CF 等烙铁头非常精细,适用于焊接细小元件,或修正表面焊接时产生锡桥,锡柱等。如果焊接只需少量焊锡的话,使用只在斜面有镀锡的 CF 型烙铁头比较适合;2C/2CF、3C/3CF 型烙铁头,适合焊接电阻、二极管之类的元件,齿距较大的 SOP 及 QFP 也可使用;4C/4CF 适用于粗大的端子,电路板上的接地
5	K 型(刀口形)	使用刀形部分焊接,竖立式或拉焊式焊接均可,属于多用途烙铁头。应用范围:适用于 SOJ、PLCC、SOP、QFP、电源、接地部分元件、修正锡桥、连接器等焊接
6	H 型	镀锡层在烙铁头的底部,适用于拉焊式焊接齿距较大的 SOP、QFP

2.2　常用电工仪表

在电气设备安装、供配电线路施工、机电设备维护与维修等工作中都离不开各种电工测量仪表。常见电工仪表包括万用表、钳形电流表、绝缘电阻测量仪、接地电阻测量仪、电能综合参数测量仪及相序表等。本节将详细介绍常用电工仪表的工作原理、结构、类型与使用注意事项和操作方法。电工测量中与电工仪表关联的技术常用术语如图 2.13 所示。

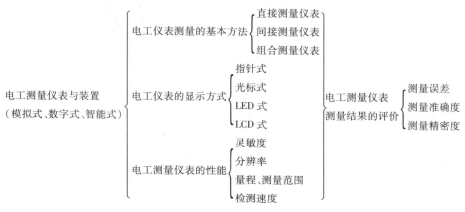

图 2.13　电工仪表的基本术语

2.2.1　钳形电流表

传统的电流表必须将电流表串接在电路中才能进行电流检测,实际电工技术中往往需要在路测量电路电流,为解决这一测试要求,钳型电流表作为一种典型的电工仪表被开发出来并广泛运用。钳形电流表根据测量结果显示形式的不同,可分为指针式和数字式;根据测量电压不同,可分为高压钳形电流表和低压钳形电流表;根据功能不同,可分为直流钳形表、交流钳形表、钳形万用表及漏电流钳形表;按结构和工作原理的不同,可分为整流系、电磁系和数字系 3 类。整流系钳形电流表只能用于交流电流的测量,而电磁系钳形电流表可实现交、直流两用测量。

(1)钳型电流表的工作原理

钳形电流表的结构如图 2.14 所示。其主要结构由电流互感器、电流表、操作手柄及量程选择开关组成。其工作原理与电流互感器测电流是一致。电流互感器的铁芯在捏紧扳手时可以张开,被测电流所通过的导线可不必切断就可穿过铁芯张开的缺口,当放开扳手后铁芯闭合。穿过铁芯的被测电路导线就成为电流互感器的一次线圈,其中通过电流便在二次线圈中感应出电流,从而使二次线圈相连接的电流表便有指示测出被测线路的电流。如果采用霍尔传感器作为探测装置,钳形电流表可用于测量直流电流,构成直流电流钳形电流表。钳形表一般准确度不高,通常为 2.5 ~ 5 级。为了使用方便,表内还有不同量程的转换开关供测不同等级电流以及测量电压的功能。

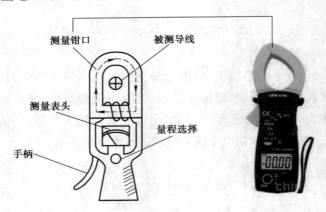

图 2.14　钳形电流表工作原理

（2）钳型电流表的选用

钳形电流表种类繁多,钳型电流表的选用的基本原则如下:

①首先应当明确被测量电流是交流还是直流。整流系钳形电流表只适于测量波形失真较低、频率变化不大的工频电流;否则,将产生较大的测量误差。对于电磁系钳形电流表来说,由于其测量机构可动部分的偏转性质与电流的极性无关。因此,它既可用于测量交流电流,也可用于测量直流电流,但准确度通常都比较低。钳形电流表的准确度主要有 2.5 级、3 级、5 级等,应当根据测量技术要求和实际情况选用。

②对于数字式钳形电流表而言,其测量结果的读数直观而方便,并且测量功能也扩充了许多,如扩展到能测量电阻、二极管、电压、有功功率、无功功率、功率因数及频率等参数。然而,数字式钳形电流表并不是十全十美的,当测量场合的电磁干扰比较严重时,显示出的测量结果可能发生离散性跳变,从而难以确认实际电流值;若使用指针式钳形电流表,由于磁电系机械表头本身所具有的阻尼作用,使得其本身对较强电磁场干扰的反应比较迟钝,充其量也就是表针产生小幅度的摆动,其示值范围比较直观,相对而言读数不太困难。

③钳型电流表的使用方法与要求:

a. 在使用钳形电流表前应仔细阅读说明书,弄清是交流还是交直流两用钳形表。

b. 由于钳形电流表本身精度较低,在测量小电流时,可采用下述方法:先将被测电路的导线绕几圈,再放进钳形表的钳口内进行测量。此时钳形电流表所指示的电流值并非被测量的实际值,实际电流应当为钳形电流表的读数除以导线缠绕的圈数。

c. 首先正确选择钳形电流表的电压等级,检查其外观绝缘是否良好,有无破损,指针是否摆动灵活,以及钳口有无锈蚀等。根据电动机功率估计额定电流,以选择表的量程。

d. 测量时,可每相测一次,也可三相测一次,此时表上数字应为零,(因三相电流相量和为零)。当钳口内有两根相线时,表上显示数值为第三相的电流值,通过测量各相电流可判断电动机是否有过载现象(所测电流超过额定电流值),电动机内部或(把其他形式的能转换成电能的装置称为电源)电源电压是否有问题,即三相电流不平衡是否超过 10% 的限度。

e. 测量运行中笼型异步电动机工作电流。根据电流大小,可检查判断电动机工作情况是否正常,以保证电动机安全运行,延长使用寿命。

f. 钳形电流表钳口在测量时闭合要紧密,闭合后如有杂音,可打开钳口重合一次,若杂音仍不能消除时,应检查磁路上各接合面是否光洁,有尘污时要擦拭干净。

g. 被测电路电压不能超过钳形表上所标明的数值,否则容易造成接地事故,或者引起触电危险。

h. 钳形电流表每次只能测量一相导线的电流,被测导线应置于钳形窗口中央,不可将多相导线都夹入窗口测量。

其他需要注意的如下:

a. 测量低压可熔保险器或水平排列低压母线电流时,应在测量前将各相可熔保险器或母线用绝缘材料加以保护隔离,以免引起相间短路。

b. 当电缆有一相接地时,严禁测量,防止因电缆头的绝缘水平低发生对地击穿爆炸而危及人身安全的事故。

c. 观测表计时,要特别留意保持头部与带电部分的安全间隔,人体任何部分与带电体的间隔不得小于钳形表的整个长度。

d. 钳形电流表测量结束后把开关拨至最大程挡,以免下次使用时不慎过流,并应保留在干燥的室内。

e. 在高压回路上测量时,禁止用导线从钳形电流表另接表计测量。测量高压电缆各相电流时,电缆头线间间隔应在 300 mm 以上,且绝缘良好。

f. 使用高压钳形电流表时应留意钳形电流表的电压等级,严禁用低压钳形表测量高电压回路的电流。用高压钳形表测量时,应由两人操纵,非值班职员测量还应填写第二种工作票。测量时应戴绝缘手套,站在绝缘垫上,不得触及其他设备,以防止短路或接地。

2.2.2　兆欧表

兆欧表是电工常用的一种绝缘电阻测量仪表,是电力、邮电、通信、机电安装和维修以及利用电力作为工业动力或能源的工业企业部门常用而必不可少的仪表,适用于测量各种绝缘材料的电阻值及变压器、电机、电缆及电器设备等的绝缘电阻。

兆欧表根据其工作原理分有机械式兆欧表和数字式兆欧表。机械式兆欧表(Megger)俗称摇表,因大多采用手摇发电机供电,故又称摇表,它的刻度是以兆欧(MΩ)为单位。

(1)兆欧表的工作原理

机械式兆欧表的工作原理如图 2.15 所示。主要结构是由手摇发电机、电磁式无机械反作用的表头组成,对外有接线柱(L:线路段,E:接地端,G:屏蔽端)。它的磁电式表头有两个互成一定角度的可动线圈,装在一个有缺口的圆柱铁芯外面,并与指针一起固定在同一转轴上,构成表头的可动部分,被置于永久磁铁中,磁铁的磁极与铁芯之间的气隙是不均匀的。由于指针没有阻尼弹簧,在仪表不用时,指针可以停留在任何位置。摇动手柄,直流发电机可输

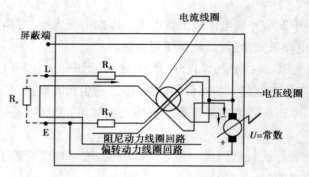

兆欧表的工作原理

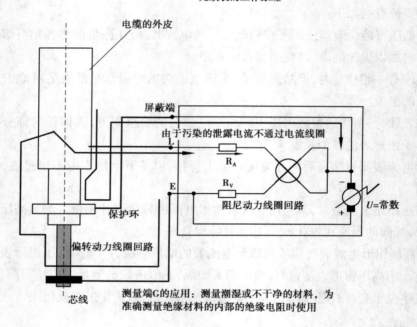

测量端G的应用:测量潮湿或不干净的材料,为准确测量绝缘材料的内部的绝缘电阻时使用

图 2.15 机械式兆欧表的工作原理

出电流。其中,一路电流 I_1 流入线圈 1 和被测电阻 R_x 的回路,另一路的电流 I_2 流入线圈 2 与附加电阻 R_V 回路。根据欧姆定律有:处在磁场中的通电线圈受到磁场力的作用(延伸:磁场对电流的作用),使线圈 1 产生转动力矩 M1,线圈 2 产生转动力矩 M2,由于两线圈绕向相反,从而 M1 与 M2 方向相反,两个力矩作用的合力矩使指针发生偏转。当 M1 = M2 时,指针静止不动,这时指针所指出的就是被测设备的绝缘电阻值。

数字式兆欧表的工作原理如图 2.16 所示。现有的数字式兆欧表一般由中大规模集成电路组成,具有输出功率大、短路电流值高、输出电压等级多(有 4 个电压等级 500 V、1 000 V、2 500 V、5 000 V)的特点。其工作原理:首先由机内电池作为电源经 DC/DC 变换器产生的直流高压由 E 极输出经被测试品到达 L 极,从而产生一个从 E 到 L 极的电流,经过 I/V 变换经除法器完成运算直接将被测的绝缘电阻值由 LCD 显示出来。

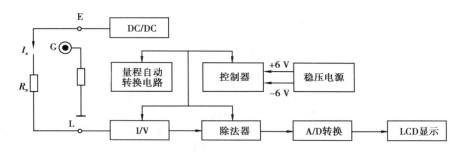

图 2.16　数字式兆欧表的工作原理

（2）兆欧表的使用注意事项

①测量前必须切断设备的电源,并接地或短路放电,以保证人身和设备安全,获得正确的测量结果。对具有较大电容的设备(如电容器、变压器、电机及电缆线路)必须先进行放电。

②测量前,应检查兆欧表是否处于正常工作状态。机械式兆欧表主要检查其"0"和"∞"两点,即摇动手柄,使电机达到额定转速(120 r/min)兆欧表在短路时应指向"0"位置,开路时应指在"∞"位置。数字式兆欧表主要检查电池容量是否充足,是否符合工作要求。

③在兆欧表使用过程中要特别注意安全,因为兆欧表端子有较高的电压,测量完后应立即使被测物体放电。机械式兆欧表的摇把在未停止转动和被测物体未放电前,不可用手触及被测部位,也不可去拆除连接导线,以防触电。数字式兆欧表测量过程中同样不可用手触及被测部位,也不可去拆除连接导线,以防触电。

④对于有可能感应出高电压的设备,要采取措施,消除感应高电压后再进行测量。

⑤被测设备表面要处理干净,以获得准确的测量结果。

⑥兆欧表与被测设备之间的测量线应采用单股线,单独连接;不可采用双股绝缘绞线,以免绝缘不良而引起测量误差。

⑦禁止在雷电时用兆欧表在电力线路上进行测量,禁止在有高压导体的设备附近测量绝缘电阻。

⑧机械式兆欧表在不用时,其指针可停在任意位置,数字式兆欧表不使用时,应关闭电源,长期不用应该将电池取出保存。

⑨机械式兆欧表使用时应放在平稳、牢固的地方,且远离大的外电流导体和外磁场,防止外界电磁干扰影响测量结果的正确性。

⑩读数后应首先断开测试线,然后再停止测试。

（3）兆欧表的使用方法

兆欧表的常用规格有 500 V、1 000 V、2 500 V 和 5 000 V 等挡级。选用兆欧表主要应考虑它的输出电压及其测量范围。一般高压电气设备和电路的检测需要使用电压高的兆欧表,而低压电气设备和电路的检测使用电压低一些的就足够了。通常 500 V 以下的电气设备和线路选用 500 ~ 1 000 V 的兆欧表,而瓷瓶、母线、刀闸等应选 2 500 V 以上的兆欧表。表 2.3 给出了不同类型兆欧表使用的基本方法。

表 2.3　兆欧表使用方法

序号	类型	使用方法
1	机械式兆欧表	（1）兆欧表必须水平放置于平稳牢固的地方，以免在摇动时因抖动和倾斜产生测量误差 （2）接线必须正确无误，兆欧表有 3 个接线桩，"E"（接地）、"L"（线路）和"G"（保护环或称屏蔽端子）。保护环的作用是消除表壳表面"L"与"E"接线桩间的漏电和被测绝缘物表面漏电的影响。在测量电气设备对地绝缘电阻时，"L"用单根导线接设备的待测部位，"E"用单根导线接设备外壳；如测电气设备内两绕组之间的绝缘电阻时，将"L"和"E"分别接两绕组的接线端；当测量电缆的绝缘电阻时，为消除因表面漏电产生的误差，"L"接线芯，"E"接外壳，"G"接线芯与外壳之间的绝缘层。"L""E""G"与被测物的连接线必须用单根线，绝缘良好，不得绞合，表面不得与被测物体接触 （3）摇动手柄的转速要均匀，一般规定为 120 r/min，允许有 ±20% 的变化，最多不应超过 ±25%。通常都要摇动 1 min 后，待指针稳定下来再读数。如被测电路中有电容时，先持续摇动一段时间，让兆欧表对电容充电，指针稳定后再读数，测完后先拆去接线，再停止摇动。若测量中发现指针指零，应立即停止摇动手柄 （4）测量完毕，应对设备充分放电，否则容易引起触电事故 （5）禁止在雷电时或附近有高压导体的设备上测量绝缘电阻。只有在设备不带电又不可能受其他电源感应而带电的情况下才可测量 （6）兆欧表未停止转动以前，切勿用手去触及设备的测量部分或兆欧表接线桩。拆线时也不可直接去触及引线的裸露部分 （7）兆欧表应定期校验。校验方法是直接测量有确定值的标准电阻，检查其测量误差是否在允许范围以内
2	数字式兆欧表	（1）开启电源开关"ON/OFF"，选择所需电压等级，开机默认为 500 V 挡，选择所需电压挡位，对应指示灯亮，轻按一下高压"启停"键，高压指示灯亮，LCD 显示的稳定数值乘以 10 即为被测的绝缘电阻值。当试品的绝缘电阻值超过仪表量程的上限值时，显示屏首位显示"1"，后 3 位熄灭。关闭高压时只需再按一下高压"启停"键，关闭整机电源时按一下电源"ON/OFF" 注：测量时，由于试品有吸收、极化过程，绝缘值读数逐渐向大数值漂移或有一些上下跳动，系正常现象 （2）测量绝缘电阻时，线路"L"与被测物同大地绝缘的导电部分相接，接地"E"与被测物体外壳或接地部分相接，屏蔽"G"与被测物体保护遮蔽部分相接或其他不参与测量的部分相接，以消除表泄漏所引起的误差。测量电气产品的元件之间绝缘电阻时，可将"L"和"E"端接在任一组线头上进行。如测量发电机相间绝缘时，3 组可轮流交换，空出的一相应安全接地 （3）存放保管本表时，应注意环境温度和湿度，放在干燥通风的地方为宜，要防尘、防潮、防振、防酸碱与腐蚀气体 （4）待测物体为正常带电体时，必须先断开电源，然后测量，否则会危及人身、设备安全。本表 E、L 端子之间开启高压后有较高的直流电压，在进行测量操作时人体各部分不可触及 （5）交直流两用兆欧表，不接交流电时，仪表使用电池供电，接入交流电时，优先使用交流电 （6）当表头左上角显示"←"时表示电池电压不足，应更换新电池。仪表长期不用时，应将电池全部取出，以免锈蚀仪表

2.2.3　接地电阻测量仪

接地电阻测量仪又称接地电阻摇表、接地电阻表。接地摇表按供电方式,可分为传统的手摇式和电池驱动;按显示方式,可分为指针式和数字式;按测量方式,可分为打地桩式和钳式。目前,比较普及的是指针式或数字式接地摇表,在电力系统以及电信系统由于测试现场的需要则是钳式接地摇表。

(1)接地电阻的测量方法

目前接地电阻的测量方法有 3 类:打地桩法、钳夹法、地桩与钳夹结合法。

1)打地桩法

地桩法可分为二线法、三线法和四线法。

①二线法

这是最初的测量方法,即将一根线接在被测接地体上,另一根接辅助地极。此法的测量结果 R = 接地电阻 + 地桩电阻 + 引线及接触电阻,鉴于其误差较大,现已一般不用。

②三线法

这是二线法的改进型,即采用两个辅助地极,通过公式计算,在中间一根辅助地极在总长的 0.62 倍时,可基本消除由于地桩电阻引起的误差,现在这种方法仍然在用。但是,此法仍不能消除由于被测接地体由于风化锈蚀引起接触电阻的误差。

③四线法

这是在三线法基础上的改进法。这种方法可消除由于辅助地极接地电阻、测试引线及接触电阻引起的误差。

2)钳夹法

钳夹法可分为单钳法和双钳法

①双钳法

利用在变化磁场中的导体会产生感应电压的原理,用一个钳子通以变化的电流,从而产生交变的磁场,该磁场使得其内的导体产生一定的感应电压,用另一个钳子测量由此电压产生的感应电流,最后用欧姆定律计算出环路电路值。其适用条件:一是要形成回路,二是另一端电阻可忽略不计。

②单钳法

单钳法的实质是将双钳法的两个钳子做成一体,但如果发生机械损伤,邻近的两个钳子难免相互干扰,从而影响测量精度。

3)地桩与钳夹结合法(选择电极法)

这种方法的测量原理同四线法,由于在利用欧姆定律计算结果时,其电流值由外置的电流钳测得,而不是像四线法那样由内部的电路测得,因而极大地增加了测量的适用范围。尤其是解决了输电杆塔多点接地并且地下有金属连接的问题。

(2)接地要求和接地电阻标准

根据国家标准,电气系统的接地电阻的阻值基本要求见表2.4。

表 2.4　电气系统的接地电阻的阻值基本要求

序号	接地类型	阻值要求
1	独立的防雷保护接地	≤10 Ω
2	独立的安全保护接地	≤4 Ω
3	独立的交流工作接地	≤4 Ω
4	独立的直流工作接地电阻	≤4 Ω
5	防静电接地电阻	≤100 Ω
6	共用接地体(联合接地)	应不大于接地电阻 1 Ω

（3）接地测量仪工作原理

1）基于电位差原理构成的接地电阻测量原理

基于电位差原理构成的接地电阻测量仪结构如图 2.17 所示。其主要结构由手摇发电机、电流互感器、检流计以及测量电路组成，是利用电位差比较原理工作的。图 2.17 中，E 为被测量的接地电极，P 和 C 分别为电压和电流辅助电极，被测接地电阻 R_x 位于 E 和 P 之间，不包含辅助电极 C 的接地电阻 R_C。

交流发电机的输出电流 I，记过电流互感器的一次绕组、接地电极 E、辅助电极 C 构成闭合回路，在待测接地电阻 R_x 上形成压降 $U_x = IR_x$，在辅助电极 C 的接地电阻上形成压降 $U_C = IR_C$。电流互感器的变比为 K，则当检流计平衡时

$$KIR = IR_x \qquad (2.1)$$

则被测接地电阻 $R_x = KR$，故与电流辅助电极接地电阻 R_C 没有关系，实际上利用该方法测量的接地电阻包含接地装置的引线电阻、接地体的体电阻、接地电阻。

2）数字接地电阻测试仪工作原理

数字接地电阻测试仪是在基于电位差原理测量

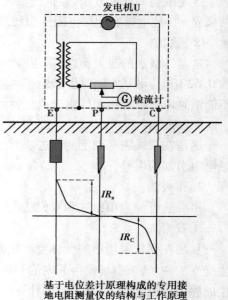

基于电位差计原理构成的专用接地电阻测量仪的结构与工作原理

图 2.17　接地电阻测量仪的工作原理

接地电阻的基本机构上抛弃传统的手摇发电机作为测试电流源，改由机内 *DC/AC* 变换器将直流变为交流的低频恒流，经过辅助接地极 C 和被测物 E 组成回路，被测物上产生交流压降，经辅助接地极 P 送入交流放大器放大，再经过检测经过智能数据处理或直接送入表头进行测量结果的显示或数字显示。新一代的数字接地电阻测试仪具有以下特点：

①结构上采用高强度铝合金作为机壳，电路上为防止工频、射频干扰采用锁相环同步跟踪检波方式并配以开关电容滤波器，使仪表有较好的抗干扰能力。

②采用 DC/AC 变换技术将直流变为交流的低频恒定电流以便于测量。

③允许辅助接地电阻在 0～2 kΩ（RC），0～40 kΩ（RP）变化，不至于影响测量结果。

④仪表不需人工调节平衡，采用数字显示，除测地电阻外，还可测低电阻导体电阻、土壤

电阻率以及交流地电压。

⑤如若测试回路不通表头显示"1"代表溢出,符合常规测量习惯。

3)钳形接地电阻测试仪工作原理

钳形接地电阻测试仪测量接地电阻的基本原理是测量回路电阻,如图 2.18 所示。钳型表的钳口部分由电压线圈及电流线圈组成,电压线圈提供激励信号,并在被测回路上感应一个电势 E。在电势 E 的作用下将在被测回路产生电流 I。钳型表对 E 及 I 进行测量,并通过计算即可得到被测电阻 R 为

$$R = \frac{E}{I} \tag{2.2}$$

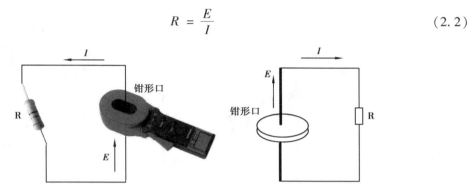

图 2.18　钳形接地电阻测试仪测量接地电阻的基本原理

①多点接地系统

对多点接地系统(如输电系统杆塔接地、通信电缆接地系统、某些建筑物等),它们通过架空地线(通信电缆的屏蔽层)连接,组成了接地系统,如图 2.19 所示。

其中,R_1 为欲测的接地电阻;R_0 为所有其他杆塔的接地电阻并联后的等效电阻。虽然,从严格的接地理论来说,由于有所谓的"互电阻"的存在,R_0 并不是通常的电工学意义上的并联值(它会比电工学意义上的并联值稍大),但是,由于每一个杆塔的接地半球比起杆塔之间的距离要小得多,而且毕竟接地点数量很大,R_0 要比 R_1 小得多。因此,可从工程角度有理由地假设 $R_0 = 0$。这样,所测的电阻就应该是 R_1 了。多次不同环境、不同场合下与传统方法进行对比试验,证明上述假设是完全合理的。

②有限点接地系统接地电阻测量

这种情况也较普遍。例如,有些杆塔是 5 个杆塔通过架空地线彼此相连;再如,某些建筑物的接地也不是一个独立的接地网,而是几个接地体通过导线彼此连接。在这种情况下,如果将上图中的 R_0 视为 0,则会对测量结果带来较大误差。出于与上述同样的理由,可忽略互电阻的影响,将接地电阻的并联后的等效电阻按通常意义上的计算方法计算。这样,对于 N 个(N 较小,但大于 2)接地体的接地系统,就可以列出 N 个方程,即

$$
\begin{aligned}
R_1 + R_2 \;/\!/\; R_3 \;/\!/\; R_4 \;/\!/\; \cdots \;/\!/\; R_N &= R_{T1} \\
R_2 + R_1 \;/\!/\; R_3 \;/\!/\; R_4 \;/\!/\; \cdots \;/\!/\; R_N &= R_{T2} \\
&\vdots \\
R_N + R_1 \;/\!/\; R_2 \;/\!/\; R_3 \;/\!/\; \cdots \;/\!/\; R_{N-1} &= R_{TN}
\end{aligned}
\tag{2.3}
$$

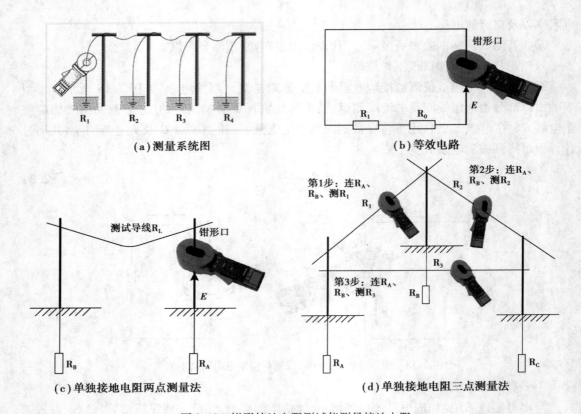

(a)测量系统图　　　　　　　　(b)等效电路

(c)单独接地电阻两点测量法　　　　(d)单独接地电阻三点测量法

图 2.19　钳形接地电阻测试仪测量接地电阻

其中,$R_1,R_2,\cdots,R_N$ 是要求得的 N 个接地体的接地电阻。$R_{T1},R_{T2},\cdots,R_{TN}$ 分别是用钳表在各接地支路所测得的电阻。这是一个有 N 个未知数,N 个方程的非线性方程组。它是有确定解的,但是人工解它是十分困难的,当 N 较大时甚至是不可能的。由于计算机的处理能力的增强,通过专用数据处理软件计算时,可得到有限点接地系统的接地电阻(包含接地电阻和接地体引线电阻)。从原理上来说,除了忽略互电阻以外,这种方法不存在忽略 R_0 所带来的测量误差。

③单点接地系统接地电阻测量

从测试原理的角度看,单点接地系统由于无法形成闭合回路,因此,理论上无法使用钳形电流表进行单点接地电阻的测量。实际工程上可采用两点法或三点法进行。

A. 两点法

如图 2.19(c)所示,在单点接地系统的附件选择一个接地良好的单独接地体(如自来水管或建筑物),使用导线将两个接地体连接起来,使用图示测试原理,则

$$R_T = R_L + R_A + R_B$$

其中,R_T 为钳表所测的阻值。R_L 为测试线的阻值。将测试线头尾相连即可用钳表测出其阻值 R_L。因此,如果钳表的测量值小于接地电阻的允许值,那么,这两个接地体的接地电阻都是合格的。

B. 三点法

如图 2.19(d)所示,在被测接地体 R_A 附近找两个独立的接地体 R_B 和 R_C。

a. 将 R_A 和 R_B 用一根测试线连接起来。用钳表读得第一个数据 R_1。

b. 将 R_B 和 R_C 连接起来。用钳表读得第二个数据 R_2。

c. 将 R_C 和 R_A 连接起来。用钳表读得第三个数据 R_3。

上面 3 步中,每一步所测得的读数都是两个接地电阻的串联值。这样,就可很容易地计算出每一个接地电阻值,即

$$R_1 = R_A + R_B$$

$$R_2 = R_B + R_C \Rightarrow R_A = \frac{R_1 + R_3 - R_2}{2}, R_B = R_1 - R_A, R_C = R_3 - R_A$$

$$R_3 = R_A + R_C$$

不难看出,在测量三角形中,待测接地电阻的大小等于三角形的临边测试电阻的和减对边测试电阻的 $1/2$。

2.3　导线连接工艺

2.3.1　导线连接的基本原则

在电能的控制、分配、输送等链路上,各类电力电缆、电力导线是承担从发电厂到用户具体负载之间电能输送通道的有效物质载体。同时,大量的机电设备与装置的主电路、控制电路的沟通常常需要将一根导线与另外一根导线连接或将终端出现与用电设备端子互联。为保障电能的有效传输和供电的可靠性,因此,对不同类型的电缆或电力导线进行连接是一项重要的电工基本工艺技术。以下详细地介绍各类导线连接的工艺方法。

(1)电缆、导线连接的基本要求

在配线工程中,导线的连接是一道非常重要的工序,安装线路能否可靠运行,在一定程度上决定于导线连接头的质量,导线连接的基本要求如下:

①必须具有一定的机械强度,满足一定张力的需要。

②电气性能连接可靠,接头电阻小、稳定性高,避免接触不良或增加接触电阻,导致接头发热、增加线路损耗;接头电阻的阻值不应该大于相同长度导线的电阻值。

③接头处理需满足耐腐蚀、耐氧化要求;对铜铝导线连接要有效防止电气腐蚀,对基于焊接工艺的铝和铝连接要防止参与溶剂或熔渣的化学腐蚀。

④电气绝缘性恢复性能良好,恢复后的绝缘强度应不低于导线原有的绝缘强度。

⑤在一个挡距内,只允许一个接头,以保证足够额机械强度。

(2)国家标准 GBJ 232—92 对导线连接规范的要求

根据国家标准《电气装置安装工程施工一级验收规范》(GBJ 232—92)的规定,导线连接工艺的要求必须符合以下规范:

①在剖开导线的绝缘层时,不应该损伤线头。

②铜(铝)芯导线的中间连接或分支连接应该使用熔焊、压焊、线夹、瓷接头或压接法连接。

③分支连接的接头处,干线不应该受到来自分直线的横向应力。

④截面积在 10 mm² 及其以下的单股铜芯线或截面积在 2.5 mm² 及其以下的多股铜芯线或单股铝芯线与电气器具的端子可直接连接,但是多股铜芯线的线芯应该拧紧再搪锡连接。

⑤多股铝芯线和截面积超过 2.5 mm² 的多股铜芯线的终端应焊接或压接鼻(端)子后再与电气器具连接。

⑥使用压接法连接铜(铝)芯导线时,连接管、接线鼻子、压模的规格应与线芯截面积一致。

⑦使用气焊法或电弧焊法连接铜(铝)芯导线时,焊缝的周围应凸起成半圆形,即有一定的加强高度,凸起高度为导线直径的 0.15 ~ 0.30 倍,并不应有裂缝、夹渣、凹陷、断股以及根部未焊合的缺陷。接头处的参与药渣与焊渣应该清除。

⑧使用锡焊法连接铜芯导线时,焊锡应该饱满,不应使用酸性焊剂。

⑨绝缘导线的中间和分支接头处,应用绝缘带包缠均匀、严密,并不低于原来的绝缘强度;在接线鼻子的端部与导线绝缘层的空隙处,应使用绝缘带包缠紧密。

(3)**电缆、导线连接选型方法**

电缆、导线连接选型方法一般根据电缆、导线的材质(铜或铝)、结构(单芯、多芯、多股)、有无绝缘、线径等综合因素确定合适的连接方法。常用的导线连接方法有绞合连接、紧压连接、焊接、螺栓连接、新型连接器连接等具体工艺方法,见表2.5。由于铝的氧化的特点,天长日久将造成线路故障,因此,铝质导线宜选用紧压连接法。表2.6给出了常用导线连接方法的适应性。

表2.5　电缆、导线的连接基本方法

序号	连接方法	内　涵
1	绞合连接	绞合连接是指将需连接导线的芯线直接紧密绞合在一起,常见的形式有直线绞合、T形绞合、人字形绞合连接。适宜于低压系统、电流较小的场合
2	紧压连接	紧压连接是指用铜或铝套管或铜铝套管套在被连接的芯线上,再用压接钳或压接模具压紧管使芯线保持连接。铜导线(一般是较粗的铜导线)和铝导线都可采用紧压连接,铜导线的连接应采用铜套管,铝导线的连接应采用铝套管。紧压连接前应先清除导线芯线表面和压接套管内壁上的氧化层和粘污物,以确保接触良好
3	焊　接	焊接是采用气焊、电弧焊或锡焊等具体焊接方法将需要连接的导线连接在一起。焊接表面必须光亮,无毛刺,无残渣,无残留焊剂
4	螺栓连接	这种方法是用卡板或者夹垫夹住需要连接的导电芯线,中间穿过螺栓,拧紧螺母。弹簧垫圈可防止芯线经过冷热变化后产生的松动现象。螺栓连接法操作简单,但接头处不整齐,包扎密封不方便。接头在通过短路电流时,允许的温度在 150 ℃ 左右
5	连接器连接	使用专用的导线连接器将导线连接在一起,这种连接方法操作简单。通用连接器在无工具的条件下,可连接 0.08 ~ 4 mm² 的细多股导线及小于等于 2.5 mm² 的硬导线,最大持续运行温度为 85 ℃

表 2.6　电缆、导线的连接选型方法

序号	导线类型	通用连接方法
1	裸导线	采用紧压连接法（又称钳接法或压接法），使用与导线型号相同的压模和钳接管，两导线端头穿入钳接管中，且露出端头不小于 20 mm
2	单股导线	采用缠绕接法，连接长度一般为直径的 10 倍。具体连接形式根据需要分一直线连接和 T 形连接
3	多股绝缘线和小截面的裸导线	采用绑接头和叉接法。绑接长度为 250 ~ 300 mm，选用与导线相同金属且直径不小于 2.0 mm 的单股线作绑线。叉接接头长度不应小于 250 mm
4	铜、铝异质导线	采用压接法进行连接。不允许直接连接，要用合适的铜铝过渡线夹、连接管或使用最新研制的铜铝螺旋接头连接
5	单芯或多芯细导线	采用焊接法（气焊、电弧焊、锡焊）

2.3.2　电缆与导线连接工艺

（1）单芯铜导线的连接

单芯铜导线的连接有绞接和缠卷两种工艺。截面积较小的导线一般使用绞接工艺，截面积较大的采用缠卷工艺。单芯铜导线的连接常见的形式有一字形连接、T 形连接和倒人字形连接、十字形连接。

1）单芯铜导线的一字形连接

如图 2.20 所示，对于较细线径的导线，具体操作工艺如下：首先将两根需要连接的铜芯导线剥绝缘，将芯线做 X 形交叉（见图 2.20（a）），将其缠绕 2 ~ 3 圈后扳直芯线成 90°（见图 2.20（b）），以对方作为中心缠绕 5 ~ 6 圈后，截除多余部分即可（见图 2.20（c））。对于较粗线径的导线，先并行垫入同规格的导线（见图 2.21（a）），然后使用 1.5 mm² 的铜芯线进行缠绕连接，缠绕长度为线径的 10 倍左右（见图 2.21（b）），再将垫入的导线在两头折回保护，两端继续缠绕 5 ~ 6 圈即可（见图 2.21（c））。

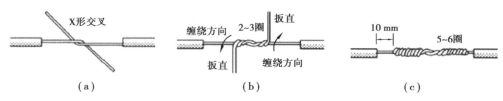

（a）　　　　　　　　　　（b）　　　　　　　　　　（c）

图 2.20　单芯细铜导线的一字形"绞接"

不同线径的导线直接连接如图 2.22 所示，先将细导线在粗导线上缠绕 5 ~ 6 圈，然后再将粗导线 180°折回压住缠绕的细导线部分，再继续缠绕 5 ~ 8 圈，截断多余部分即可。

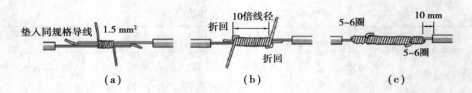

图 2.21　单芯粗铜导线的一字形"缠接"

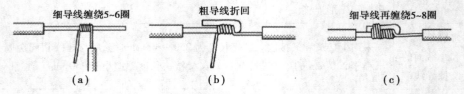

图 2.22　粗细单芯粗铜导线的一字形"绞接"

2)单芯铜导线的 T 形与十字形连接

如图 2.23(a)所示为等线径单芯铜导线的 T 字形连接。首先将分支导线在干线上做十字交叉,然后在干线上紧密缠绕 5 ~ 8 圈,截除多余部分即可。不同线径的导线的 T 字形连接,如图 2.23(b)所示。首先将细分支导线在干线上打结,然后再在干线上缠绕 5 ~ 6 圈,截除多余部分即可。十字形连接分支线可在干线上同向缠绕 10 圈或反向各缠绕 5 圈,截除多余部分即可,如图 2.24 所示。

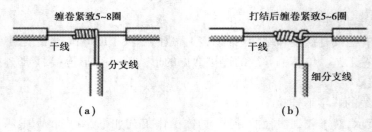

图 2.23　单芯导线的 T 字形连接图

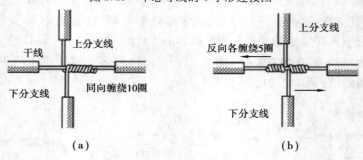

图 2.24　单芯导线的十字形连接

(2)**多股导线的连接**

1)多股导线的一字形连接

多股铜导线的直线连接的工艺方法是:将多股导线的绝缘层除去,从将距离绝缘层根部的约 1/3 长度绞合拧紧,芯线的余下 2/3 顺次解开成 30°伞状,用钳子拉直并去除表面污染,剪除中心一股,再将各张开的线端相互插嵌到对方直至中心线相互接触,再将张开的各股导线并拢,将导线各股分成 3 份,取第一组缠绕 5 ~ 6 圈后,把第一组导线压在里挡或者截去。以此类推,缠绕直至导线各股的解开点为止,如图 2.25 所示。

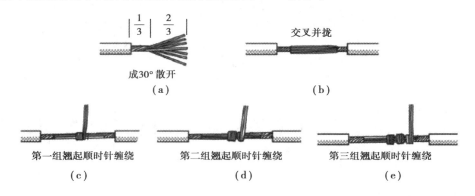

图 2.25　多股导线的一字形连接

2)多股导线的 T 形分支连接

多股导线的 T 形分支连接有以下两种具体工艺:

①如图 2.26 所示,首先将分支线 90°弯折于干线并拢,然后将分支线的线头折回缠绕在干线上,缠绕长度为线径的 10 倍即可,截除多余线头部分。

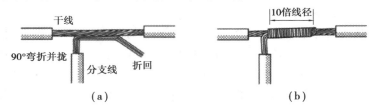

图 2.26　多股导线的 T 字形分支连接

②工艺方法是将接近绝缘部分的 1/8 处拧紧,将多股导线分成两组,在干线上穿心通过,互为反方向在干线上缠绕 5 ~ 6 圈即可,截除多余部分,如图 2.27 所示。

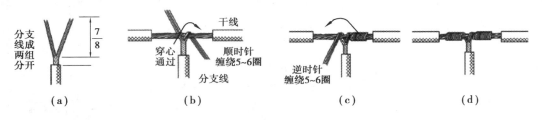

图 2.27　多股导线的 T 字形分支连接

（3）压接

导线的压接一般适用于大截面导线或电缆,铜质与铝质导线分别使用铜接管和铝接管进行压接,铜铝导线连接需要使用铜铝过渡压接管进行压接,或将铜导线镀锡后使用铝接管进行压接处理。

具体工艺方法是将待压接导线表面污染进行处理,然后将导线插入连接管中,保持中心一致。使用专用的压接工具进行压接。每端一个压接坑即可保证导线连接的电气接触要求，为增加机械强度可适当增加压接坑的数量,如图 2.28 所示。

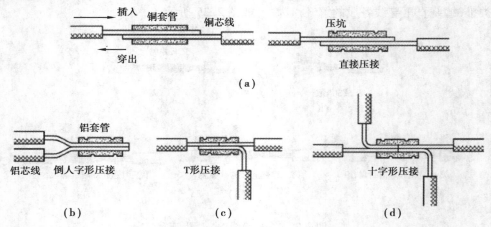

图 2.28　压接工艺方法

（4）焊接

焊接是指将金属(焊锡等焊料或导线本身)熔化融合而使导线连接。电工技术中导线连接的焊接种类有锡焊、电阻焊、电弧焊、气焊及钎焊等。

1）铜导线接头的锡焊

较细的铜导线接头可用大功率(75 W、150 W)电烙铁进行焊接。焊接前,应先清除铜芯线接头部位的污染物。为增加连接可靠性和机械强度,可将待连接的两根芯线先行绞合,再涂上无酸助焊剂,用电烙铁蘸焊锡进行焊接即可,如图 2.29(a)所示。焊接中,应使焊锡充分熔融渗入导线接头缝隙中,焊接完成的接点应牢固光滑。较粗(截面 16 mm^2 以上)的铜导线接头可用浇焊法连接。浇焊前,同样应先清除铜芯线接头部位的污染物,涂上无酸助焊剂,并将线头绞合。将焊料放在化锡锅内加热熔化,当熔化的焊锡表面呈磷黄色说明焊料液已达符合要求的高温,即可进行浇焊。浇焊时,应将导线接头置于化锡锅上方,用耐高温勺子盛上锡液从导线接头上面浇下,如图 2.29(b)所示。应反复浇焊,直至焊料完全浸入焊牢为止,浇焊的接头表面也应光洁平滑。

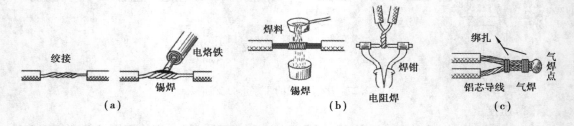

图 2.29　导线的焊接工艺图

2）电阻焊

电阻焊是指用低电压大电流通过铝导线的连接处,利用其接触电阻产生的高温高热将导线的铝芯线熔接在一起。电阻焊应使用特殊的降压变压器(1 kVA、初级 220 V、次级 6 ~

12 V），配以专用焊钳和碳棒电极进行焊接，如图 2.29（b）所示。

3）气焊

气焊是指利用气焊枪的高温火焰，将铝芯线的连接点加热，使待连接的铝芯线相互熔融连接。气焊前，应将待连接的铝芯线绞合，或用铝丝或铁丝绑扎固定，如图 2.29（c）所示。

（5）**接线鼻子与绝缘端头**

1）接线鼻子

接线鼻子常用于电缆末端连接和续接，能让电缆和电器连接更牢固、更安全。它是建筑、电力设备、电器连接等常用的材料。一般 4 mm^2 以上的多股铜线则需装接线鼻子，再与接线端子连接，接线鼻子的材质一般采用紫铜、黄铜或铝质，表面镀银焊口处理。接线鼻子的具体类型有闭口型、开口型和针型。

①闭口型（OTa-b 型）。a 为连接导线的平方数；b 为接线端子侧的螺纹孔径。例如，UT4-6 表示尾端接 4 m^2 的线，前端是直径 6 mm 的开口。

②开口型（UTa-b 型）。其中，a 为连接导线的平方数；b 为接线端子侧的螺纹孔径。例如，OT4-6 表示尾端接 4 m^2 的线，前端是直径 6 mm 的圆孔。

③针型（ITa-b 型）。例如，IT1.5-1 表示尾端接 1.5 mm^2 的线，前端直径 1 mm 针型插子。

2）绝缘端子

绝缘端子又称冷压端头（电子连接器、空中接头都归属于冷压端头），是用于实现电气连接的一种配件产品，工业上划分为连接器的范畴。随着工业自动化程度越来越高和工业控制要求越来越严格、精确，接线端子的用量逐渐上涨。随着电子行业的发展，接线端子的使用范围越来越多，而且种类也越来越多。常见的绝缘端头有圆形预绝缘端头、冷压接线端头、叉形预绝缘端头、针形预绝缘端头、片形预绝缘端头、子弹形全绝缘端子头、长形中间接头、短形中间接头、圆形裸端头、叉形裸端头、公母预绝缘端子、管形预绝缘端头、管形裸端头及针形裸端头。如图 2.30 所示为常见的绝缘端子的外形图。

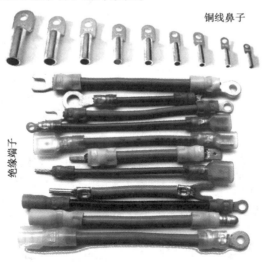

图 2.30　线鼻子与绝缘端子

接线鼻子与导线的连接一般采取焊接或压接工艺实现可靠连接。

（6）新型连接器连接

1920 年，荷兰人 C. H. Jjasper 发明注册了专利———一种专门用于连接普通导线的小部件———导线连接器，其目的在于：告别"锡与火"的传统焊接方法，解决建筑物内低压配电线路中细导线（6 mm² 及以下线径）的连接问题，实现简单、可靠、安全的导线连接，这就是导线连接器的原型。随着导线连接器技术的发展，各种类型的新型连接器在电气装备、家用电器产品、照明电路以及配电系统工程中大量使用。目前，使用的新型电线连接器的主要类型见表2.7。

表 2.7　新型导线连接器类型

序号	连接器类型	使用方法	特　点	外　形
1	材料挤压型	根据所要连接导线线径选择适当的"金属连接套管"，利用带"止退"功能的压接工具对连接管进行挤压使其产生塑性变形，将导线紧固在一起，最后套接与连接管匹配的绝缘套，完成连接	材料挤压方式的连接器是一次性的，不能重复使用，不便于拆卸检查	
2	螺纹挤压式连接器	螺纹挤压式导线连接器又称 Marrette 或 Marr 的连接器，其名称来自发明者在 1914 年注册的 Marrette 商标。根据所连接导线的线径，选择大小合适的金属套管（芯），通过拧紧一侧的螺钉产生压力，将多根导线挤压在连接器金属套管内，再通过安装绝缘罩（也采用螺纹连接）形成完整的电气连接	具有节约时间、不用焊接、不用绝缘胶带、不用专用工具。需要时，绝缘罩和被连接导线可被方便地拆下，克服了"挤压式连接器"的缺点，给线路后期检修与检查带来方便	
3	螺纹挤压式端子排	端子排部件采用相同远离实现"线束连接"。相对 Marr 型连接器"并接"而言，这种螺纹挤压连接方式也可称为"对接"	端子排通过两个螺钉连接导线，理论上增加了一个可能的故障点；端子排的金属部分参与导电且非完全封闭的	
4	扭绞挤压式连接器	IEC60998-2-4（GB 13140.3）标准中称为"拧上型连接器（twist-on connecting devices）"，或称为"扭接式连接器"，简称：TOCD。顾名思义，其使用方式类似拧螺母，只不过与之配合的不是螺钉而是导线，被连接的导线无须进行预扭绞，随着连接器的旋转，导线自然形成扭绞的状态	在电气连续、机械强度、绝缘防护方面都优于焊接工艺，且完全徒手操作，不需要任何安装工具，施工极为方便和高效（如果使用辅助工具，功效更高）	

序号	连接器类型	使用方法	特 点	外 形
5	簧片挤压式连接器	受材料和制造工艺的限制,20世纪50年代出现簧片挤压方式的"插接式"导线连接器。为满足连接不同数量导线的要求,插接式连接器有2~8孔等多种规格	同螺纹挤压方式类似,除"并插"方式外,此类连接器还有更适合狭小空间使用的"对插"型连接器	

实现导线连接的核心问题是:解决接触力(含机械强度)和便于检修的可靠防护。导线连接器按施加接触力的方式主要分为材料挤压式、螺纹挤压式、扭绞挤压式、簧片挤压式及螺纹挤压式端子排等。与传统的导线连接方法相比较具有:安全——无导线松脱及胶布退化的危险;方便——具有测试孔,量测电压无须拆除胶布;快速——插接,重复再接;可靠——每个接点弹片独立,不同线径导线也可,安全短接,单芯线及硬绞线可直接插入。其操作步骤如下:

①剥线准备。按产品标注长度剥去导线外皮。

②导线连接。将剥去外皮的导线完全插入连接器孔内即可。

③导线拆卸。将单股导线左右转动并同时向外施力,可拆除导线。

④连接测试。产品备有测试孔,方便线路检测。

训练2.1　常用电工工具使用训练

(1)训练目标

①掌握常用电工工具的结构与规格。

②熟悉常用电工工具的选用、使用方法。

③通过练习、实训增强常用电工工具的操作技能。

④掌握导线的剥削、连接、压接以及导线、电缆端头的制作工艺。

(2)理论准备

1)测电笔使用方法

①氖泡式测电笔使用

在使用前,首先应检查一下验电笔的完好性,4大组成部分是否缺少,氖泡是否损坏,然后在有电的地方验证一下,只有确认验电笔完好后,才可进行验电。在使用时,一定要手握笔帽端金属挂钩或尾部螺丝,笔尖金属探头接触带电设备,湿手不要去验电,不要用手接触笔尖金属探头。低压验电笔可区分相线与零线,交流电与直流电以及电压的高低。通常氖泡发光则为火线,不亮则为零线;但中性点发生位移时要注意,此时,零线同样也会使氖泡发光;对于交流电通过氖泡时,氖泡两极均发光,直流电通过的,仅有一个电极附近发亮(即正极发光);当用来判断电压高低时,氖泡暗红轻微亮时,电压低;氖泡发黄红色,亮度强时电压高。

氖泡式测电笔的正确姿势如图2.31(a)所示。

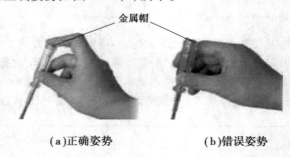

金属帽

(a)正确姿势　　　　　　　(b)错误姿势

图2.31　氖泡式测电笔的正确姿势

②数显测电笔使用

a. A键 DIRECT:直接测量按键(离液晶屏较远),也就是用批头直接去接触线路时,请按此按钮。

b. B键 INDUCTANCE:感应测量按键(离液晶屏较近),也就是用批头感应接触线路时,请按此按钮。

c. 直接检测:最后显示的数字为所测电压值;未到高断显示值70%时,显示低段值;测量直流电时,应用手碰另一极。

d. 间接检测:按住 B 键,将批头靠近电源线,如果电源线带电的话,数显电笔的显示器上将显示高压符号。

e. 断点检测:按住 B 键,沿电线纵向移动时,显示窗内无显示处即为断点处。

③非接触式测电笔使用

AC-9 非触式交流电压测电笔采用笔式设计,小巧便携带,大大扩展了使用范围;结构上为双注塑外壳,能有效确保使用者的安全;内置闪光灯,并有开、关按钮,方便操作,易于读数。具有数值保持功能,按下数值保持功能键即可锁定数值。数值保持功能键位于表的左边。当数值保持功能处于活动状态时屏幕上会显示 HOLD。再次按下数值保持功能键即取消此功能。

当背光灯被打开时数据保持功能是在进行的。再次按下数值保持功能键退出此功能。背光功能用于在光线不足的情况下照亮显示屏。按下"·键"1 s可打开背光功能,再次按下此键1 s可关闭背光功能。AC-9 的性能技术指标见表2.8。

④汽车专用测电笔使用

汽车专用测电笔主要用于汽车线路故障的检查,根据测试灯的亮熄及不同的明暗程度来判断汽车线路有无断路、短路和搭铁故障。测电笔经过由试灯(灯泡或氖泡)、导线、测试端头(探头、探针)及搭铁夹组成,电压测量范围:6 V～12 V～24 V。

例如,使用汽车测电笔测量汽车保险丝的好坏。

用汽车测电笔的探头分别接触汽车保险丝的两个电极,将汽车测电笔的鳄鱼夹夹住汽车的搭铁,如果测电笔均亮,则保险丝是好的;一端亮,另一端不亮,说明保险丝断路。

表 2.8　AC-9 非触式交流电压测量表技术指标

序号	性　能	AC-9 外形
1	200～1 000 V 非接触性交流电压检测	
2	100～1 000 V 交流电压(欧洲标准)	
3	小巧尺寸及双注塑外壳设计	
4	适宜插座针对绝缘电线测试	
5	红色 LED 指示灯	
6	内置手电筒	
7	精巧便携尺寸	
8	用于 50/60 Hz 线路	
9	蓝关指示关机(AC-10)	
10	红色 LED 指示灯和蜂鸣指示器(AC-9B/AC-10)	
11	自动和 LED 灯显示(AC-9C)	
12	非接触性电压检测,12～1 000 V 的宽范围和高敏度性检测电压	

2)电动起子与气动起子使用方法

①电动起子使用要求

a. 当更换螺丝刀头或碳刷时应先确定正反开关在"OFF"的位置,且将电源插头拔离插座。

b. 化学物品如丙酮、苯、稀释剂、酮类、三氯乙烯等,切勿接触电动螺丝起子外壳,以免遭到破坏。

c. 小心使用电动螺丝起子,勿使掉落或受撞击。使用时,最好用平衡器吊起来。若电动螺丝起子无法吊起来时,可使用起子架来放置。

d. 装卸螺丝刀头,只需以指尖将起子头帽往上推即可自由的将螺丝刀头装上或卸下,放开手指使起子头帽归位即可将螺丝刀头固定。装卸螺丝刀头时,请确定断电或将开关置于"OFF"的位置。

e. 将电源线接上电源插座。电源线插头或手部潮湿会导致触电危险。

f. 扭力输出的大小可由电动螺丝起子下端的扭力调整环调整之,机身的刻划段数并不代表实际的扭力输出,需要参考扭力标示图或以扭力计量测及调整所需扭力。勿将扭力调整超过刻度"8"。

g. 若要进行锁紧螺丝动作,请将正反开关切到"F"的位置(若螺丝为反牙规格,则须将正反开关切换至"R"的位置),对准螺丝刀头与螺丝的位置,手按开关压板后电动螺丝起子即可激活运转;当螺丝锁紧达设定扭力时,离合器会自动跳脱,马达会断电并及时刹车,让电动螺丝起子停止运转。

h.若要松脱拔起螺丝,则仅需将正反开关切换至"R"的位置(若螺丝为反牙规格,则须将正反开关切换至"F"的位置),按上述程序操作,于螺丝松开后,放开开关压板即可。

i.操作频率,注意机器额定断续运行时间,即每分钟操作锁螺丝的数量,过高的使用频率会使马达过热造成严重损坏。

j.每小时最多操作 900 只自攻牙螺丝(ϕ2.6 mm × 5 mm)于钢/铁板(孔:ϕ2.2 mm 厚1.2 mm),不可超量。操作运行中,严禁切换正反转开关。

k.无论何时,只要不使用电动螺丝起子,均应将正反开关置于"OFF"位置。

l.电动螺丝起子于使用中应确实接地,以免操作者触电。

m.使用时,不可从最低扭直接调到最高扭或从最高扭调到最低扭,易造成离合器钢珠和扭力顶针脱落。

②气动起子使用要求

A.气动起子安全操作步骤

平缓转换气阀指示开关(R 正转—L 反转)以设定变马达旋转方向。下压扳手就可启动马达旋转可增加扭力精密度和工作安全。扭力大(紧)小(松)调整容易,扭力调整环往右转紧,扭力增加变大,调整环往左转松,扭力减少变小。当负载到达预先设定的扭力值,空气马达会自动的停止。平缓下压起子轴帽就可快速更换起子头,放松退出上外座就可更换扭力护套(选配件)。

B.气动起子保养事项

长期不使用气动起子前,必须加油润滑保存;否则,气动起子会生锈损坏。下班前,应润滑保存。使用手动加油壶润滑前,先把气动起子和气压管脱离,再把润滑油(#30—#60)(Mobil-1)加入进气螺帽内,接上气动起子和气压管后,下压起子空转约 2 s,即可完成润滑保存。每天 1 ~ 2 次可延长工具寿命。更换软护套时,先把护套放入扭力调整环,再使用气压吹气,使护套外径变大,同时往上挤入护套即可。

做到安全使用气动螺丝刀不仅能保证使用工人的安全,而且工厂的效率也会提上去的。在使用过程中,如果能做到正确地保养该螺丝刀,就能延长该螺丝刀的使用寿命以及工作质量。

(3)训练工具与材料

训练工具与材料见表2.9。

表2.9 训练2.1的训练工具与材料

实训工具	氖泡测电笔、数显测电笔、汽车测电笔、非接触式测电笔,6 mm、3 mm"+""-"起子、电动起子、气动起子,钢丝线,以及剥线钳、扁口钳、压线钳等
实训材料	单芯导线、多芯导线、电缆、护套线、软线,不同规格的螺钉,黑胶布,实训汽车整车装置

(4)训练内容

训练项目 1:使用低压验电器进行带电体的实际验电操作

1）实训内容

使用不同工作原理的测电笔对实训场所的不同带电体系统进行验电测试。

2）操作步骤与要求

①拆卸墙面配电箱面板,保存好面板螺钉。

②使用氖泡式、非接触式、数显式低压验电器进行配电箱进线验电测试。

③合上配电箱断路器。

④分别使用氖泡式、非接触式、数显式低压验电器进行配电箱进线验电测试。

⑤打开实训汽车整车电源,使用汽车验电器进行前照灯线路测试。

3）注意事项

①由于是进行带电测试,测试过程注意测试安全。

②测试过程中,其他同学不得进行干扰,以免影响测试安全。

③测试新的带电体必须征得指导教师同意。

4）问题与实训总结

记录验电过程中验电器显示的不同现象,并进行原因分析。撰写验电器使用经验与测试体会。

训练项目 2:电工钳使用训练

1）实训内容

钢丝线、尖嘴钳、断线钳、剥线钳、压线钳、电工刀使用。

2）操作步骤与要求

查阅电工钳相关国家标准、熟悉不同电工钳使用方法与技巧。

①使用钢丝钳进行钳口、刀口、铡口操作;进行金属、塑料片状、管状、丝状材料断线操作。

②使用尖嘴钳进行铝芯、铜芯导线断线操作;导线连接圆弧形端头成形工艺、绝缘剥削操作。

③使用断线钳进行电子元器件、硬质导线、软线断线操作。

④使用不同结构的剥线钳进行塑料导线的绝缘剥削操作。

⑤使用电工刀进行不同规格的导线、电缆的绝缘剥削。

⑥使用压线钳(手动、液压)进行铝芯导线、铜芯导线的冷压连接操作。

⑦进行单芯铝导线、铜导线的直线连接、T 形连接、十字形连接与绝缘恢复。

⑧进行硬质导线与软质导线的直线连接、分支连接与绝缘恢复。

⑨进行多芯硬质导线的直线连接、T 形连接、十字形连接与绝缘恢复。

⑩进行导线、电缆端头的制作。

⑪将以上训练样品整理汇总,整理好电工工具,进行操作点评。

3）注意事项

①操作过程注意防护与操作安全。

②注意节约材料,不乱丢弃废料。

③按照电工钳使用规范进行操作,不得进行非法操作,损坏电工钳。

4)问题与实训总结

记录电工钳使用过程中出现的问题,并进行交流,撰写验电器使用经验与测试体会。

训练项目3:手动螺丝刀与电动螺丝刀训练

1)实训内容

电动起子、气动起子使用实训。

2)操作步骤与要求

查阅电动起子、气动起子的工作原理、结构等技术资料,熟悉电动起子、气动起子的操作要领。

①在电动起子、气动起子实训板上进行不同规格的螺钉拆卸。

②在电动起子、气动起子实训板上进行不同规格的螺钉安装。

③使用手动起子进行不同规格的螺钉拆卸、安装。

训练2.2 常用电工仪表使用训练

(1)**训练目标**

①掌握兆欧表的使用方法。

②巩固接地电阻测量仪的使用技能。

③熟悉钳型表的使用、相序测量仪的使用。

④熟悉电能综合参数测量仪表的使用及参数测试方法。

(2)**理论准备**

1)ZC-7型模拟式兆欧表与ET2671数字式兆欧表

①ZC-7型兆欧表

ZC-7型兆欧表适用于测量各种变压器绝缘电阻、电机绝缘电阻、电缆绝缘电阻、电气设备及绝缘材料的绝缘电阻。其外形如图2.31(a)所示。使用温度 -25 ~40 ℃,相对湿度不大于80%,摇柄额定转速为120 r/min,刻度弧长约68 mm。其各项性能符合《直接作用模拟指示电测量仪表用其附件》(GB 7676—1998)的技术要求及 ZBN21012(绝缘电阻表)技术要求。ZC-7系列兆欧表的主要技术参数见表2.10。

表2.10 ZC-7 系列兆欧表的主要技术参数

型　号		ZC-7				
额定电压	V	100	250	500	1 000	2 500
	允差	±10%(出口为弧长误差)				
测量范围/MΩ		0~200	0~500	0~500	2~2 000	5~5 000
准确度/级		10				

②数字型绝缘电阻表

A. ET2671 的技术参数

ET2671(见图2.32(b))数字式兆欧表是南京恩泰生产的用于测量各种绝缘材料的电阻值及变压器、电机、电缆及电器设备等的绝缘电阻,也是传统绝缘摇表的替代产品。ET2671数字兆欧表由中大规模集成电路组成。具有输出功率大,短路电流值高,输出电压等级多(有4个电压等级)的特点。其基本工作原理为由机内电池作为电源经 DC/DC 变换产生的直流高压由 E 极出经被测试品到达 L 极,从而产生一个从 E 到 L 极的电流,经过 I/V 变换经除法器完成运算直接将被测的绝缘电阻值由 LCD 显示出来。机内设有等电位保护环和四阶有源低通滤波器,对外界工频及强电磁场可起到有效的屏蔽作用。对容性试品测量由于输出短路电流大于 1.6 mA,很容易使测试电压迅速上升到输出电压的额定值。对于低阻值测量采用比例法设计,即使电压下落也并不影响测试精度。

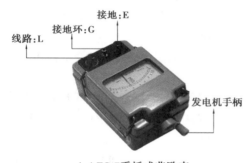

（a）ZC-7手摇式兆欧表　　　　　（b）ET2671数字式兆欧表

图 2.32　兆欧表外形

仪表设计不需人力做功,由电池供电,量程可自动转换。输出短路电流可直接测量,不需带载测量进行估算。ET2671 的技术参数见表2.11。

表 2.11　ET2671 兆欧表的主要技术参数

序号	参数类别	技术参数
1	输出电压等级	500 V、1 000 V、2 000 V、2 500 V
2	测量范围	0 ~ 19 999 MΩ
3	相对误差	0 ~ 10 000 MΩ ≤ ±5% ±2d 10 000 ~ 19 999 MΩ ≤ 10% ±2d
4	分辨率	0.01 MΩ、0.1 MΩ、1.0 MΩ、10.0 MΩ
5	电压负载	2 500 V/20 MΩ
6	电压跌落	约 10%
7	短路电流	>1.6 mA

续表

序号	参数类别	技术参数
8	电源适用范围,功率损耗	直流:8×1.5 V(AA,R6)电池 交流:220 V/50 Hz 功耗:静态功耗≤160 mW;最大功率≤2.5 W
9	使用条件	环境温度:0~45 ℃ 相对湿度:≤85% RH

B. ET2671 的使用方法

a.测量步骤:开启电源开关"ON/OFF",选择所需电压等级,开机默认为 100 V 挡,选择所需电压挡位,对应指示灯亮,轻按一下高压"启停"键,高压指示灯亮,LCD 显示的稳定数值乘以 10 即为被测的绝缘电阻值。当待试品的绝缘电阻值超过仪表量程的上限值时,显示屏首位显示"1",后 3 位熄灭。关闭高压时只需再按一下高压"启停"键,关闭整机电源时按一下电源"ON/OFF"。

b.仪表接线端子符号含义:测量绝缘电阻时,线路"L"与被测物同大地绝缘的导电部分相接,接地"E"与被测物体外壳或接地部分相接,屏蔽"G"与被测物体保护遮蔽部分相接或其他不参与测量的部分相接,以消除表泄漏所引起的误差。测量电气产品的元件之间绝缘电阻时,可将"L"和"E"端接在任一组线头上进行。如测量发电机相间绝缘时,3 组可轮流交换,空出的一相应安全接地。

c.测试注意事项:测量时,由于试品有吸收、极化过程,绝缘值读数逐渐向大数值漂移或有一些上下跳动,系正常现象。

存放保管本表时,应注意环境温度和湿度,放在干燥通风的地方为宜,要防尘、防潮、防振、防酸碱及腐蚀气体。

被测物体为正常带电体时,必须先断开电源,然后测量,否则会危及人身设备安全。本表 E、L 端子之间开启高压后有较高的直流电压,在进行测量操作时人体各部分不可触及。

本仪表为交直流两用,不接交流电时,仪表使用电池供电,接入交流电时,优先使用交流电。

当表头左上角显示"←"时表示电池电压不足,应更换新电池。仪表长期不用时,应将电池全部取出,以免锈蚀仪表。

2)Z29B-2 接地电阻测量仪与 MS5209 接地电阻测量仪

①Z29B-2 接地电阻测量仪

A. ZC29B-2 技术参数

ZC29B-2 是一款手动接地电阻测量仪表。其外形图如图 2.33 所示。

ZC29B-2 适用于工程上对具有防雷接地装置的建筑物、构筑物、配电室、高压输电线路等进行接地的电阻测试,满足单位工程接地体的接地电阻值测试需要,是工程质量监督站、监理公司、建筑安装人员及员工必不可少的接地电阻测量仪器。其技术参数见表 2.12。

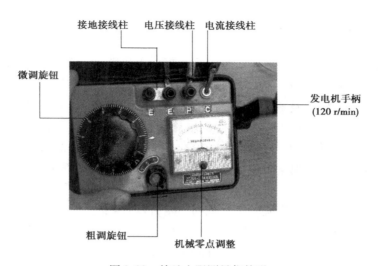

图 2.33　接地电阻测量仪外形

表 2.12　Z29B-2 接地电阻测量仪主要技术参数

序号	参数类别	技术参数
1	测量范围	0 ~ 10 Ω、0 ~ 100 Ω、0 ~ 0.01 Ω、0 ~ 1 Ω、≤500 Ω
2	最小分度值	≤1 000 Ω
3	辅助探棒接地电阻值	≤2 000 Ω
4	准确度	3 级 ±3%
5	适用温度	−20 ~ 50 ℃
6	相对湿度	80%(±25 ℃)

B. ZC29B-2 测试工艺方法

a. 在 E—E 两个接线柱测量接地电阻时,用镀铬铜板短接,并接在随仪表配来的 5 m 长纯铜导线上,导线的另一端接在待测的接地体测试点上。测量屏蔽体电阻时,应松开镀铬铜板,一个 E 接线柱接接地体,另一个 E 接线柱接屏蔽。

b. P 柱接随仪表配来的 20 m 纯铜导线,导线另一端接插针。

c. C 柱接随仪表配来的 40 m 纯铜导线,导线的另一端接插针 2。

d. 不得用其他导线代替随仪表配置来的 5 m、20 m、40 m 长的纯铜导线。

e. 如果以接地电阻测试仪为圆心,则两支插针与测试仪之间的夹角最小不得小于 120°,更不可同方向设置。

f. 两插针设置的土质必须坚实,不能设置在泥地、回填土、树根旁、草丛等位置。

g. 雨后连续 7 个晴天后才能进行接地电阻的测试。

h. 待测接地体应先进行除锈等处理,以保证可靠的电气连接。

C. ZC29B-2 接地电阻测试仪的操作要领

a. 测试仪设置符合规范后,才开始接地电阻值的测量。

b. 测量前,接地电阻挡位旋钮应旋在最大挡位即 ×10 挡位,调节接地电阻值旋钮应放置在 6~7 Ω 位置。

c. 缓慢转动手柄,若检流表指针从中间的 0 平衡点迅速向右偏转,说明原量程挡位选择过大,可将挡位选择到 ×1 挡位,如偏转方向如前,可将挡位选择转到 ×0.1 挡位。

d. 通过步骤 c 选择后,缓慢转动手柄,检流表指针从 0 平衡点向右偏移,则说明接地电阻值仍偏大。在缓慢转动手柄的同时,接地电阻旋钮应缓慢顺时针转动。当检流表指针归 0 时,逐渐加快手柄转速,使手柄转速达到 120 r/min,此时接地电阻指示的电阻值乘以挡位的倍数,就是测量接地体的接地电阻值。如果检流表指针缓慢向左偏转,说明接地电阻旋钮所处在的阻值小于实际接地阻值,可缓慢逆时针旋转,调大仪表电阻指示值。

e. 如果缓慢转动手柄时,检流表指针跳动不定,说明两支接地插针设置的地面土质不密实或有某个接头接触点接触不良,此时应重新检查两插针设置的地面或各接头。

f. 用接地电阻测量仪测量静压桩的接地电阻时,检流表指针在 0 点处有微小的左右摆动是正常的。

g. 当检流表指针缓慢移到 0 平衡点时,才能加快仪表发电机的手柄,手柄额定转速为 r/min。严禁在检流表指针仍有较大偏转时加快手柄的旋转速度。

h. 测量仪表使用后阻值挡位要放置在最大位置即 ×10 挡位。整理好 3 条随仪表配置来的测试导线,清理两插针上的脏物,装袋收藏。

②MS5209 接地电阻测量仪

MS5209 型接地电阻测量仪是深圳华谊仪表有限公司生产的一款产品。其外形图如图 2.34 所示。

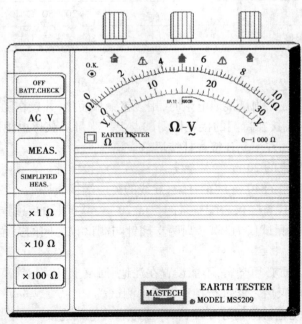

图 2.34　MS5209 接地电阻测量仪外形图

A. MS5209 型接地电阻测量仪技术参数

MS5209 型接地电阻测量仪技术参数见表 2.13。

表 2.13　MS5209 接地电阻测量仪主要技术参数

序号	参数类别	技术参数
1	测量范围	$0 \sim 10\ \Omega \ 、 0 \sim 100\ \Omega 、 0 \sim 1\ 000\ \Omega$ 接地电压 30 V（AC）（约 5 kΩ/V）
2	精度	接地电阻：全刻度 ±5%；接地电压：全刻度 ±5%
3	承受电压	电气电路与外壳间，交流 1 500 V，时间 1 min
4	电池	8 节 1.5 V AA 电池
5	测试笔	红色 15 m/绿色 15 m/黑色 5 m
6	安全标准	EN61010-1CATII；CLASSIII
7	自检功能	连接于 C 和 P 接线端子的导线和确切的辅助接地电阻可通过按下"BATT. CHECK"按钮检测。"OK"灯亮表示测试仪可进行操作，而当"OK"灯闪亮时，说明连接 C 和 E 端子的导线良好

B. MS5209 型接地电阻测量仪使用

a. 测量准备工作

警告：在测量过程或当"SIMPLIFIEDMEAS"被按下时，最大 130 V 的直流电压将穿过 E 和 C 或 E 和 P 接线端子，同时在当"BATTCHECK"按钮被按下时，此电压也穿过 P 和 C 接线端子，因而切勿用手碰触这些端子，且在使用之后，切记按下"BATTCHECK"按钮使所有量程和功能开关进入断开状态，然后放开此按钮。

b. 仪表零位的调节

首先查看一下仪表指针是否位于 Ω 或 V 刻度的零位刻度线上。如果指针或向左，或向右地偏离零位刻度线，请打开面板，用螺丝刀转动面板上的零位调节器，直到仪表指针准确地指向 Ω 或 V 刻度的零位刻度线。面板可通过直立双侧向上提起 90°。

c. 导线的连接

如图 2.35 所示，将接地杆 P 和 C 深深地插入地中，并将其与接地装置 e 平齐，间隔 5 ~ 10 m。将绿色导线接仪表 E 端子，黄色导线接至 P 端子，红色导线接至 C 端子。需保证辅助接地杆插入在地中潮湿的部分。在不得不将它们插入干燥，多石或沙子的地中时，要倒上足够的水，以使地中潮湿。在如混凝土等坚硬地面上，辅助接地杆无法插入时，将接地杆放在地面上，以布包扎并倒上水（最好是盐水），这样就可进行接地电阻测量了（但不能在沥青地面上测量）。注意，要确保导线分别连接，如果导线捻在一起或相互触及，则将受到电流或电压的感应影响。当辅助接地杆的电阻超过 2 kΩ 时，会导致测量误差。因此，必须将辅助接地杆 P1 和 C1 插入潮湿的地中，同时，在各个端子和导线之间，保证充分的连接。

d. 接地电压的测量

按下 ACV 按钮测量接地电压，其值将显示在 V 刻度上，当接地电压大于 5 V 时，将导致接地电阻测量的误差。为避免这种误差，在关断该装置的电源之后或在减小接地电压之后再测量接地电阻。注意，即使是当量程开关按钮 ×1 Ω、×10 Ω 和 ×100 Ω 中的其中一个被按下

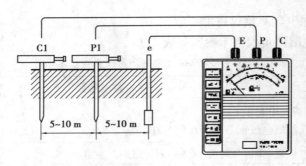

图 2.35　MS5209 接地电阻测试电路

时,也会影响接地电压的测量。

e.电池电压和导线连接的检测

当"BATT. CHECK"按钮被按下时,以下各项可同时进行测量:电池电压(当仪表指针停留在电池检测刻度上的 GOOD 区域内时,说明电池电压足够。如果不在该区域内,则要更换电池)、导线连接的检测("OK"灯亮说明导线与 P 和 C 端子的连接状况良好,且辅助接地的接地电阻在允许范围内。如果灯不亮,检测一下与 P 和 C 端子连接的导线或通过改变地杆的位置,或用水将地弄湿来降低辅助接地电阻至一个适当的水平。可短接红色和黄色导线端头上的弹簧夹来检测其是否存在断裂的情况。注意,只测量电池电压时,无须进行导线连接,只要按下"BATTCHECK"按钮即可,但"OK"灯不亮。

f.接地电阻测量

按下 ×1 Ω、×10 Ω 和 ×100 Ω 量程开关按钮中的任意一个,然后再按下"MEAS"按钮。将读数与 10(在 ×10 Ω)或 100(在 ×100 Ω)相乘得到接地电阻值。灯亮说明测试仪操作正常,否则,说明 C 和 E 端子间的接地电阻超出而使正常操作不能进行。按4.3 节中说明,再次检测一下各导线和辅助接地杆之接地电阻之间的接触是否良好。在作了所有检查之后,"OK"灯仍然不亮,仪表指针仍偏离于满刻度。此时,可能的原因是测试用已接地装置存在着不正常情况,该装置上的连接导线断路或绿色导线断路。如图 2.36 所示为 MS5209 型接地电阻测量仪简易测试电路。

3)MSS2003 三相钳形功率表

①MS2203 三相钳形数字功率表功能

MS2203 三相钳形数字功率表是一手持式智能功率测量仪表,它集数字电流表和功率测量仪于一体,适用于现场电力设备以及供电线路的测量和检修。仪表由电压、电流和功率 3 个通道和微型单片机系统组成,配有强大的测量和数据处理软件,可实现电压、电流、有功功率、功率因素、视在功率、无功功率、电能及频率 8 个参数的测量、计算和显示。其主要电气性能特点如下:

a.可进行三相三线、三相四线和单相线路输入测量。

b.有效值测量:在非正弦电流时,能准确地测量其有功电流。

c.采用高分辨率的 8 000 计数的模数转换器和全自动量程转换电路,精度高,操作简便。

d.电能测量最小电流为 0.5 A,可测量普通电器的单位小时耗电。能测量显示有功功率、视在功率、功率因数、无功功率、电能五大功率参数和电压、电流、频率。

e.每个菜单可双显示两种测量参数,并可存储28 组测量参数。

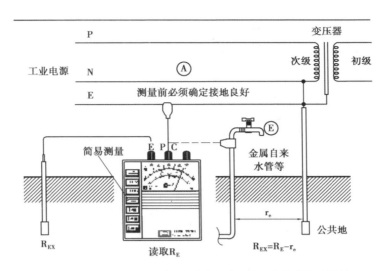

图 2.36　MS5209 接地电阻简易测试电路(利用公共建筑及设施)

f. 三相测量时可分别测量每一相的五大功率参数及三相总功率参数。

g. 多功能键控制,两种刻度条图显示电压、电流的波动值。

h. 配有 RS232C 通信记录接口和专用 WINDOWS 视窗图形软件。

i. 电能测量可同时显示测量时间选择被测电源给仪表供电时,仪表可长时间进行电能测量。

如图 2.37 所示为 MS2203 三相钳形数字功率表的外形和 LCD 数据显示面板。

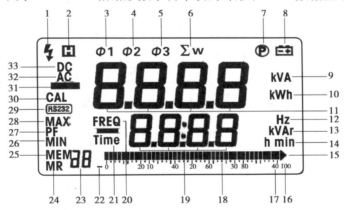

图 2.37　MS2203 三相钳形数字功率表显示器

1—高压符号;2—数据保持符号;3—第一相位符号;4—第二相位符号;

5—第三相位符号;6—三相总功率;7—外接电源符号;8—电池欠压符号;

9—电压单位(V)、电流单位(A)、视在功率单位(kVA);

10—功率单位(kW)、电能单位(kW·h);11—4 位数字显示;12—频率单位;

13—电压单位(V)、电流单位(A)、视在功率单位(kVA)、无功率单位(kVAr);

14—时间单位;小时(h)、分钟(min);15—溢出符号;16—100 分度标尺;17—40 分度标尺;

18—条图;19—4 位数字显示;20—频率符号;21—时间符号;22—标尺符号;

23—存储器编号符号;24—读存储符号;25—存储符号;26—最小值符号;27—功率因数符号;

28—最大值符号;29—RS232 接口符号;30—校准符号;31—负数符号;32—交流符号;33—直流符号

②MS2203 三相钳形数字功率表外形

MS2203 三相钳形数字功率表外形如图 2.38 所示。其主要结构见表 2.14。

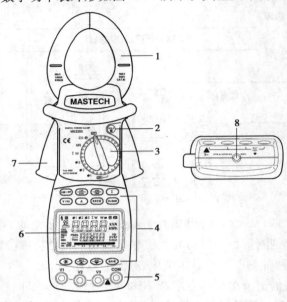

图 2.38　MS2203 三相钳形数字功率表外形

表 2.14　MS2203 三相钳形数字功率表外形参数

序号	结　构	功　能
1	电流钳口	尺寸 $\phi50$ mm
2	HOLD 键	数据保持键,按下保持键,显示器上将保持测量的最后读数且显示"H"符号;再按一次保持键,仪表即恢复正常测量状态
3	功能转换旋钮	旋钮开关用于选择各测量功能
4	功能选择按键	按键开关用于操作测量功能
5	输入端	V1 端:第一相测量输入端,使用黄色测试笔进行连接。V2 端:第二相测量输入端,使用绿色测试笔进行连接。V3 端:第三相测量输入端,使用红色测试笔进行连接。COM 端:公共端,所有测量功能的地输入端(接地),使用黑色测试笔进行连接
6	LCD 显示器	4 位数字显示,7 段 LCD 用于显示测量操作功能、测量结果以及单位符号
7	扳　机	按下扳机,钳头张开;松开扳机,钳头自动合拢
8	RS232C 接口	使用专用的光电接口线与 PC 机联机通信,实现计算机记录数据与数据趋势曲线图

4) HD9250 钳形电流表

①HD9250 系列钳形电流功能

HD9250 系列钳形电流表包括 HD9250、HD9250V、HD9250C 等具体型号,具有 3 1/2 位显示,测量范围宽。仪表采用高性能 A/D 转换器,采用 SMT 工艺设计,具有过载保护能力。符合国际安全标准 IEC1010-1 和 IEC1010-2-032,严格遵循双重绝缘直流 1 000 V 和交流 700 V CATII和污染等级 2 的安全标准。

其主要功能见表 2.15。

表 2.15　HD9250 钳形电流表功能

序号	项　目	功能描述
1	钳口交流电流测量	采用钳口卡住待测导线,具有 20 A/200 A/600 A 三挡量程
2	交流电压测量	将红表笔插入"VΩ",黑表笔插入"COM",量程 AC 200 V/AC 750 V
3	直流电压测量	将红表笔插入"VΩ",黑表笔插入"COM",量程 DC 200 V/DC 1 000 V
4	电阻测量	将红表笔插入"VΩ",黑表笔插入"COM",量程 200 Ω/20 kΩ
5	通断测量	将红表笔插入"VΩ",黑表笔插入"COM",功能开关置于通断测量挡,测试笔间的电阻低于 60 Ω,则蜂鸣器鸣叫
6	非接触式电笔测量	按"POWER"键,再按"Non-contact voltage tester"按键,该按键的右边黄色指示灯亮,表示非接触式测电笔功能开启。此时,将测流钳头靠近待测物体,被测物体带有 60 V 以上交流电时,蜂鸣器鸣叫同时红色指示灯闪烁,该功能可在任何挡位测量。再按"Non-contact voltage tester"按键,非接触式测电笔功能关闭

②HD9250 系列钳形电流外形

HD9250 的外形如图 2.39 所示。

5) MS5900 马达与相序旋转指示仪

MS5900 马达与相序旋转指示仪是一种手持式(电池)操作仪器,采用霍尔传感器设计专门用来侦测三相位系统的旋转磁场,判定马达转向。通过三相线路的输入进行相序的判决检测。

①MS5900 的主要构件

②MS5900 使用

A. 旋转磁场方向判决

把测试导线的一端连接到 MS5900(请确定将 L1、L2 和 L3 测试导线连接到相应的输入插孔)。同时,把测试探针连接到测试导线的另一端,连接测试探针到 3 个主要相位。按"开关"按钮。绿色"开启"指示灯表示仪器准备就绪,可开始测试。"顺时针旋转"或"逆时针旋

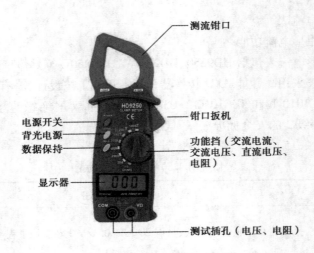

图 2.39　HD9250 钳形表外形

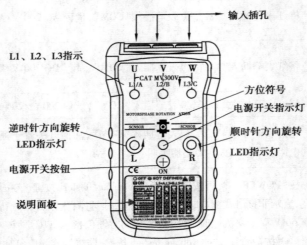

图 2.40　MS5900 主要构件

转"指示灯其中有一个会亮,显示存在的旋转磁场方向类型。

其各种条件下的测试结果如图 2.41 所示。

B. 非接触式旋转磁场判决

将 MS5900 上所有测试导线拔掉,让指示器放在马达上,与马达传动轴平行。指示器应距离马达不到 1 in,按开关按钮。绿色开启指示灯表示仪器准备就绪,可开始测试。顺时针旋转或逆时针旋转指示灯中的一个会亮,显示存在的旋转磁场方向类型。

C. 侦测磁场

若要侦测磁场,请将 MS5900 放入电磁阀中。如果"顺时针旋转"或"逆时针旋转"指示灯其中有一个亮起,就表示有磁场存在。

(3)训练工具与材料

训练工具与材料见表 2.16。

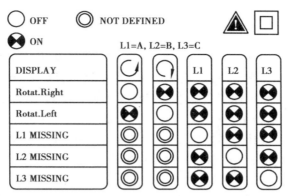

图 2.41　MS5900 相序指示表

表 2.16　训练 2.2 的训练工具与材料

实训工具	ZC-7/ET2671 兆欧表、ZC29B-2/MS5209 接地电阻测量仪、MS2203 智能电能参数综合测量仪、MS5900 相序表、HD9250 钳形电流表、数字式电压表、数字式电流表
实训材料	三相异步电动机,电力变压器,绝缘导线若干,校内不同类型建筑物接地装置、机床接地装置、机床、电焊机、其他大功率动力装置

（4）训练内容

训练项目 1:绝缘电阻测试

1）训练内容

①查阅《工业机械电气设备 绝缘电阻试验规范》(GB/T 24343—2009)。

查阅《旋转电机绝缘电阻测试》(GB/T 20160—2006)。

②分别使用 ZC-7/ET2671 兆欧表测量三相异步电动机线圈与外壳绝缘电阻。

分别使用 ZC-7/ET2671 兆欧表测量三相异步电动机三相线圈间绝缘电阻。

分别使用 ZC-7/ET2671 兆欧表测量 CA6140 机床主电机绝缘电阻。

③分别使用 ZC-7/ET2671 兆欧表测量电缆的芯线间绝缘电阻。

分别使用 ZC-7/ET2671 兆欧表测量电缆的屏蔽线与芯线间绝缘电阻。

分别使用 ZC-7/ET2671 兆欧表测量电缆的芯线与外皮间绝缘电阻。

④分别使用 ZC-7/ET2671 兆欧表测量变压器绕组与外壳绝缘电阻。

分别使用 ZC-7/ET2671 兆欧表测量电缆的变压器高压绕组与低压绕组间绝缘电阻。

2）注意事项

①测试前注意切断待测设备的电源,进行测试前的放电处理。

②爱护实训器材、确保安全用电。

3）问题与实训总结

①自主设计绝缘电阻测试数据记录表格,完整记录测试数据,并分析是否符合国家相关标准。

②记录实训过程中存在的问题,分析测试失败与成功的原因。

训练项目 2：接地电阻测量

1）训练内容

①查阅《建筑物防雷设计规范》（GB 50057—1994）（2000 版）中接地电阻的要求章节。

查阅《民用建筑电气设计规范》（JGJ/T 16—1992）中接地与安全部分的内容。

查阅《民用爆破器材工厂设计安全规范》（GB 50089—1998）12 章部分的内容。

查阅《石油库设计规范》（GB 50074—2002）第 14 章：电气装置内容。

查阅《汽车加油加气站设计与施工规范》（GB 50156—2002）第 10 章：电气装置内容。

查阅《城镇燃气设计规范》（GB 50028—1993）第 6.10.2 条内容。

查阅《电子计算机场地通用规范》（GB/T 2887—2000）第 4 章要求。

查阅《民用闭路监视电视系统工程技术规范》（GB 50198—1994）第 2 章内容。

查阅《移动通信基站防雷与接地设计规范》（YD5068—1998）第 5 章：接地电阻的要求。

查阅《微波站防雷与接地设计规范》（YD2011—1993）第 4 章部分内容。

查阅 GB 4943.1—2011 中 2.6.3.4 对接地电阻测试仪规定的部分内容。

②使用 ZC29B-2/MS5209 接地电阻测量仪分别进行建筑物防雷接地系统接地电阻、低压配电变压器中性点接地电阻、水塔避雷针接地电阻、金工车间供电系统接地电阻、五轴加工中心接地电阻测试。

2）注意事项

①测试前注意带电运行系统与非带电系统接地电阻差异。

②爱护实训器材、确保安全用电。

3）问题与实训总结

①自主设计接地电阻测试数据记录表格,完整记录测试数据,并分析是否符合国家相关标准。

②记录训练过程中存在的问题,分析接地电阻测试数据波动的原因。

训练项目 3：电能综合参数测量

1）训练内容

系统阅读 MS2203 使用说明书,掌握交流电压、电流、有功功率、功率因素、视在功率、无功功率、电能、频率的测试步骤。

①使用 MS5900 马达与相序旋转指示仪对 CA6140 进线相序进行测试,并记录。

②使用 MS5900 马达与相序旋转指示仪测量 CA6140 主轴电机、冷却泵电机的马达转向进行测试并记录。

③使用 MS2203 和 HD9250 钳形电流表对 CA6140 机床进线交流线电压（V）测量。

④使用 MS2203 和 HD9250 钳形电流表对 CA6140 机床负载状态与空载状态下交流线电流（A）测量。

⑤选用金工车间的单相线路,进行单相线路五大参数（有功功率、功率因数、视在功率、无功功率、电能）的测量。

⑥选用普通冷加工车间进行三相四线制负载的测量（三相总功率参数指的是三相线路的总有功功率、总无功功率、总视在功率、总的功率因数。其三相功率的测量方法是分别测量每相线路的功率参数,然后通过运算求出总功率参数。在平衡负载情况下,测量数据是比较准

确的,在功率变化比较大时,其总功率误差会加大)。

⑦三相三线制负载的测量(选用大功率风机作为测试负载,完成有功功率、功率因数、视在功率、无功功率的测量)。

⑧RS232C 数据接口使用。

如图 2.42 所示,将 RS232C 接口线插入仪表的接口插孔内,再顺时针旋转接口线,接口线被锁定在功率表内;将接口线的另一端标准 RS232C 插头接在计算机串口上。此时,仪表可通过红外光电通信 RS232C 接口与 PC 机实时传送数据。若要从功率表上拔出 RS232C 接口线,先将接口线插入在仪表中的插头逆时针旋转,接口线解锁后即可取出。按照所附专用视窗图形软件的磁盘中 README 文件的安装说明,将配套的专用 PC 数据记录软件安装到计算机上,当仪表处于测量状态时,按下 RS232 键,便可在 WINDOW 视窗下对仪表当前的测量数据进行实时记录和打印。该软件实现数据实时记录整理、绘图、打印输出等功能。

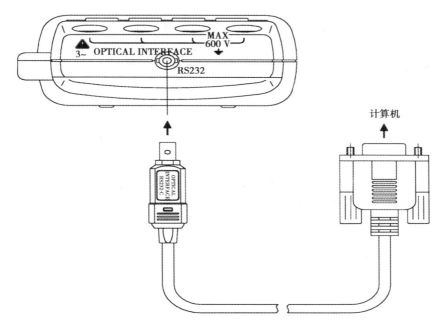

图 2.42 MS2203 RS232C 数据接口使用

2)注意事项

由于该实训环节全部带电进行测试,各项测试须在指导教师的指导下完成,不得擅自进行测试项目的训练。

第 3 章
制图规范与电工、电子读图、识图训练

电气工程图纸与电子工程图纸是电气、电子工程项目、设备、装置、器件设计、生产、现场施工、安装以及调试、维护维修等环节必不可少的图形技术文件,充分表达了电气、电子工程项目各部分以及系统的工作原理、器件参数、器件选型、安装几何尺寸关系以及位置装配关系、技术数据等具体信息,是技术设计人员、安装人员、操作人员、维修人员的工程语言。

在各类电气工程、电子工程中根据不同工程阶段(设计、生产、现场施工、调试、维护维修、技术改造)均涉及不同类型的图纸以满足实际工程需要。掌握电气电子工程制图的基本技能与读图、识图的要领,是电气电子工程师的最基础的专业素质要求。

本章在系统分析电气、电子制图的标准与技术要素的基础上,通过制图、读图、识图训练充分提高学生对电气、电子工程图的读图、识图能力,并能够运用在工程实际中,提升图纸技术资料的运用能力。

3.1 电气工程图基础

3.1.1 电气制图国家标准

根据现行电气制图国家标准的类型与作用,电气图形符号与电气工程制图标准主要包括电气制图标准、电气简图用图形符号标准、电气设备图形符号标准及国家制图相关标准4个方面。其关系见表 3.1。电气制图标准是电气、电子工程师制图、读图、识图的重要依据。

表3.1 国家电气、电子工程制图标准

序号	标准类型	标准项	标准特点
1	电气制图标准	GB/T 6988	GB/T 6988电气制图国家标准等同或等效采用国际电工委员会IEC有关的标准。这个国家标准的发布和实施使我国在电气制图领域的工程语言及规则得到统一,并使我国与国际上通用的电气制图领域的工程语言和规则协调一致。这个标准的前三部分等同采用IEC-1082的第1—3部分,而第四部分等效采用IEC-848(1988)的《控制系统功能表图的绘制》
		GB/T 6988	GB/T 6988—1997《电气技术用文件的编制》发布于1997年,对应于GB 6988,主要包括以下几个分标准: (1)《电气技术用文件的编制第1部分:一般要求》(GB/T 6988.1) (2)《电气技术用文件的编制第2部分:功能性简图》(GB/T 6988.2) (3)《电气技术用文件的编制第3部分:接线图和接线表》(GB/T 6988.3)
		GB/T 7356	电气系统说明书用简图的编制
		GB/T 5489	印制板制图
2	电气简图图形符号标准	GB/T 4728	《电气简图用图形符号》(GB/T 4728)国家标准共13项,发布于1996—2005年,是《电气图用图形符号》(GB 4728)的修订版。这13个国标都是等同采用最新版本的国际电工委员会IEC617系列标准修订后的新版国家标准 (1)《电气图用图形符号第1部分:总则》(GB/T 4728.1—2005) (2)《电气简图用图形符号第2部分:符号要素、限定符号和其他常用符号》(GB/T 4728.2—2005) (3)《电气简图用图形符号第3部分:导体和连接件》(GB/T 4728.3—2005) (4)《电气简图用图形符号第4部分:基本无源元件》(GB/T 4728.4—2005) (5)《电气简图用图形符号第5部分:半导体管和电子管》(GB/T 4728.5—2005) (6)《电气简图用图形符号第6部分:电能的发生与转换》(GB/T 4728.6—2000) (7)《电气简图用图形符号第7部分:开关、控制和保护器件》(GB/T 4728.7—2000) (8)《电气简图用图形符号第8部分:测量仪表、灯和信号器件》(GB/T 4728.8—2000) (9)《电气简图用图形符号第9部分:电信:交换和外围设备》(GB/T 4728.9—1999) (10)《电气简图用图形符号第10部分:电信:传输》(GB/T 4728.10—1999) (11)《电气简图用图形符号第11部分:建筑安装平面布置图》(GB/T 4728.11—2000) (12)《电气简图用图形符号第12部分:二进制逻辑元件》(GB/T 4728.12—1996) (13)《电气简图用图形符号第13部分:模拟元件》(GB/T 4728.13—1996)

续表

序号	标准类型	标准项	标准特点
3	电气设备图形符号标准	GB/T 5465	《电气设备用图形符号》是指用在电气设备上或与其相关的部位上，用以说明该设备或部位的用处和作用的标志。GB/T 5465—1996 由以下两部分组成： 《电气设备用图形符号绘制原则》（GB/T 5465.1—1996） 《电气设备用图形符号》（GB/T 5465.2—1996）
4	电气电子制图相关国家标准		（1）《电器设备接线端子和特定导线端子的识别和应用字母数字系统的通则》（GB/T 4026—1992） （2）《绝缘导线的标记》（GB/T 4884—1985） （3）《电气技术中的项目代号》（GB/T 5094—1985） （4）《电气技术中的文字符号制订通则》（GB/T 7159—1987） （5）《导体的颜色或数字标识》（GB/T 7947—1997） （6）《技术制图标题栏》（GB/T 10609.1—1989） （7）《技术制图明细栏》（GB/T 10609.2—1989） （8）《技术制图图纸幅面和格式》（GB/T 14689—1993） （9）《技术制图字体》（GB/T 14691—1993） （10）《信号与连接线的代号》（GB/T 16679—1996） （11）《电气工程 CAD 制图规则》（GB/T 18135—2000）

3.1.2 电气工程图的分类与特点

电气工程主要包括电力工程（发电、变电、输电工程中的设备布置、接线、控制及其附属子项目、动力、照明线路）、综合布线工程（家用电器、广播通信、网络工程、安防等弱电信号设备与线路）、工业电气（机械、工业生产及其控制领域的电气设备）、建筑电气（建筑动力、照明、电器、保护以及防雷、接地装置等）。

电气工程图的使用极其广泛，在发电工程、变电工程、输电工程、电子工程、工业电气及其自动化、建筑电气、日常生活等各个方面得到充分运用。它主要用来表示电气工程的构成、功能、描述各种电气设备的工作原理以及提供施工、安装接线和维护的依据和技术参数。电气工程图具有以下特点：

①区别于机械和建筑图纸，简图是电气图的主要变现形式。

②电气图通过元件与连线的描述方式实现，图形、文字、项目代号是电气工程图的 3 个基本要素。

③电气工程图制图采用"功能布局法"与"位置布局法"进行合理布局，前者只考虑元件的功能关系，不考虑位置关系，如系统图、功能图、原理图；后者则注重考虑位置关系（布置图、接线图）。

④电气图具有多样性。不同的描述方式(能量传递、逻辑信号传递、信息传递、功能流)形成不同的电气工程图。

（1）电气图及其分类

根据国标 GB/T 6988 规定,电气图是一种简图,按照功能布局法绘制,采用图形符号、线框或简化外形详细地表示实际电路、设备或成套装置的有关组成部分和连接关系。电气图的实际种类繁多,各种项目的图纸数量、种类与电气工程的类型以及项目的大小相关。电气图根据表达形式与用途的不同,包括 15 类,见表 3.2。

表 3.2　电气图类型及其作用

序号	图　名	内　涵
1	系统图或框图	主要用符号或带注释的框图简略表示系统、分系统、成套装置或设备的基本组成或相互关系及其主要特征,是绘制层次更低的其他电气图的依据
2	功能图	用规定的图形符号、文字相结合的方法,表示控制系统的作用和状态的说明的简图,用于电气领域的功能说明书等技术文件中,适合电气专业与非专业人员交流
3	逻辑图	采用二进制逻辑单元图形符号绘制,以表达可以实现一定目的的功能件的逻辑功能,可以是单一组件或复合组件。只表示功能不涉及实现方法的逻辑图称为纯逻辑图,逻辑图作为设计文件之一,主要表达设计者的设计意图、产品的逻辑功能与工作原理,是编制接线图等其他电气图的依据
4	功能表图	表示控制系统的作用与状态的一种简图,采用图形符号与文字说明结合方式绘制,表达系统的控制过程、功能与特性,不涉及具体执行过程
5	电路图	用图形符号按照工作顺序,详细地表示电路、设备或成套装置的全部基本组成与连接关系,不考虑实际位置的一种简图,用于详细理解其工作原理和计算电路特性,习惯上称为电路原理图或原理接线图
6	等效电路图	表示理论或理想元件连接关系的一种功能图,为分析计算电路特性与状态使用
7	端子功能图	表示功能单元全部外接端子,并用功能图、功能表图或文字表示其内部功能的一种简图。端子功能图主要用于电路图中
8	程序图	用于详细表示程序单元和程序片及其互联关系,用于理解程序的运行过程
9	设备元件表	设备元件表示成套装置、设备和装置中各组成部分和相应数据列成的表格,用于表示组成部分的名称、型号、规格、数量
10	接线图或接线表	用于进行接线和检查的一种简图或表格。可细分为单元接线图或单元接线表,互联接线图或接线表、端子接线图或接线表以及电缆配置图或电缆配置表
11	数据单	特定项目给出的详细信息资料

续表

序号	图名	内涵
12	位置简图或位置图	表示成套装置、设备和装置中各个项目的位置的一种图,用于项目的安装就位,本质上属于机械制图的技术范围
13	单元接线图或单元接线表	表示成套装置、设备和装置中的一个结构单元内的连接关系的一种接线图或接线表,可独立运用,也可复合运用
14	互联接线图或互联接线表	表示成套装置、设备和装置的不同构成单元间的互联关系的一种接线图或接线表
15	电缆配置图或电缆配置表	提供电缆两端位置、必要时包含电缆功能、特性与路径的一种接线图或接线表

(2)电气工程项目工程图组成

通常电气工程项目的电气图通常由以下部分组成,不同的组成部分采用不同的类型的图纸进行表现。一个电气工程项目的完整电气图包括:01:目录与前言;02:电气系统图与框图;03:电路图(电路原理图);04:安装图(接线图);05:电气平面图;06:设备布置图;07:设备元件与材料表;08:大样图;09:产品使用说明书电气图(电路原理图);10:其他电气图(逻辑图、功能图、曲线图、表格)。

电气项目电气图的类型与作用简表见表3.3。

表3.3　电气项目电气图的配型与作用简表

图纸目录序号	层次结构	作用
01	目录与前言	用于某个电气工程项目的所有图纸目录、以便检索或查阅图纸。内容包括序号、图名、图纸编号、张数与备注。前言包括设计说明、图例、设备材料明细表和工程经费
02	电气系统图与框图	主要表示整个工程或其中某项的供电方式与电能输送关系,也可以是某一装置的组成关系,如电气一次、二次接线图、工厂配电系统图、电视机原理框图等
03	电路图(电路原理图)	表示某一系统的工作原理,如机床电路原理图、电动机控制电路图等
04	安装图(接线图)	电气装置内部之间的连接关系,包括单元之间、装置之间、器件之间、设备之间等,以便于维护、维修、安装

图纸目录序号	层次结构	作　用
05	电气平面图	表示电气设备、装置或线路的平面布置关系,一般用于建筑电气系统设计
06	设备布置图	表示各种设备的布置方式、安装方式以及相互之间的尺寸、公差配合关系,主要分电气平面布置图、立体布置图、断面图、总剖面图等
07	设备元件与材料表	电气项目中的所有设备元件(成套装置、设备和装置)各组成部分和相应数据列成的表格,用于表示组成部分的名称、型号、规格、数量
08	大样图	表示某一部件的结构,用于指导加工和安装。一些大样图可采用国家标准图来实现
09	产品使用说明书电气图(电路原理图)	用于产品说明书
10	其他电气图(逻辑图、功能图、曲线图、表格)	为补充或详细说明的图形或表格

(3)电气工程图示例

以下以某电力系统自动化有限公司的配电站电气工程图为例,说明电气项目工程图的组成。

0.1 目录与封面如下:

×××××××电力系统自动化有限公司

图册编号: DV 110112

电气工程图

工程名称:××××××××配电站

合同编号:12345678

设计阶段:施工设计

图册名称:××××××××配电站

审　　定:××××

审　　核:××××

校　　对:××××

设　　计:××××

该项目的图纸目录见表3.4。各系统图如图3.1—图3.5所示。

表 3.4 电气图纸(文件)目录

序号	图纸文件名称或内容	图 号	张数	备注
1	封面		1	
2	图纸目录		1	
3	设计说明		1	
4	变电站综合自动化系统图	02B100BSJK0-01	2	
5	板面开孔图	02B100BSJK0-02	4	
6	中央信号测控接线图	02B100BSJK0-03	2	
7	6 kV 进线保护监控接线图	02B100BSJK0-04	4	
8	6 kV 出线保护监控接线图	02B100BSJK0-05	4	
9	变压器保护监控接线图	02B100BSJK0-06	4	
10	6 kV 分段保护监控接线图	02B100BSJK0-07	4	
11	6 kV 电动机保护监控接线图	02B100BSJK0-08	4	
12	6 kV PT 监控接线图	02B100BSJK0-09	3	
13	QK、KK 接点图	02B100BSJK0-10	1	
14	材料表		1	

设计技术说明如下:

设计说明

一、设计依据

根据×××集团有限责任公司与北京×××电力系统自动化有限公司就×××集团配电微机保护改造工程提供的一次主接线图和签订的技术协议,结合我公司 DVP-600 系列微机保护监控装置的特点进行设计。

二、设计范围

本工程为 6 kV 变电站综合自动化系统工程,最终规模共14台微机保护监控装置,本期上7台。除中央信号监控装置以外,其余均分散安装在开关柜上。

三、设计标准

设计按本企业标准及国家有关电力行业标准进行。

四、设计说明

1. 该工程中所有微机保护监控装置均为北京×××电力系统自动化有限公司产品。

2. 同一型号保护监控装置用于不同回路时,回路号作相应修改。

3. 除北京×××电力系统自动化有限公司微机保护监控装置以外,其余附件均由用户自备。

4. 本图仅供现场施工时参考。

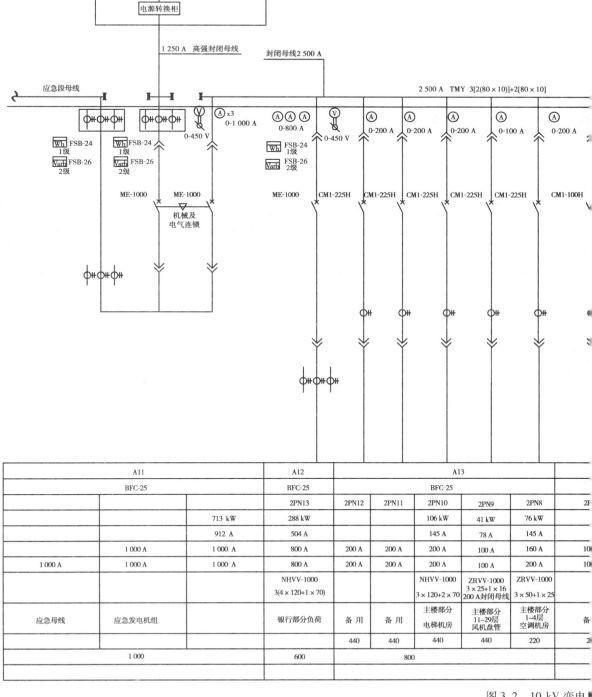

	A11			A12			A13			
	BFC-25			BFC-25			BFC-25			
				2PN13	2PN12	2PN11	2PN10	2PN9	2PN8	2P
		713 kW		288 kW			106 kW	41 kW	76 kW	
		912 A		504 A			145 A	78 A	145 A	
		1 000 A		1 000 A	800 A	200 A	200 A	200 A	100 A	160 A	10
1 000 A		1 000 A		1 000 A	800 A	200 A	200 A	200 A	100 A	200 A	10
				NHVV-1000 3(4×120+1×70)			NHVV-1000 3×120+2×70	ZRVV-1000 3×25+1×16 200 A封闭母线	ZRVV-1000 3×50+1×25	
应急母线		应急发电机组		银行部分负荷	备用	备用	主楼部分 电梯机房	主楼部分 11~29层 风机盘管	主楼部分 1-4层 空调机房	备
					440	440	440	440	220	
		1 000		600		800				

图 3.2　10 kV 变电

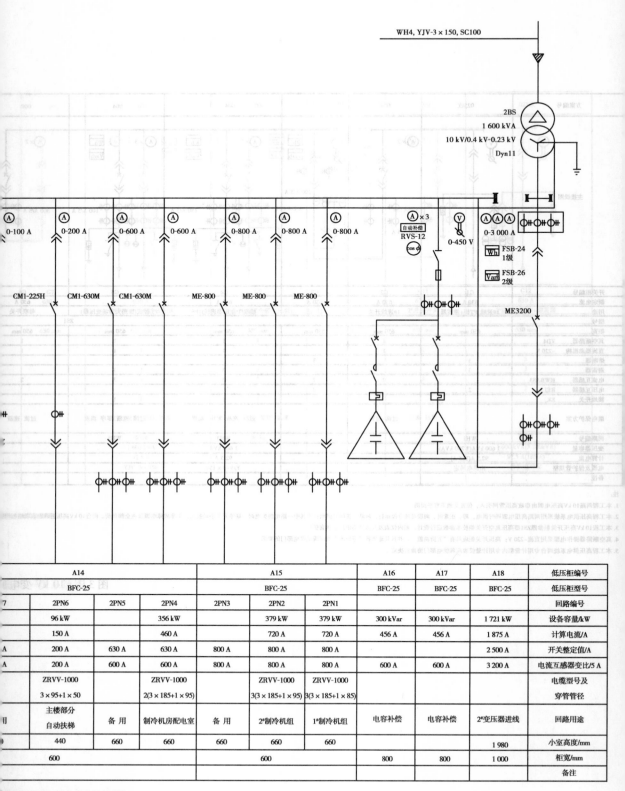

WH4, YJV-3 × 150, SC100

2BS
1 600 kVA
10 kV/0.4 kV-0.23 kV
Dyn11

| 0-100 A | 0-200 A | 0-600 A | 0-600 A | 0-800 A | 0-800 A | 0-800 A | (A)×3 自动补偿 RVS-12 cos φ | (V) 0-450 V | 0-3 000 A |
| CM1-225H | CM1-630M | CM1-630M | ME-800 | ME-800 | ME-800 | | | Wh FSB-24 1级 Var FSB-26 2级 ME3200 | |

	A14			A15			A16	A17	A18	低压柜编号
	BFC-25			BFC-25			BFC-25	BFC-25	BFC-25	低压柜型号
7	2PN6	2PN5	2PN4	2PN3	2PN2	2PN1				回路编号
	96 kW		356 kW		379 kW	379 kW	300 kVar	300 kVar	1 721 kW	设备容量/kW
	150 A		460 A		720 A	720 A	456 A	456 A	1 875 A	计算电流/A
A	200 A	630 A	630 A	800 A	800 A	800 A			2 500 A	开关整定值/A
A	200 A	600 A	600 A	800 A	800 A	800 A	600 A	600 A	3 200 A	电流互感器变比/5 A
	ZRVV-1000 3×95+1×50		ZRVV-1000 2(3×185+1×95)		ZRVV-1000 3(3×185+1×95)	ZRVV-1000 3(3×185+1×85)				电缆型号及 穿管管径
用	主楼部分 自动扶梯	备用	制冷机房配电室	备用	2#制冷机组	1#制冷机组	电容补偿	电容补偿	2#变压器进线	回路用途
0	440	660	660	660	660	660			1 980	小室高度/mm
	600			600			800	800	1 000	柜宽/mm
										备注

低压侧备用电源系统图

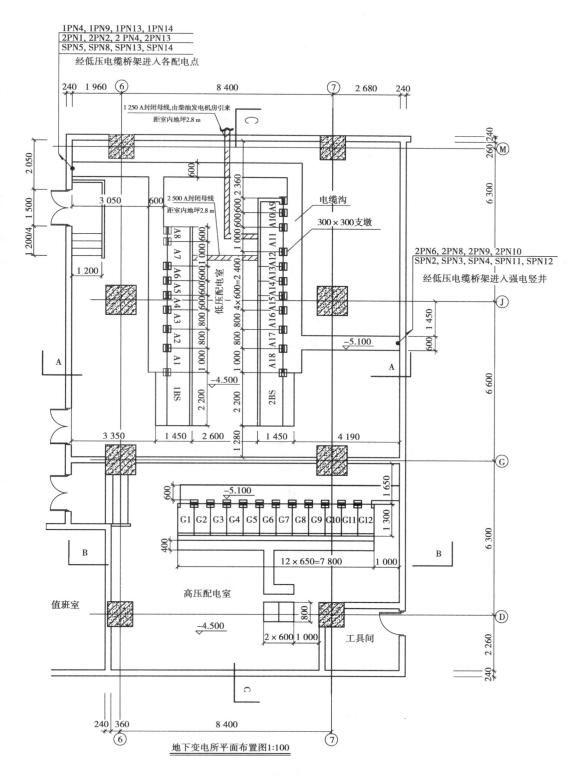

图 3.3　10 kV 低压变电所平面布置图

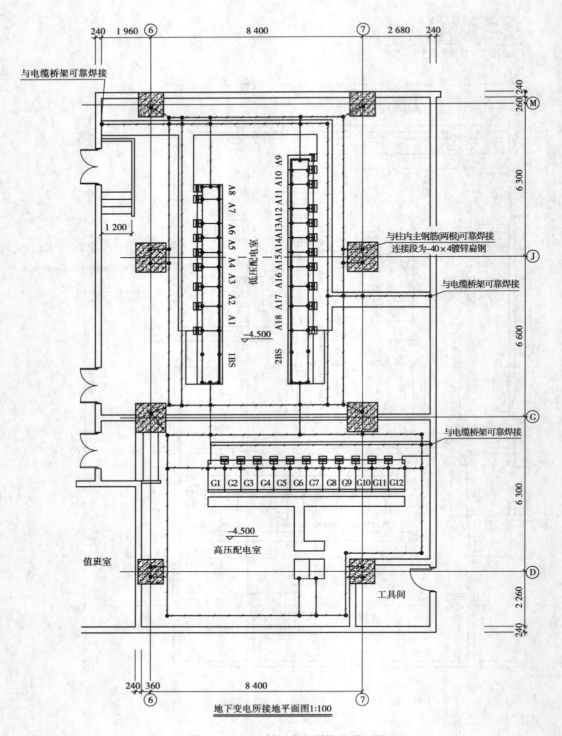

地下变电所接地平面图1:100

图 3.4　10 kV 低压变电所接地平面图

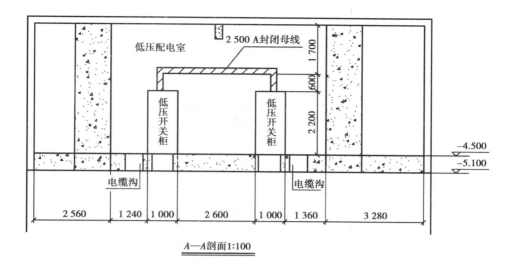

A—A剖面1:100

图3.5　10 kV变电所低压配电室剖面图

3.1.3　电工读图、识图方法

（1）电工读图、识图方法基本方法

1）密切联系电工理论基础知识

实际的电气工程都是建立在基本的电工理论基础之上的,无论是电力系统的发电、变电、输电、配电以及用电工程,还是电气控制系统、动力与照明、电热系统等都离不开基础的电工技术。结合电工基本理论是快速读图、正确识图的重要理论基础。

2）熟悉电气、电子元件以及装置的结构、原理

电气系统中的各种装置和电器如开关、断路器、保险装置、继电器、接触器、电动机、变压器、电缆、计量仪表、互感器等,以及电子电路中的电阻、电容、半导体器件、智能芯片、传感器等都是不可缺少的。因此,熟悉这些电路、电子器件的结构、原理、参数、性能是进行快速读图、正确识图的关键。

3）掌握典型电路环节与典型电子电路结构形式

不论简单的电路还是复杂的电气工程或系统,一般都离不开基本的电路环节与电子单元。因此,掌握一些基本的电路结构是十分必要的。例如,电动机的时间控制、行程控制、点动控制、基本放大电路、整流电路、滤波电路、触发电路等。

4）熟悉电气制图国家标准

电气制图的基本规则体现在国家电气制图的相关标准中,因此学习和掌握电气制图标准中的制图规则、技术要求、相关规范尤为重要。

5）密切联系图纸说明、技术要求

认真研读图纸的说明、项目设计思想以及相关技术参数有助于了解电气项目的整体概况、了解项目的设计重点,为分析图纸、理解图纸要素提供信息引导。

（2）电工读图、识图方法基本步骤

电气工程读图、识图的基本步骤如图3.6所示。

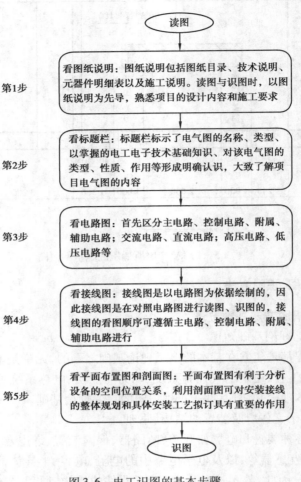

第1步　看图纸说明：图纸说明包括图纸目录、技术说明、元器件明细表以及施工说明。读图与识图时，以图纸说明为先导，熟悉项目的设计内容和施工要求

第2步　看标题栏：标题栏标示了电气图的名称、类型、以掌握的电工电子技术基础知识、对该电气图的类型、性质、作用等形成明确认识，大致了解项目电气图的内容

第3步　看电路图：首先区分主电路、控制电路、附属、辅助电路；交流电路、直流电路；高压电路、低压电路等

第4步　看接线图：接线图是以电路图为依据绘制的，因此接线图是在对照电路图进行读图、识图的，接线图的看图顺序可遵循主电路、控制电路、附属、辅助电路进行

第5步　看平面布置图和剖面图：平面布置图有利于分析设备的空间位置关系，利用剖面图可对安装接线的整体规划和具体安装工艺拟订具有重要的作用

图 3.6　电工识图的基本步骤

3.2　电子工程图基础

电子工程图是采用图形符号表示电子元器件，用连线表示导线所形成的一个特定功能或用途的电子图纸，包含电路的组成、元器件型号参数标注、具备的功能与性能指标。电子工程图是依据国家电气符号标准进行绘制的一种简图，能充分描述元器件、部件以及各部分电路之间的电气互联关系。

3.2.1　电子工程图的类型

电子工程图主要包括原理图和工艺图两大基本类型。其具体分类情况如图 3.7 所示。

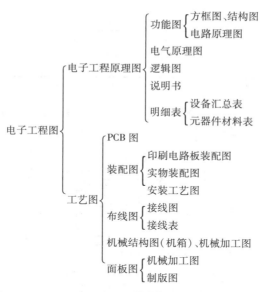

图 3.7　电子工程图的基本类型

（1）原理框图

电子工程图的方框图是一种简明的说明性图纸。它采用简单的方框和标注来表达系统或分系统的基本组成、相互关系以及主要特征,方框彼此之间通过连线表达信号的通过途径或电路的动作顺序,具有简明扼要、一目了然的特点。如图 3.8 所示为 TCL-LCD 彩色电视机的整机原理框图。

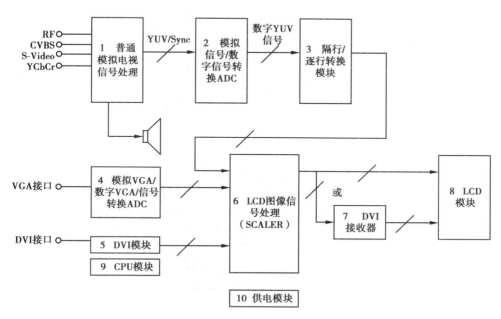

图 3.8　TCL-LCD 彩色电视机框图

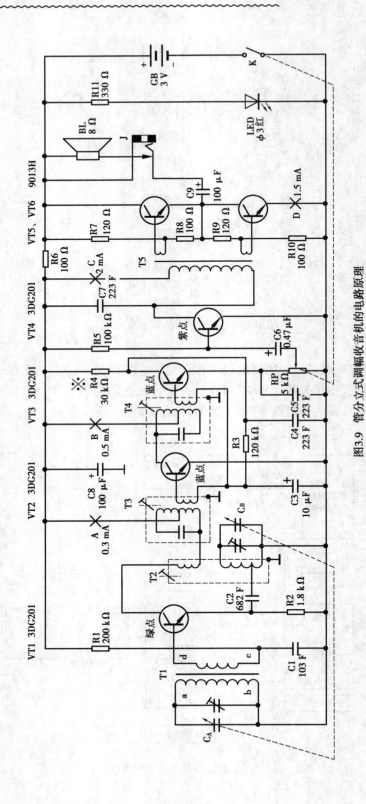

图3.9 管分立式调幅收音机的电路原理

（2）**电路原理图**

电子电路原理图是用来表示电子设备的电气工作原理,采用国家标准规定的电气图形符号按照功能布局绘制的一种简图。它主要用于详细表示电路、设备或成套装置的全部组成和连接关系,通常称为电路原理图。它是编制 PCB 图、接线图的基础,也是测试分析查找电子电路故障的依据。

电路原理图绘制需要掌握布局均匀,条理清晰。电信号按照输入在图纸的左上方,输出在图纸的右下方的方式进行,单元信号电路的信号流遵循从左到右、从上到下的顺序。

图 3.9 给出了 6 管分立式调幅收音机的电路原理图,磁棒天线 T1 和调谐双联可变电容 C_A、C_B 构成调幅信号电磁感应接收电路,混频管 VT1 完成混频,结果 VT2 中放处理,再经过 VT3 检波放大处理成音频信号,电台音频信号通过音量电位器 RP 衰减,由 VT4 推动功率放大电路 VT5、VT6 工作,通过扬声器变换出声音。

R11、LED 构成电源指示电路。

（3）**逻辑图**

在数字电路中逻辑图是采用二进制逻辑单元图形符号绘制的数字系统或产品的逻辑功能图,采用逻辑符号来表达产品的逻辑功能和工作原理,逻辑图是编制器件接线图、分析检查电路单元故障的重要依据。图 3.10 给出了移位寄存器 74LS194 的内部逻辑图。

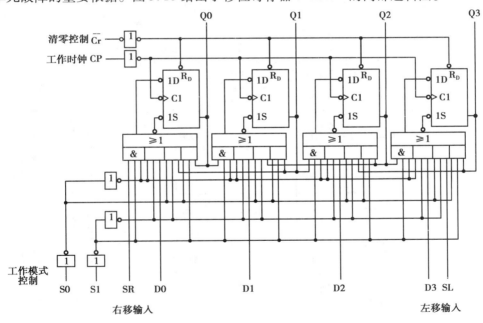

图 3.10 移位寄存器 74LS194 的内部逻辑图

（4）**接线图与接线表**

电子工程接线图用来表示电子产品中各元器件、组件、设备等之间的连接关系以及相互位置的一种工程工艺图,在依据电路原理图和逻辑图进行绘制的,是电子设备整机装配的主要依据。根据接线图表达的对象和用途的不同,接线图(表)包括单元接线图(表)、互联接线图(表)、端子接线图(表)、电缆配置图(表)。图 3.11 给出了某型狄耐克系列的单元主机与室内分机接线图、管理机与单元主机的接线图。

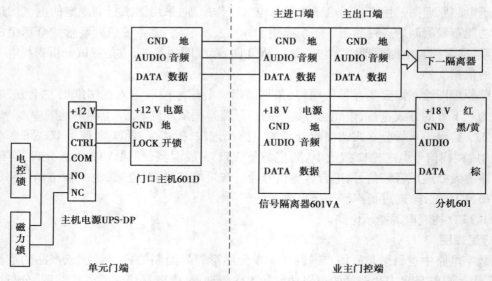

（a）狄耐克系列的单元主机与室内分机接线图

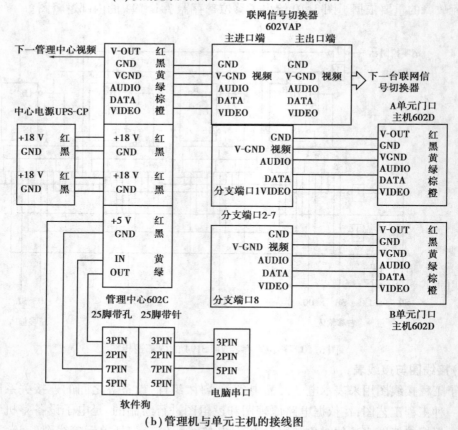

（b）管理机与单元主机的接线图

图3.11 狄耐克系列单元主机与管理机的接线图

（5）印刷电路板图

印刷电路板图是表示各元器件和结构等于印刷板连接关系的图样,用于指导电子产品装配、焊接印刷电路板的依据,如图 3.12 所示。

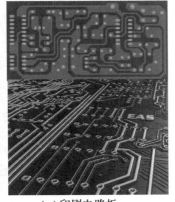 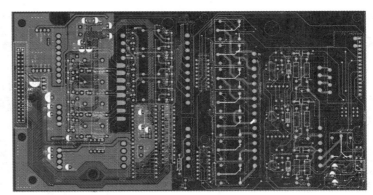

（a）印刷电路板　　　　　　　　　　　　　　（b）印刷电路板图

图 3.12　狄耐克系列单元主机与管理机的接线图

3.2.2　电子工程图的读图、识图方法

电子工程图的识图即对电路进行分析,识图能力体现在对电子技术知识的综合运用能力,读图、识图有利于提升分析电子电路的能力和应用能力。

分析电子电路时,应将整个电路分割成具有独立功能的组成单元或部分、子系统进行分析,需要在掌握每一部分的工作原理、功能的基础上,才能完成各组成部分的互联关系,从而得到整个系统的功能与性能特点,进行定量估算。

电子工程图的识图基本步骤如下:

（1）了解电路用途、找出信号的通路

了解所识别电路用于什么地方以及所起到的作用,对分析整个电路的工作原理和各部分功能指标具有重要意义,可根据其使用场合了解其主要功能和性能指标,依据信号流程进行电路通路分析。

（2）对照单元电路、各个击破

以信号的流程为主要通路,以有源器件为核心,对照单元电路和功能框图,将所识别的电子电路分解成若干具有独立功能的模块进行分析,如电源电路、信号放大电路、信号处理电路、智能控制芯片、传感器接口电路、功率驱动电路等。

（3）以信号通路为方向,画出系统模块框图

以信号的流向为出发点,将各功能单元作为基本框图结构单元,并用合适的方式(文字、表达式、权限、波形)简要标识其功能,然后根据各部分的联系将框图组成系统,分析整体结构与功能。

（4）估算指标、分析逻辑功能

选择合适的电路分析方法,对各单元电路进行工作原理分析、技术指标计算分析、逻辑功能分析,从而全面读懂和识别电路工作原理、功能、性能指标要求。

训练 3.1　机床电气图读图、识图训练

(1)训练目标

①掌握机械电气工程图读图和识图的方法。

②进一步熟悉电气制图规格和规范。

③通过练习和训练增强对电气图形和电路符号的认识与识别能力。

④认识机床电气控制电路的控制思想与工作状态控制流程。

(2)理论准备

1)CE6140 机床的结构与组成

如图 3.13 所示,CE6140 型普通车床的主要组成部件有主轴箱、进给箱、溜板箱、刀架、尾架、光杆、丝杠和床身。

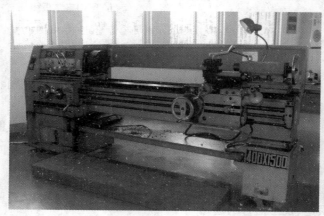

图 3.13　CE6140 机床的结构图

①主轴箱

主轴箱又称床头箱、尾座:装置作定位支承用的后顶尖,也可装置钻头、铰刀等孔加工刀具来进行孔加工。床身上装置着车床各个主要部件,主要任务是将主电机传来的旋转运动经过一系列的变速机构使主轴得到所需的正反两种转向的不同转速。同时,主轴箱分出局部动力将运动传给进给箱。在主轴箱中,主轴是车床的关键零件。主轴在轴承上运转的平稳性直接影响工件的加工质量,一旦主轴的旋转精度降低,则机床的使用价值就会降低。

②进给箱

进给箱又称走刀箱,进给箱中装有进给运动的变速机构,调整其变速机构,可得到所需的进给量或螺距,通过光杆或丝杠将运动传至刀架以进行切削。

丝杠与光杆用以联接进给箱与溜板箱,并把进给箱的运动和动力传给溜板箱,使溜板箱获得纵向直线运动。丝杠是专门用来车削各种螺纹而设置的进工件的其他外表车削时,只用光杆,不用丝杠。

③溜板箱

溜板箱是车床进给运动的支配箱,内装有将光杆和丝杠的旋转运动变成刀架直线运动的机构,通过光杆传动实现刀架的纵向进给运动、横向进给运动和快速移动,通过丝杠带动刀架作纵向直线运动,以便车削螺纹。

刀架部件由几层刀架组成,功能是装夹刀具,使刀具作纵向、横向或斜向进给运动。

④尾座

尾座上装置作定位支承用的后顶尖,也可装置钻头、铰刀等孔加工刀具来进行孔加工。

⑤床身

床身上装置着车床各个主要部件,使它工作时保持准确的相对位置。

2)CA6140 机床电气系统组成与工作原理(见图 3.14)

①主电路分析

主电路中共有 3 台电动机;M1 主轴电动机,带动主旋转和刀架作进给运动;M2 为冷却泵电动机;M3 为刀架快速移动电动机。三相交流电源通过开关 QS1 引入。主轴电动机 M1 由接触器 KM1 控制启动,热继电器 FR1 为主轴电动机 M1 的过载保护。冷却泵 M2 由接触器 KM2 控制启动,热继电器 FR2 为它的过载保护。刀架快速移动电动机 M3 由接触器 KM3 控制启动,由于 M3 是短期工作,故未设有过载保护。

②控制电路分析

控制回路的电源由控制变压器 TC 输出 110 V 电压提供。

a. 主轴电动机的控制　按下启动按钮 SB2,接触器 KM1 的线圈获电动作,其主触头闭合,主轴电动启动运行。同时,KM1 有自锁触头和另一副常开触头闭合。按下按钮 SB1,主轴电动机 M1 停车。

b. 冷却电动机控制　如果车削加工过程中,工艺需要使用冷却液时,可以合上开关 QS2,在主轴电机 M1 运转情况下,接触器 KM2 线圈获电吸合,其主触头闭合,冷却泵电动机获电而运行。由电气原理图可知,只有电动机 M1 启动后,冷却泵电机 M2 才有可能启动,当 M1 停止运行时,M2 也自动停止。

c. 刀架快速移动电动机的控制　刀架快速移动电动机 M3 的启动是由按钮 SB3 来控制,它与接触器 KM3 组成点动控制环节。将操纵手柄扳到所需的方向,压下按钮 SB3,接触器 KM3 获电吸合,M3 启动,刀架就向指定方向快速移动。

③照明、标尺灯电路分析

控制变压器 TC 的副边分别输出交流 24 V 和 110 V 电压以及交流 6.3 V 电压。其中,24 V 作为机床低压照明灯、交流 6.3 V 标尺灯的电源。EL 为机床的低压照明灯,由开关 SA 控制。

3)CE6140 机床电气接线图

CE6140 机床电气接线图如图 3.15 所示。

(3)**训练工具与材料**

训练工具与材料见表 3.5。

表 3.5　训练 3.1 的训练工具与材料

训练工具	CA6140 机床实体，PC 机，AutoCAD 软件
训练材料	CA6140 机床电路图、接线图、安装图

（4）训练内容

训练项目：机床电气图纸的读图、识图训练

1）训练内容

机床电气原理图、接线图、电气布置图。

2）操作步骤与要求

①进入机房、打开电脑、熟悉 AutoCAD 的基本操作（打开文件、关闭文件、图形放大、缩小、局部对象放大、缩小、移动、删除）。

②打开电脑桌面训练项目机床电气图纸——普通机床 AutoCAD 全套图册文件。

③按照电气制图标准与要素进行机床电气工程项目相关图纸的读图、识图训练。

④做好读图、识图笔记，列出设备清单（型号、规格、数量、安装方式、敷设方式、材料、参数等）。

3）注意事项

①机床电气 AutoCAD 全套图册文件属于电子文件，不要随意删减电子文件的组成。

②准备电气设计技术手册、电工手册、电气制图符号国家标准作为读图、识图的参考资料。

③加强交流，增强读图、识图能力。

4）问题与训练总结

总结机械设备电气图纸的类型、尺寸标注、电器元件、设备、电线、电缆的标注方式。

训练 3.2　建筑电气工程图读图、识图训练

（1）训练目标

①掌握建筑电气图读图、识图的方法。

②进一步熟悉建筑电气制图规格、规范。

③通过练习、训练增强对建筑电气图形、电路符号的认识与识别能力。

④熟悉建筑电气系统图、平面布置图的内容。

（2）理论准备

1）建筑电气图纸的主要类型与设计内容

建筑电气图纸设计的内容包括强电系统设计与弱电系统设计两大组成部分。强电系统包括供电系统、输电系统、变电所、配电系统、照明、防雷与接地系统、自动控制与调节等。弱电系统包括有线通信、广播电视、电气消防、安防以及综合布线等。建筑电气图纸的总说明需

要标示出供电来源、电压等级、线路敷设方式、设备安装高度及安装方式、低压系统的接地保护方式等。

建筑电气图纸包括以下组成部分:

①供电总平面图

供电总平面图图纸内容包括:建筑物的名称、层数;变电所的位置、线路走向、电杆、路灯、电缆沟位置;标出电缆、导线根数、型号;路灯的功率型号;杆型选择、电缆沟尺寸或排管直径与参数。需要说明的内容包括电源电压、进线方式、敷设方式、母线与电压等级、距路边位置、杆顶结构、路灯控制方式、重复接地电阻值、接地埋设方法及要求。

②变电所电气图纸

变电所电气图纸主要包括供电系统图(标示设备型号、规格和数量、母线电压等级、电工仪表及其保护方式配置、各配电设备回路编号、设备容量、导线规格及其型号、用户名称、二次接线方案编号、二次接线端子图等)。按比例绘制的变电所设备平面图,剖面安装大样图,以及变电所照明、接地系统平面布置图。

③配电系统电气图纸

配电系统图纸内容主要包括建筑物各层平面图、标出门窗、轴线、主要尺寸、工艺设备编号及容量、配电屏(箱)、启动器、线路以及接地平面布置。注明设备编号、安装高度、敷设方式。用单线图绘制电力系统图,标出配电屏、箱、板内部元件连接系统、低压断路器整定电流、熔断器的熔丝电流、导线的型号规格、保护管型号直径、敷设方式,以及自控、联锁电路及信号装置原理图接线图、设备元件布置图、端子板接线图。

图纸说明部分应标示电源的电压、引入方式、导线选型、敷设方式、设备安装高度、接地要求及设备材料表。

④照明配电系统图纸

图纸内容包括照明平面布置图,在平面上标示配电箱、灯具、开关、插座及线路平面布置关系,复杂系统需要标注局部平面、剖面图,图中应标明灯具型号、编号、规格、功率、安装方式及安装高度等。

照明系统图应标注配电箱型号、熔断器的型号规格和熔丝的额定电流、低压断路器的型号规格、整定脱扣电流、导线型号规格、保护管径以及敷设方式。

⑤控制系统图纸

图纸内容包括配电系统图、方框图、原理图,应在图中注明电器元件的符号、接线端子编号、环节名称、设备材料表。控制、供电和仪表盘布置图,仪表盘内外接线图,应注明电缆的型号、规格、编号、去向、敷设方式。控制室平面图、剖面图以及管线敷设图。

⑥防雷、接地系统图纸

图纸内容包括建筑物的防雷、接地平面布置图,注明避雷针、避雷带、接地线、接地极材料规格和安装标高。图纸说明部分应该充分表达防雷等级的确定、防雷措施、接地电阻要求值、接地体的埋设方式及材料的规格表。

⑦弱电系统电气图

建筑物的弱电系统包括通信、电缆电视、互联网络、火灾报警、扩声、广播等,图纸内容包括弱电设备的平面布置图、系统原理图、设备之间线路端子图、交直流供电系统图、控制方式、接地、安装大样图。地沟、支架、电缆走道布置以及尺寸、各设备以及基础的安装大样图。注明干线电缆、支线电缆、电缆玄虚、分线盒编号、电缆安装方式以及管道布置图等。

2）建筑电气图的电力、照明、电器标识要素

建筑电气平面图上、设备和线路不标注项目代号,而采用标注设备的编号、型号、规格、安装位置和敷设方式,设备的参数规格以及安装技术要求一目了然、清晰明了。

①线路标注

电力和照明线路在平面图采用图线和文字符号相结合的方法标注,表示线路的走向、导线的型号、规格、根数、长度以及线路的配线方式。

线路标注基本格式为

　　回路标号-型号-电压(kV)-根数(或芯数)×截面积-保护管径-敷设部位与方式

例如:

WL1-BV-0.5-3×6＋1×2.5-PVC20-WC 表示 WL1 回路的导线采用 0.5 kV 的铜芯塑料导线,3 根 6 mm²,一根 2.5 mm²,穿管在直径 20 mm 的硬质塑料管子中,敷设方式为沿墙敷设。

问题:查阅导线型号规格标准、电缆管规格参数、敷设方式代号。

②设备标注

电力与照明配电箱、设备的标注为

$$设备编号\frac{设备型号}{设备功率(kW)}$$

用电设备标注为

$$\frac{设备型号}{设备功率(kW)}$$

照明灯具标注为

$$灯具数量\text{-}灯具型号\frac{灯泡数量 \times 容量(W)}{安装高度}安装方式$$

例如:$A1\dfrac{XL\text{-}15\text{-}8000}{25}$ 表示设备编号 A1,型号为"XL-15-8000",功率为 25 kW;$\dfrac{W141}{3}$ 表示设备编号 W141 的电动机的功率为 3 kW;$4\text{-}Y\dfrac{2\times40}{3.5}C$ 表示 4 盏灯具,每个灯具内有两盏 40 W 的荧光灯,链吊安装,安装高度 3.5 m。

问题:查阅常规灯具与新型灯具的代号、安装等规格参数。

3）建筑物电气图纸读图、识图

生产实践活动中,电气设备与电路的安装位置、安装接线方式、安装方法必须依据图样才能进行施工。电气系统图、电路图、接线图虽然能够提供供电方式、工作原理以及设备的内在连接情况,但是对电气设备和线路平面布置情况未能详细说明。因此,电气平面布置图在建筑电气图纸设计中具有重要的地位与作用。建筑电气平面图是以图形符号和代号来表示一个区域或建筑物中的电气成套装置、设备、元件的实际位置,并用导线将它们连接起来,以表示其间的供用电关系的图样。建筑物电气平面图一般采用在图形符号的旁边标识出编号、型

号以及安装方式,在连接线上标出导线的敷设方式、敷设部位以及安装方式。

建筑电气平面图按照功能划分有厂区(生活区)电气总平面图、变电所平面图、防雷接地平面图、车间配电、照明平面图、火灾消防系统平面图、电缆电视、网络、通信广播平面图等。下面以某小区加压泵站的照明系统平面图为例说明电气平面图的读图、识图方法。

①查看图纸标题栏与图纸材料清单,明确设计使用的主要电气部件与装置

通过设备图纸标题栏明确该项目图纸是某小区加压泵站的照明系统平面图设计,在照明系统设计中使用的电气装置包括照明配电箱、荧光灯、广照型防水荧光灯、吸顶灯、防水球形吸顶灯、配照型工厂灯、插座、三联单控暗开关、双联单控暗开关、单联单控暗开关。采用2.5 mm² 塑料铜线,穿管为管径 15 mm 的 PV 管。配电箱与开关、插座的安装高度均有明确要求,插座安装高度为中心离地 50 cm。

设备材料表

序 号	符 号	名 称	型号及规格	数量	单位	备 注
1	▬	照明配电箱	XXRP-2306	2	台	中心距地1.6 m
2	⊢═⊣	荧光灯	GA123	38	个	
3	▭	荧光灯	DK256/2 4×40 W	6	个	
4	⊗	广照型防水防尘灯	GC9-C-1 100 W	13	个	
5	⬇	吸顶灯	X03A5	16	个	
6	●	防水圆球吸顶灯	X04A4	6	个	
7	⊖	配照型工厂灯	GC1-C-1 100 W	3	个	
8	⏚	插座	250 V 10 A	40	个	中心距地0.5 m
9	⤙	三联单控暗开关	250 V 10 A	3	个	中心距地1.4 m
10	⤙	双联单控暗开关	250 V 10 A	18	个	中心距地1.4 m
11	⤙	单联单控暗开关	250 V 10 A	20	个	中心距地1.4 m
12		塑铜线	BV-500-2.5	2 400	m	
13		PV管	φ15	1 000	m	

中国市政工程东北设计研究院			工程名称	盘锦市新工地区污水工程				
			子项名称	加压泵站				
审 定		专业负责人		加压泵站及综合楼照明平面及系统图				
审 核		设 计						
校 核		制 图		阶段	施工图	专业	电气	比例	1:150
设计负责人		日 期	2000.08	图号	00J-0036S-01SD-02			

图 3.16　某小区加压泵站设备材料清单与图纸标题栏

②读照明系统图

如图 3.17 所示为某建筑物的照明系统图。由图 3.17 可知,一楼照明电源引自低压配电柜,通过三相五线制方式引入,通过断路器 CN-45-21346(额定电流为 20 A)引入一楼配电箱,配电箱型号为 XXRP-2306。分 6 路回路进行供电,其中供照明两路,插座两路,两路备用。二楼照明电源引自一楼配电箱,依然采用三相五线制方式引入,通过断路器 CN-45-21346(额定电流为 20 A)引入一楼配电箱,配电箱型号为 XXRP-2306。分 6 路回路进行供电,其中供照明

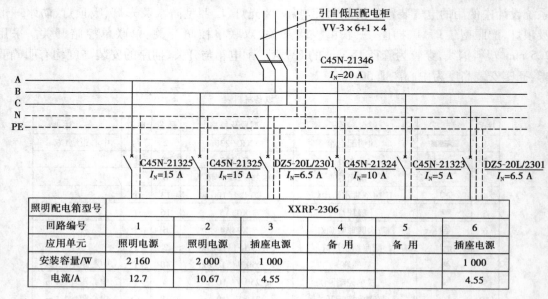

照明配电箱型号	XXRP-2306					
回路编号	1	2	3	4	5	6
应用单元	照明电源	照明电源	插座电源	备 用	备 用	插座电源
安装容量/W	2 160	2 000	1 000			1 000
电流/A	12.7	10.67	4.55			4.55

一层照明系统图

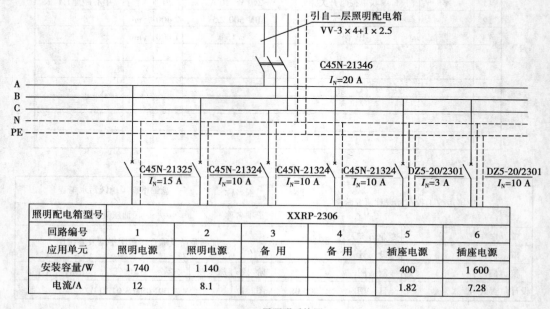

照明配电箱型号	XXRP-2306					
回路编号	1	2	3	4	5	6
应用单元	照明电源	照明电源	备 用	备 用	插座电源	插座电源
安装容量/W	1 740	1 140			400	1 600
电流/A	12	8.1			1.82	7.28

二层照明系统图

图 3.17 某小区加压泵站一楼、二楼照明系统图

两路,插座两路,两路备用。各路的负荷见表中参数。

③读电气照明平面图(见图 3.18)

根据该楼层电气照明平面图、会议室使用 6 盏荧光灯(暗装)进行照明,每盏荧光灯有 4 根灯管,每根灯管的功率为 40 W;楼梯采用一盏 60 W 的吸顶灯照明;回路 5 为大会议室插座回路;回路 6 为办公室与小会议室插座回路;回路 1 提供东边大会议室及其卫生间和办公室的照明;回路 2 提供西边办公室以及小会议室的照明。各照明灯具的安装方式均未注明。

该电气平面图采用定位线标注方式确定。

(3)**训练工具与材料**

训练工具与材料见表 3.6。

表 3.6　训练 3.2 的训练工具与材料

训练工具	PC 机、AutoCAD 软件
训练材料	实验楼建筑电气平面图、配电系统图、配电柜系统图、接线图、配电室平面图、配电室防雷与接地平面图、实验楼照明系统图、照明平面图、建筑物防雷与接地平面图、弱电系统图、平面图

(4)**训练内容**

训练项目:建筑物电气图纸的读图、识图训练

1)训练内容

建筑物建筑电气平面图、配电系统图、配电柜系统图、接线图、配电室平面图、配电室防雷与接地平面图、照明系统图、照明平面图、防雷与接地平面图、弱电系统图、控制系统原理图、结构图、接线端子图的读图、识图。

2)操作步骤与要求

①进入机房、打开电脑、熟悉 AutoCAD 的基本操作(打开文件、关闭文件、图形放大、缩小、局部对象放大、缩小、移动、删除)。

②打开电脑桌面训练项目建筑物——大学生宿舍建筑电气 AutoCAD 全套图册文件。

③按照建筑物制图标准与要素进行建筑物电气工程项目相关图纸的读图、识图训练。

④做好读图、识图笔记,列出设备清单(型号、规格、数量、安装方式、敷设方式、材料、参数等)。

3)注意事项

①大学生宿舍建筑电气 AutoCAD 全套图册文件属于电子文件,不要随意删减电子文件的组成。

②准备建筑电气设计手册、电工手册、电气制图符号国家标准作为读图、识图的参考资料。

③加强交流,增强读图、识图能力。

4)问题与训练总结

总结建筑电气图纸的类型、尺寸标注、电器元件、设备、电线、电缆、灯具、开关、插座、断路器、熔断器等的标注方式,并比较与机械装置电气读图、识图的差异。

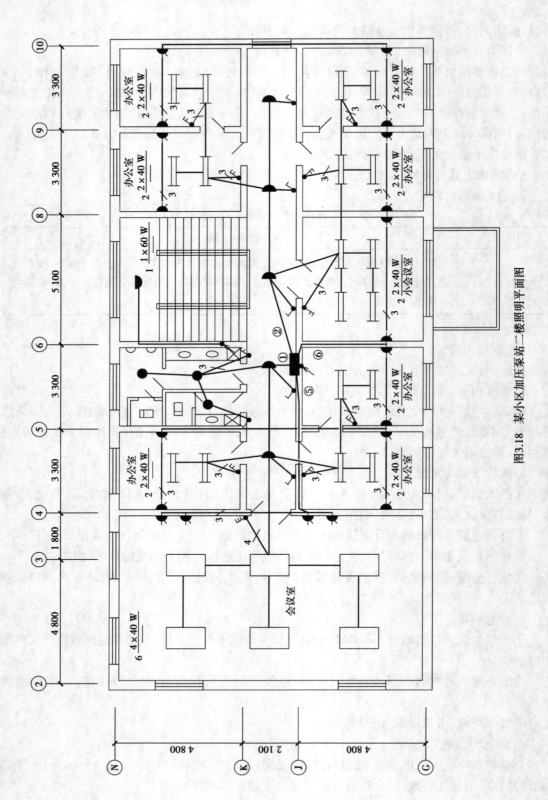

图3.18 某小区加压泵站二楼照明平面图

第 **4** 章
常用低压电器与控制线路训练

电器是一种根据外界的信号（机械力、电动力和其他物理量），自动或手动接通和断开电路，从而断续或连续地改变电路参数或状态，实现对电路或非电对象的切换、控制、保护、检测和调节用的电气元件或设备。而低压电器是指工作电压在交流 1 200 V、直流 1 500 V 以下的低压线路和电气控制系统中的电器元件。

机床或者其他的生产机械基本上是由电动机拖动的，为完成一定的生产任务，需要对电动机的启动、停止、正反转、顺序控制等进行设计，而这一过程基本上是由继电器、接触器等低压电器组成的。这就要求我们熟悉常用的控制环节和普通电机的控制线路。

4.1 常用低压电器与使用

4.1.1 低压电器的分类

常用低压电器分类如图 4.1 所示。

4.1.2 低压电器的基本结构

电器主要由电磁机构、触点系统和灭弧系统组成。电磁机构是电磁式电器的感测部分，触点是其执行部分。其次用在大电流电路中的电器还需要灭弧系统。

（1）电磁机构

如图 4.2 所示，电磁机构主要由电磁线圈、铁芯和衔铁 3 部分组成。按照衔铁的运动方式，可分为直动式和拍合式。

电磁机构作为电磁式电器的感测部分，其作用主要是将电磁能转换为机械能，带动触点动作，从而实现电路的接通或分断。

电磁机构的工作原理：当电磁线圈通电后产生磁通，磁通经铁芯、衔铁和气隙形成闭合回路，衔铁被磁化，衔铁和铁芯之间存在电磁吸力，电磁吸力使衔铁克服弹簧的反力，与铁芯吸合。当电磁线圈断电后，电磁吸力消失，衔铁在弹簧的反作用力下返回原位。

图 4.1　常用低压电器分类

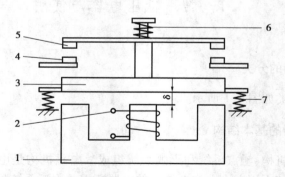

图 4.2　电磁式电器的工作原理示意图

1—铁芯；2—电磁线圈；3—衔铁；4—静触点；
5—动触点；6—触点弹簧；7—释放弹簧；δ—气隙

(2)触点系统

如图 4.2 所示,触点系统是有触点电器的执行器件,用来接通和断开电路。当电磁机构中的衔铁和铁芯吸合时,衔铁带动动触点向下移动,使动、静触点闭合。从而实现电路的接通。当电磁线圈断电后,电磁吸力消失,衔铁在弹簧的反作用力下返回原位,从而带动动触点向上移动,脱离静触点,实现电路的分断。

触点按其所控制的电路,可分为主触点和辅助触点。主触点用于接通和断开主电路,可通过较大的电流;辅助触点用来接通或断开控制电路,只能通过较小的电流。

按照用途,又可分为常开触点和常闭触点。在未通电或不受外力作用的常态下处于断开状态的触点,称为常开触点;反之,在未通电或不受外力作用的常态下处于接通状态的触点,称为常闭触点。

(3)灭弧系统

电弧是触点间气体在强电场作用下产生的放电现象,产生高温并发出强光和火花。当触点分断较大电流的电路时,会在动、静触点间产生强烈的电弧。电弧使电路的切断时间延长,烧坏触点金属表面,降低电器使用寿命,严重时会导致其他事故。因此,为使电器可靠工作,必须采用灭弧装置来熄灭电弧。

在低压电器中,常用的灭弧方式和灭弧装置有电动力灭弧、栅片灭弧、纵缝灭弧及磁吹灭弧。

1)电动力灭弧

电动力灭弧的原理如图4.3所示,当触点断开时,在断口处产生电弧的同时会产生以"⊕"表示的磁场(右手定则,⊕表示磁通的方向由纸外跑向纸面),此时电弧相当于载流体。根据左手定则,磁场对电弧作用,电弧力如图示的 F。在电弧力 F 的作用下,电弧向外运动并拉长、冷却而迅速熄灭。这种灭弧方法结构简单,无须专门的灭弧装置,多用于小功率电器中。其缺点是当电流较小时,电动力很小,灭弧效果较弱。可配合栅片灭弧用于大功率电器中。交流接触器常采用这种方法灭弧。

2)栅片灭弧

灭弧原理如图4.4所示。栅片由表面镀铜的薄钢板制成,它们彼此间相互绝缘。当触点分开时,所产生的电弧在吹弧电动力的作用下,被推入一组栅片中。电弧进入栅片后被分割成一段段的短弧。一方面由于栅片间的电压不足以维持电弧或重新起弧,另一方面栅片还能吸收电弧热量,使电弧迅速冷却,因此,电弧进入栅片后会迅速熄灭。

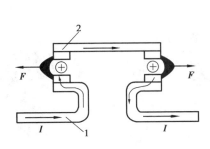

图4.3　电动力灭弧示意图
1—静触点;2—动触点

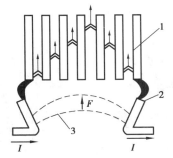

图4.4　栅片灭弧示意图
1—灭弧栅片;2—触点;3—电弧

3)纵缝灭弧

纵缝灭弧示意图如图4.5所示。依靠磁场产生的电动力将电弧拉入用耐弧材料制成的狭缝中,加快散热冷却,从而实现灭弧。这种灭弧方法多用于电容量的接触器。

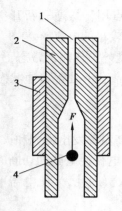

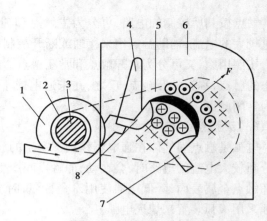

图 4.5　窄缝灭弧示意图
1—纵缝；2—介质；
3—磁性夹板；4—电弧

图 4.6　磁吹灭弧示意图
1—吹弧线圈；2—绝缘套筒；3—铁芯；4—引弧角；
5—导磁夹板；6—灭弧罩；7—动触点；8—静触点

4）磁吹灭弧

磁吹灭弧示意图如图 4.6 所示。触点回路中串有吹弧线圈，电磁线圈是比较粗的几匝导线，中间穿以铁芯增加导磁性，通电后会产生较大的磁通。触点分断瞬间产生电弧，在磁通的作用下产生电磁力，电磁力将电弧拉长经引弧角进入灭弧罩，将热量传递给罩壁，从而使电弧冷却熄灭。

4.1.3　接触器

接触器是一种用于频繁地接通和分断交直流主电路及大容量控制电路的自动控制电器。它主要用于电力拖动自动控制系统中，如电动机控制的主电路中。

（1）接触器的分类

根据接触器主触点通过电流的性质，可分为交流接触器和直流接触器（见图 4.7）。用得比较多的是交流接触器。

图 4.7　接触器实物图

1）交流接触器

交流接触器属于电磁式电器，其主要结构也是由电磁机构、触点系统和灭弧装置组成。

①电磁机构主要由电磁线圈、铁芯、衔铁及复位弹簧组成。

②触点有主触点和辅助触点，主触点用来通断电流较大的主电路，一般是三对常开触点；

辅助触点用来通断电流较小的控制电路,有常开和常闭触点。

2)直流接触器

直流接触器主要用于远距离接通和分断直流电路。也可用于起重电磁铁、电磁阀、离合器的电磁线圈等。它的结构和工作原理与交流接触器类似。其区别主要是其触点电流和线圈电压为直流。直流接触器一般采用磁吹式灭弧装置。

(2)交流接触器的主要技术参数

1)额定电压

额定电压是指接触器正常工作时,主触点能承受的电压值称为额定电压,接触器铭牌上标注的电压即为此额定电压。常用的额定电压值有 220 V、380 V、660 V 等。

2)额定电流

额定电流是指接触器正常工作时,主触点允许通过的电流值称为额定电流,接触器铭牌上标注的电流即为此额定电流。常用的额定电流值有 5 A、10 A、20 A、40 A、60 A、100 A、150 A、250 A、400 A、600 A。

3)电磁线圈的额定电压

电磁线圈的额定电压是指电磁线圈正常工作时加在电磁线圈上的电压值。交流电磁线圈加额定电压,有交流 36 V、127 V、220 V、380 V;直流电磁线圈加额定电压,有直流 24 V、48 V、110 V、220 V 等。

4)动作值

动作值包括交流接触器的吸合电压值和释放电压值,是加在线圈上的电压值。吸合值是指接触器触点吸合前,缓慢增加加在线圈两端的电压,到接触器触点吸合时的最小电压值。释放电压是指接触器的触点吸合后,缓慢降低加在接触器线圈两端的电压,到接触器触点释放时的最大电压值。一般规定吸合电压高于线圈额定电压的 85%,释放电压低于线圈额定电压的 70%。

5)通断能力

接触器的通断能力是指在正常工作的情况下,主触点能够接通和分断的最大电流值。接通能力是指在最大接通电流值下,触点闭合时不会造成触点熔焊的能力。分断能力是指在最大分断电流值下,触点断开时能够可靠灭弧的能力。一般通断能力是额定电流的 5~10 倍。

6)额定操作频率

额定操作频率是指接触器每小时允许的操作次数。接触器在衔铁吸合前瞬间线圈中会产生很大的冲击电流。一般要比额定电流大 5~7 倍,比较大的冲击电流会使线圈发热,如果操作频率过高的话会使线圈严重发热。因此规定了接触器的额定操作频率。交流接触器的额定操作频率一般为 600 次/h。直流接触器的额定操作频率一般为 1 500 次/h。

7)电气寿命与机械寿命

接触器的机械寿命是指在正常操作条件下接触器的操作次数。电气寿命是指在正常工作条件下线圈等电气元件的寿命;机械寿命一般是指在正常工作条件下触点的寿命。接触器的电气寿命一般在几十万次;而机械寿命一般在几百万次。影响机械寿命的主要因素是主触点被电弧损坏。

(3)常用的交流接触器

目前,常用的接触器型号有 CJ12、CJ24、CJ20、CJX1、CJX2、3TB、3TD、施耐德 LC1-D 系列。

CJ20 系列接触器是一种应用比较广泛的交流接触器,适用于交流 50 Hz,额定工作电压至 660 V(个别等级至 1 140 V),额定工作电流 630 A 的电路中,供远距离频繁通断交流电路。

CJ20 系列交流接触器的参数见表 4.1。

表 4.1 CJ20 系列交流接触器的主要参数

项目 型号	主触点			辅助触点			380 V 时电气寿命/(次数·万次$^{-1}$)	机械寿命/(次数·万次$^{-1}$)	操作频率/(次数·h^{-1})
	极数	额定电压/V	额定电流/A	数量	额定电压/V	控制容量/VA			
CJ20-16	3	380	63	二常开	交流 380 V 直流 220 V	交流 300 直流 60	JK3 类 120 JK1 类 8	100	JK3 类 1 200 JK4 类 300
		660	40				JK3 类 120 JK4 类 1.5		
CJ20-160		380	160						
		660	100						
CJ20-160/11		1 140	80						
CJ20-250		380	250	二常闭		交流 500 直流 60	JK3 类 60 JK4 类 1	300	JK3 类 600 JK4 类 120
CJ20-250/06		660	200						
CJ20-630		380	630				JK3 类 60 JK4 类 0.5		
		660	660						
CJ20-630/11		1 140	1 140						

(4)交流接触器的选用

1)交流接触器的选择原则

①接触器类型的选择

根据接触器负载电流的性质,来选择直流接触器或交流接触器。如果负载为交流负载则选用交流接触器;若为直流负载则选用直流接触器。

②接触器额定电压的选择

接触器的额定电压一般是指接触器正常工作时,主触点的额定电压。在选择时接触器的额定电压应大于或等于接触器的工作电压。

③接触器额定电流的选择

接触器的额定电流是指接触器正常工作时,主触点允许通过的电流值。在选择额定电流时,额定电流值应大于或等于接触器的工作电流。

④接触器触点数量的选择

应满足主电路和控制线路的要求。

⑤接触器电磁线圈额定电压的选择

当线路简单及使用电器较少时,可选用 380 V 或 220 V 电压的线圈。当线路较复杂时,可选择 36 V、110 V 电压的线圈。

2)交流接触器的使用

①交流接触器用来接通和分断正常的负载电流,虽然具有一定的过载能力,但不能切断短路电流,也不具备过载保护的能力。因此常与熔断器、断路器、热继电器等的配合使用。

②接触器在安装前应该先检查电磁线圈的额定电压、触点的额定电压、额定电流等参数,要满足实际线路的要求,确认无误后方可安装。

③交流接触器不能用在潮湿或者粉尘过多的场合,防止短路或断路。

④交流接触器接合和断开时会有火花产生,所以在有易燃易爆气体等危险场合不能使用。

⑤交流接触器应垂直安装,为避免影响接触器的动作特性,其倾斜角度不能超过 5°。接触器与其他电器之间应该留有一定的间隙,以免飞弧烧坏相邻电器。

(5)**接触器的图形符号**

接触器的图形符号如图 4.8 所示。

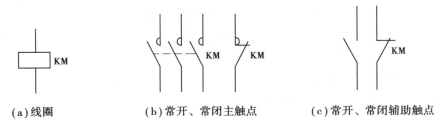

(a)线圈　　　　　(b)常开、常闭主触点　　　　(c)常开、常闭辅助触点

图 4.8　接触器的图形符号

4.1.4　继电器

继电器是一种根据输入信号(如电压、电流、温度、时间、转速、压力)的变化来接通或断开控制电路的一种自动电器。

继电器的种类繁多,其分类方法也很多。

按照输入量的物理性质,可分为电压、电流、功率、时间、速度及温度继电器。

按照工作原理,可分为电磁式、感应式、电动式继电器、热继电器及电子式继电器。

按照输出形式,可分为有触点式继电器和无触点式继电器。

无论是哪种继电器,都具有继电特性。如图 4.9 所示,即继电器的输入信号 x 从零连续增加达到衔铁开始吸合时的动作值 x_1 时,继电器的输出信号立刻从 $y = 0$ 跳跃到 $y = y_{max}$,即常开触点从断到通。一旦触点闭合,输入量 x 继续增大,输出信号 y 将不再起变化。当输入量 x 从某一大于 x_1 值下降到 x_2,继电器开始释放,常开触点断开。把继电器的这种特性称为继电特性。

x_1 称为继电器的吸合值,要想使继电器吸合,必须大于吸合值;x_2 称为继电器的释放值,要想使继电器释放,必须小于释放值。$K = x_2/x_1$ 称为返回系数,它是继电器的重要参数之一。

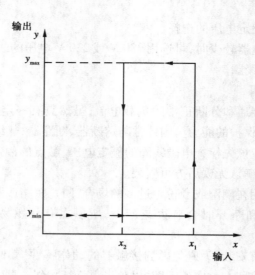

图 4.9　继电器特性曲线

（1）电磁式继电器

电磁式继电器的结构和工作原理与接触器基本类似，其结构也是由电磁线圈、铁芯、衔铁、复位弹簧及触点等组成。与接触器的工作原理也是类似的，当输入量变化到一定数值时，继电器的触点动作，从而接通或断开电路。但是与接触器又有区别，主要表现在继电器主要用于小电流的控制电路，触点容量一般在 5 A 以下，而接触器主要用于大电流电路及主电路。

电磁式继电器根据电磁线圈的性质，可分为直流继电器和交流继电器；按照其在电路中的连接方式，可分为电压继电器、电流继电器和中间继电器。

1）电压继电器

电压继电器的线圈并联在被测电路中，通过电路电压的变化，实现过（欠）电压保护。根据动作电压值的不同，电压继电器可分为过电压继电器、欠电压继电器和零电压继电器。其图形符号如图 4.10 所示，电压继电器的文字符号为 KV。

图 4.10　电压继电器的图形符号

2）电流继电器

电压继电器的线圈串联在被测电路中，通过电路电流的变化，实现过（欠）电流保护。根据动作电流值的不同，电压继电器可分为过电压继电器、欠电压继电器和零电压继电器。其图形符号如图 4.11 所示，电压继电器的文字符号为 KI。

图 4.11　电流继电器的图形符号

3）中间继电器

中间继电器实际上是一种电压继电器,其结构和工作原理与接触器相同。用来扩大触点数量或容量,当其他继电器的触点数量或容量不足时,可借助于中间继电器来扩展。其图形符号如图 4.12 所示,电压继电器的文字符号为 KA。

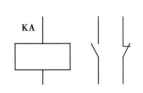

图 4.12　中间继电器的图形符号　　　　图 4.13　电压继电器、电流继电器和中间继电器

4）电磁式继电器的选用

选用该电器时,主要考虑继电器的工作电流大小;继电器的应用场合,如汽车、板载、工厂环境、船体、军品等;制线圈的工作电压,以方便受控;对外形尺寸的特殊要求;可靠性,如关键部位使用安全继电器,以应付极端条件下的动作按预定方式执行。

（2）热继电器

热继电器是一种利用电流的热效应原理来切断电路的一种保护电器。它主要用于电动机的过载保护、断相及电流不平衡运行的保护。当电动机出现过载时,断开电动机的控制电路,从而断开主电路,实现电动机的自动停车。热继电器的种类繁多,目前使用最广的是双金属片式热继电器。其结构简单、体积小、成本低,因此被广泛使用。下面以双金属片式热继电器为例来说明热继电器的工作原理。

1）热继电器的结构和工作原理

热继电器的结构如图 4.14 所示。它主要由热元件、双金属片、触点及复位弹簧等组成。其中,双金属片是热继电器的感测部分,它是由热膨胀系数不同的两种金属片碾压而成。热膨胀系数大的称为主动层,热膨胀系数小的称为被动层。热元件周围有电阻丝,热元件和电阻丝串接在三相电动机的主电路中,其触点串接在控制电路中。当电动机过载时,流过电阻丝的电流增大,电阻丝产生热量使得双金属片弯曲,热膨胀系数大的主动层弯向热膨胀系数小的被动层。推动导板移动,使常闭触点断开,常开触点闭合。从而断开控制电路,使得接触器线圈断电,接触器触点断开,使主电路断电。

热继电器根据热元件的多少,可分为单相、两相和三相 3 种结构。当流过热继电器的电流越大时,其动作时间就越短;反之,动作时间就长。热继电器的动作时间与通过的电流呈反时限特性。

2）常用的热继电器

热继电器的种类很多,常用的有 JR0、JR16、JR16B、JRS 和 T 系列,见表 4.2。

3）热继电器的主要技术参数

①额定电压

额定电压是指加在触点两端的电压值,热继电器选时其额定电压应大于或等于触点所在线路的额定电压值。

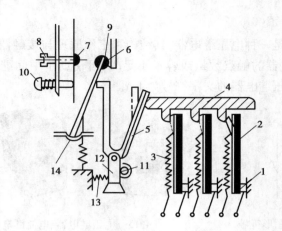

图 4.14　热继电器的工作原理示意图

1—接线端子;2—双金属片;3—热元件;4—导板;5—补偿双金属片;6,9—常闭触点;7—常开触点;
8—复位螺钉;10—按钮;11—调节旋钮;12—支承件;13—压簧转动偏心轮;14—推杆

表 4.2　JR16B 系列热继电器的主要技术参数

型　　号	额定电流	热元件等级	
		热元件额定电流/A	热元件额定电流调节范围/A
		0.35	0.25 ~ 0.35
		0.50	0.32 ~ 0.50
		0.72	0.45 ~ 0.72
		1.1	0.68 ~ 1.1
		1.6	1.0 ~ 1.6
JR16B-20/3	20	2.4	1.5 ~ 2.4
JR16B-20/3D		3.5	2.2 ~ 3.5
		5.0	3.2 ~ 5.0
		7.2	4.5 ~ 7.2
		11.0	6.8 ~ 11.0
		16.0	10.0 ~ 16.0
		22.0	14.0 ~ 22.0
JR16B-60/3	60	22.0	14.0 ~ 22.0
		32.0	20.0 ~ 32.0
JR16B-60/3D		45.0	28.0 ~ 45.0
		63.0	40.0 ~ 63.0
JR16B-150/3	150	63.0	40.0 ~ 63.0
		85.0	53.0 ~ 85.0
JR16B-150/3D		120.0	75.0 ~ 120.0
		160.0	100.0 ~ 160.0

②额定电流

额定电流是指允许接入热元件的最大电流值,额定电流应大于电动机的额定电流值。

③整定电流

整定电流是指热继电器的热元件长期工作而不引起动作的最大电流值。

4)热继电器的选用

①热继电器的选择

a. 类型的选择:作为电动的过载保护用的热继电器,一般选用两相结构的热继电器;但对于电压的三相均衡性较差,工作环境恶劣的场所应选用三相结构的热继电器。

b. 额定电流的选择:热继电器的额定电流应大于电动机的额定电流值。

c. 热元件额定电流的选择:热元件的额定电流应略大于电动机的额定电流。

②热继电器的使用

热继电器主要用于电动机的过载保护,由于热元件是双金属片,而双金属片的变形需要一定的时间,故热继电器一般不用作短路保护,选用时要注意电动机的工作环境、启动情况、负载性质、允许过载能力等因素。

为了避免受其他电器发热的影响,热继电器一般安装在其他电器的下方。

5)热继电器的图形符号和文字符号

热继电器的图形符号和文字符号如图 4.15 所示。

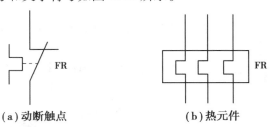

（a）动断触点　　　　　　（b）热元件

图 4.15　热继电器的图形符号和文字符号

4.1.5　熔断器

熔断器是一种简单有效的保护电器。它主要串接在电路中作严重过载和短路保护,主要作短路保护。

（1）熔断器的结构和工作原理

熔断器主要由熔体和熔座两部分组成。

熔体是熔断器的关键元件,由熔点较低的金属材料制成。串接在被保护电路中。当电路正常工作时,熔体不熔断。当电路发生短路故障时,熔体能够瞬间熔断;当电路过载时,能够在较短的时间内熔断。

（2）熔断器的类型

1)插入式熔断器

插入式熔断器的结构简单、价格低廉,多用于低压分支电路的保护,如民用照明电路中。其外形结构如图 4.16 所示。

2）螺旋式熔断器

熔体是一个瓷管,内部装有熔丝和石英砂,石英砂用于熔丝熔断时的灭弧和散热。在熔断器的瓷帽上有熔断指示。螺旋式熔断器主要用于机床的短路保护。

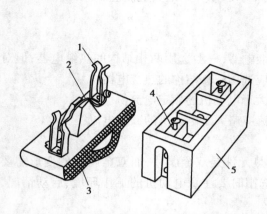 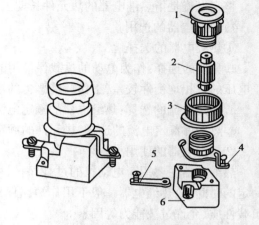

图 4.16 插入式熔断器   图 4.17 螺旋式熔断器外形与结构
1—动触头;2—熔丝;3—瓷盖;   1—瓷帽;2—熔管;3—瓷套;
4—静触头;5—瓷座   4—上接线柱;5—下接线柱;6—底座

3）封闭管式熔断器

封闭管式熔断器分为无填料式、有填料式、快速及自复式熔断器 4 种。

①无填料式

它一般与刀开关配合使用,常用于电压电力线路或成套配电设备中,作短路保护用。

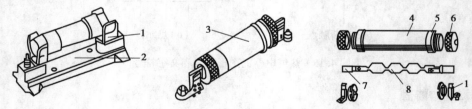

图 4.18 封闭管式熔断器的外形和结构
1—夹座;2—底座;3—熔管;4—钢纸管;5—黄铜套;6—黄铜帽;7—触刀;8—熔体

②有填料式

其管内填充石英砂,起散热和灭弧的作用。它常用于短路电流较大的输配电线路中。

③快速式

它主要用于硅整流电流及成套设备中,其熔断时间短、动作快。

④自复式

自复式熔断器只能限制短路电流,但不能切断电路,一般与断路器配合使用。其优点是不必更换熔体,可重复使用。

（3）**熔断器的选用**

1）类型的选择

根据熔断器的使用场合、线路要求来选择熔断器的类型。

2）额定电压的选择

熔断器的额定电压应大于或等于线路的工作电压。

3）额定电流的选择

熔断器的额定电流应大于或等于熔体的额定电流。

4）熔体额定电流的选择

熔体额定电流的选择有以下两种情况：

①保护单台电动机时，熔体的额定电流可选择为

$$I_{FU} \geqslant (1.5 \sim 2.5)I_N$$

式中　I_{FU}——熔体的额定电流；

　　　I_N——电动机的额定电流。

②保护多台电动机时，熔体的额定电流可选择为

$$I_{FU} \geqslant (1.5 \sim 2.5)I_{Nmax} + \sum I_N$$

式中　I_{Nmax}——容量最大电动机的额定电流；

　　　$\sum I_N$—— 其余电动机额定电流之和。

（4）**熔断器的图形符号**

熔断器的图形符号如图 4.19 所示。

图 4.19　熔断器的图形符号

4.1.6　低压断路器

低压断路器简称断路器，又称为自动空气开关，是一种可自动切断故障线路的保护电器。它常用于低压配电网系统和电力拖动系统，在低压电路中分断和接通负荷电路，还可不频繁地接通和分断短路电流。

（1）**断路器的结构和工作原理**

断路器主要由触点、灭弧系统和各种脱扣器 3 部分组成。

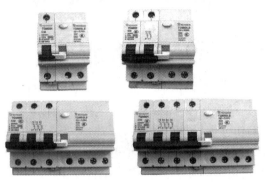

图 4.20　常用低压断路器

触点是断路器的执行器件,用来接通和断开电路。当分断电流较大的电路时,会产生电弧,所以必须装灭弧装置。

断路器有多种脱扣器,如过载脱扣器、短路脱扣器和欠压脱扣器等。按脱扣器的动作原理又有电磁脱扣器和热脱扣器。

(2)断路器的主要技术参数

1)额定电压

额定电压是指断路器长期工作时,加在其两端的允许电压。

2)额定电流

额定电流是指断路器长期工作时,允许通过的电流。

3)通断能力

通断能力是指断路器在规定的电压、电流、频率下,所能接通和分断的短路电流值。

4)分断时间

分断时间是指断路器切断故障电流所需要的时间。

(3)低压断路器的选用

①所选用断路器的额定电压应不小于所用电路的额定电压。

②所选用断路器的额定电流应不小于所用电路的额定电流。

③所选用断路器的极限分断能力应不小于电路的最大短路电流。

④所选用断路器欠压脱扣器额定电压等于电路额定电压。

(4)断路器的图形符号

断路器的图形符号如图4.21所示。

图4.21　断路器的图形符号和文字符号

4.1.7　刀开关

(1)刀开关的类型和工作原理

刀开关又称闸刀开关,是一种手动接通或断开电路的开关。刀开关在接通或断开电路时,容易产生电弧。电压越高、电流越大产生的电弧就越大,故一般常用作照明、小容量电动机等电路的开关。

常用的刀开关种类有开启式负荷开关、铁壳开关和板型开关。

1)开启式负荷开关

开启式负荷开关也就是通常所说的胶木闸刀开关,一般用作照明、电热设备或小容量电动机等电路的控制开关。其结构如图4.22所示。它主要由闸刀开关和熔丝组成。这种开关的主要优点是结构简单、操作方便、价格便宜。

开启式复合开关安装时,要注意与控制屏或开关板垂直,在闭合状态时手柄应朝上;接线时,电源应该与静触点相接,负荷与动触点相接;在闭合和断开闸刀开关时,应动作迅速。

2)铁壳式负荷开关

铁壳式负荷开关又称为封闭式负荷开关,常用的铁壳式负荷开关有HH4、HH10、HH11系列,其外形图如图 4.23 所示。

铁壳式刀开关主要由刀开关、熔断器、操作机构和外壳组成。铁壳式负荷开关的灭弧性能、操作性能、通断能力都比开启式负荷开关好。常用于工矿企业、农村电力灌溉和照明灯等配电设备中。常用的铁壳式负荷开关有 HH 系列。

图 4.22 开启式负荷
符合开关的外形结构

图 4.23 铁壳式刀开关

图 4.24 板型刀开关结构

3）板型刀开关

板型刀开关的结构简单,通常有二极和三极。其结构如图 4.24 所示。板型到开关主要用作隔离开关。常用的板型刀开关有 HD 系列、HS 系列。HD 表示单投刀刀开关,HS 表示双投刀刀开关。

刀开关按触刀极数可分为单极式、双极式和三极式。其图形符号如图 4.25 所示。

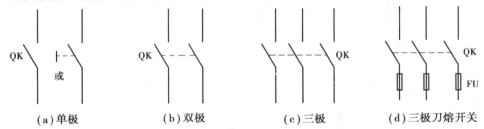

| (a)单极 | (b)双极 | (c)三极 | (d)三极刀熔开关 |

图 4.25 刀开关的图形符号

（2）刀开关的技术参数

1）额定电压

额定电压是指刀开关长期工作时,加在其两端的允许电压。目前,市场上刀开关的额定电压一般为交流 500 V 以下,直流 440 V 以下。

2）额定电流

额定电流是指刀开关长期工作时,允许通过的电流。额定电流的级别有 10 A、15 A、20 A、30 A、60 A、100 A、200 A、400 A、600 A、1 000 A、1 500 A、3 000 A、6 000 A 等。

3）通断能力

通断能力是指刀开关在规定的电压、电流、频率下,所能可靠接通和分断的最大短路电流值。

4）操作次数

刀开关的使用寿命包括机械寿命和电气寿命。刀开关的机械寿命是指在未通电的条件下刀开关的操作次数。电气寿命是指在额定电压下分断电路的总次数。

4.1.8 控制按钮

控制按钮简称按钮,是一种常用的主令电器。在低压控制系统中,常用于发出控制信号、短时接通小电流的控制电路。它不直接控制主电路的通断,而是通过控制电路中的接触器、继电器来控制主电路。按钮的触点一般允许通过的电流较小,不超过 5 A(见图 6.26)。

(1)按钮的组成和种类

按钮按照结构形式,可分为以下 3 种:

1)常开按钮

常开按钮又称启动按钮,未按下时触点处于断开状态的按钮。

2)常闭按钮

常闭按钮又称停止按钮,未按下时触点处于断开闭合的按钮。

3)复合按钮

复合按钮又称为常开常闭组合按钮,按钮常做成复合式,未按下之前一组触点处于闭合状态,另一组触点处于断开状态,按下之后闭合的触点先断开,断开的触点之后闭合。为了避免误操作,通常将按钮做成不同的颜色。一般停止用红色表示,启动用绿色表示,急停用红色蘑菇头表示。

图 4.26 按钮的外形与结构图

1—按钮帽;2—复位弹簧;3—动触点;4—常闭静触点;5—常开静触点

(2)按钮的技术参数和选用

常用的按钮有 LA2、LA10、LA13、LA19、LA20、LA25 等系列。选用时,应根据用途和使用场合,选择合适的形式和种类,如自锁式、钥匙式、旋转式及紧急式等。根据控制电路的需要,选择需要的触点对数、颜色以及是否带指示灯等。

(3)按钮的图形符号与文字符号

按钮的图形符号如图 4.27 所示,文字符号为 SB。

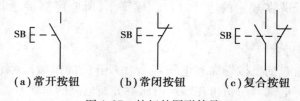

(a)常开按钮　　**(b)常闭按钮**　　**(c)复合按钮**

图 4.27 按钮的图形符号

4.2　继电器-接触器控制系统

继电器接触器控制系统是由继电器、接触器、电动机及其他电器元件,按照一定的要求和方式连接起来,实现电器的自动控制系统。

三相异步电动机常用控制线路如下:

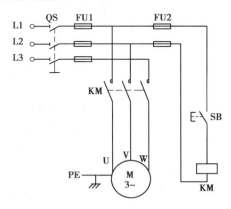

图 4.28　电动机点动控制电路

(1)电动机的点动控制电路(见图 4.28)

左边为主电路,右边为控制电路。主电路由刀开关 QS、熔断器 FU1、接触器的主触点 KM 和电动机 M 组成。控制电路由熔断器 FU2、按钮 SB 和接触器的线圈 KM 组成。其中,FU1 作主电路的短路保护,FU2 作控制电路的短路保护。接触器 KM 的线圈和主触点可以不画在一起,但是必须用相同的符号标注。

电路的工作原理:当合上电源开关 QS 时,引入三相电源,此时电动机不运转,因为接触器未通电,其主触点未闭合。此时按下启动按钮 SB,控制电路接通,接触器 KM 的线圈通电,接触器的主触点闭合,主电路接通,电动机运转。当松开按钮 SB 时,接触器的线圈失电,接触器的主触点断开,从而断开主电路,主电路失电,电动机停止运转。可见电路中有一个关键器件就是接触器,即通过控制电路中接触器的得失电,来控制主电路的得失电,从而控制电动机的运转。

这种"一按(点)就动,一松(放)就停"的电路,称为点动控制电路。因为工作时间短,电路中一般不设热继电器。这种点动控制电路常用于机床调整、对刀操作等。

(2)单向自锁控制电路(见图 4.29)

在点动控制电路中,要想让电动机连续运转,就需要一直按住按钮,没法实现单向自动连续运行。单向自锁控制电路就是实现电动机单向自动连续运行的电路。

左边为主电路,右边为控制电路。主电路由刀开关 QS、熔断器 FU1、接触器的主触点 KM、热继电器 FR 的热元件和电动机 M 组成。控制电路由熔断器 FU2、热继电器 FR 的常闭

107

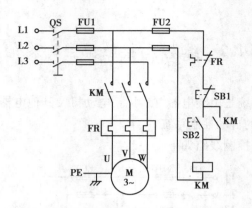

图 4.29 电动机单向自锁控制电路

触点、启动按钮 SB2、停止按钮 SB1 和接触器的线圈 KM 组成。启动按钮为常开按钮，停止按钮为常闭按钮。其中，FU1 作主电路的短路保护，FU2 作控制电路的短路保护。

电路的工作原理：当合上电源开关 QS 时，引入三相电源，此时电动机并不运转，因为接触器 KM 的主触点未闭合。然后按下启动按钮 SB2，控制电路接通，接触器 KM 的线圈得电，接触器 KM 的主触点闭合电动机得电运转，同时接触器 KM 的辅助常开触点闭合，若此时松开启动按钮 SB2，控制电路通过接触器 KM 的常开辅助触点闭合，仍通电，从而保证电动机 M 的自动连续运转。这种松开启动按钮仍能够保证电动机运转的控制线路称为自锁控制线路，与启动按钮 SB2 并联的常开辅助触点 KM 称为自锁触点。

当按下停止按钮 SB1 时，控制电路断开。接触器 KM 的线圈断电，其主触点断电释放，主电路断电，电动机 M 停止运转。当松开停止按钮 SB1 后，虽然 SB1 又恢复到常闭状态，但接触器 KM 线圈和其常闭触点已失电无法自锁。

（3）**电动机正反转控制电路**

由三相交流电动机的知识可知，要实现电动机的正反转，只需要将电动机三相交流电源中的两相对调即可。为此，采用两个接触器分别来控制电动机的正转和反转。

1）正停反控制电路（见图 4.30）

其工作原理是：当按下正转启动按钮 SB2 时，接触器 KM1 线圈得电，其主触点闭合，电动机得电正转，同时接触器 KM1 的辅助常开触点闭合，常闭辅助触点断开，使得控制电路自锁，此时松开正转启动按钮 SB2，电动机仍正转。当电动机需要切换到反向运转时，需要先按下停止按钮 SB1，若直接按下反转启动按钮 SB3，由于接触器 KM1 的常闭辅助触点是断开的，故反转控制电路不会接通。需要先按下停止按钮，使控制电路断电，接触器 KM1 的常闭辅助触点闭合，再按下反转启动按钮。这种当电动机在正转和反转之间切换时，需要先按下停止按钮的电路成为"正停反"控制电路。为了防止发生相间短路故障，将控制反转的接触器 KM2 的常闭辅助触点串接到正转的控制电路中，将控制正转的接触器 KM1 的常闭辅助触点串接到反转的控制电路中，称为互锁。这样接触器 KM1 和 KM2 的主触点不能同时闭合。防止接触器 KM1、KM2 主触点同时闭合而发生短路故障。

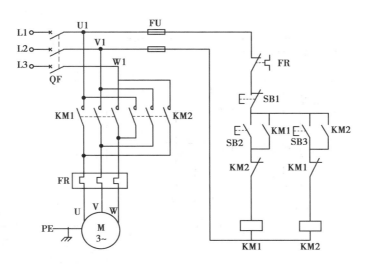

图 4.30　电动机正停反控制电路

2）正反停控制电路

在"正停反"控制电路中,当电动机需要从正转直接切换到反转时需要先按下停止按钮,这样操作上比较麻烦。为此,引入了"正反停"控制电路,当电动机需要从正转切换到反转时,直接按下反转启动按钮即可。

其工作原理是:其思路是利用复合按钮来实现。将图 4.31 中的两个启动按钮分别用复合按钮来代替,并将复合按钮的常闭触点串接到对方的控制电路中,如图 4.31 所示的 SB2 和 SB3 启动按钮。当按下正转启动按钮 SB2 时,串接在停止控制电路中的按钮 SB2 的常闭触点首先断开,将反转控制电路断开,使电动机停转,然后按钮 SB2 的常开触点闭合,正转控制电路接通,电动机正转。当电动机需要从正转切换到反转时,直接按下反转启动按钮 SB3,这时串接在正转控制电路中的反转启动按钮 SB3 对应的常闭触点首先断开,切断正转控制电路,

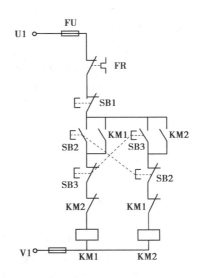

图 4.31　电动机正反停控制电路

接触器 KM1 的线圈失电,KM1 的主触点释放,电动机停转,然后反转启动按钮 SB3 对应的常开触点闭合,反转控制电路接通,接触器 KM2 的线圈得电,KM2 的主触点闭合,电动机得电反转。

复合按钮的常闭触点实现的互锁,称为"机械互锁"。可知,该电路中既有电气互锁又有"机械互锁",称为双重互锁。

（4）顺序控制电路

具有两台或两台以上电动机拖动的生产机械,为了保证设备的安全运行或工艺的需求,在操作时通常需要按照一定的顺序来控制。顺序控制在机床的控制中比较常见,机床的油泵要先于主轴电动机启动。如图所示的控制线路主要是通过 KM1 的常开辅助触点的互锁来制

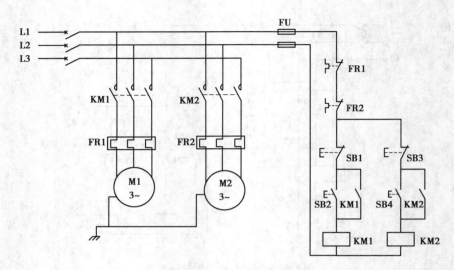

图 4.32　顺序控制电路

约接触器 KM2 线圈的得电。按下启动按钮 SB2 后,KM1 线圈得电,KM1 主触点闭合,KM1 的常开辅助触点也闭合自锁,接触器 KM2 线路中的 KM1 常开辅助触点闭合,此时按下按钮 SB4,KM2 线圈得电,KM2 主触点闭合,电动机 M2 启动。

当按下停止按钮 SB1 时,KM1 线圈失电,KM1 的常开辅助触点失电断开,电动机 M1 失电停止,同时电动机 M2 也失电停止。

4.3　常用的执行器

4.3.1　电磁铁

电磁铁主要包括电磁线圈、铁芯和衔铁 3 部分。电磁线圈通电后产生磁场,衔铁被磁化产生电磁力。把电磁能转化为机械能,带动相应的机械装置动作。

电磁铁按电流的种类可分为交流电磁铁和直流电磁铁。一般汽车上用的直流电磁铁是 12 V 或 24 V。一般用 12 V 的较多,汽车上的马达吸铁开关、雨刮、喇叭、大灯方向灯等都用得到电磁铁。

电磁铁按用途,可分为牵引电磁铁、起重电磁铁、制动电磁铁、自动电器的电磁系统和其他用途的电磁铁。牵引电磁铁主要用来牵引机械装置、开启或关闭各种阀门,以执行自动控制任务。起重电磁铁用作起重装置来吊运钢锭、钢材、铁砂等铁磁性材料。制动电磁铁主要用于对电动机进行制动以达到准确停车的目的。自动电器的电磁系统如电磁继电器和接触器的电磁系统、自动开关的电磁脱扣器及操作电磁铁等。其他用途的电磁铁如磨床的电磁吸盘以及电磁振动器等。

电磁铁是电流磁效应(电生磁)的一个应用,与生活联系紧密,如电磁继电器、电磁起重机和磁悬浮列车等。

4.3.2　电磁阀

电磁阀是一种通过电磁机构来控制流体的流动方向、流量、速度和其他参数的自动化基础元件。电磁阀种类有很多种,主要用在液压系统,用来接通和关闭油路(见图4.33)。

图 4.33　电磁阀实物图

电磁阀从工作原理上可分为直动式和先导式电磁阀。

直动式电磁阀的工作原理是:通电时,电磁线圈产生电磁力把关闭件从阀座上提起,阀门打开;断电时,电磁力消失,弹簧把关闭件压在阀座上,阀门关闭(见图4.34)。

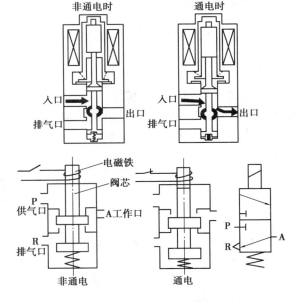

图 4.34　直动式电磁阀工作原理图

先导式电磁阀的工作原理:通电时,电磁力把先导孔打开,上腔室压力迅速下降,在关闭件周围形成上低下高的压差,流体压力推动关闭件向上移动,阀门打开;断电时,弹簧力把先导孔关闭,入口压力通过旁通孔迅速腔室在关阀件周围形成下低上高的压差,流体压力推动关闭件向下移动,关闭阀门。动作时间很短频率较高时一般选用直动式,大口径选用先导式(见图4.35)。

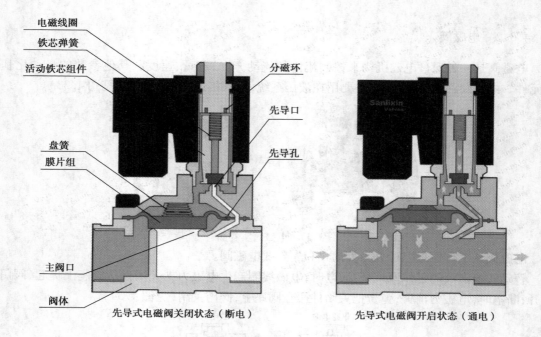

电磁线圈
铁芯弹簧
活动铁芯组件
分磁环
先导口
盘簧
膜片组
先导孔
主阀口
阀体

先导式电磁阀关闭状态（断电）　　　　　　　先导式电磁阀开启状态（通电）

图 4.35　先导式电磁阀工作示意图

4.3.3　电磁制动器

电磁制动器是利用电磁效应实现制动的制动器，是现代工业中一种理想化的自动执行器件，在机械传动系统中主要起传递动力和控制运动等作用。用来使运动部件减速或停止，故又称为电磁刹车（见图 4.36）。

电磁制动器可分为电磁粉末制动器、电磁涡流制动器和电磁摩擦式制动器。

图 4.36　电磁制动器实物图

（1）电磁粉末制动器

励磁线圈通电时形成磁场，磁粉在磁场的作用下磁化，形成磁粉链，并在固定的导磁体与转子之间聚合，靠磁粉的结合力和摩擦力实现制动。励磁电流消失时磁粉处于自由松散状态，制动作用解除。这种制动器体积小、质量轻、励磁功率小，而且制动转矩与转动件转速无关，可以通过调节电流来调节制动转矩，但磁粉会引起零件磨损。它便于自动控制，适用于各种机器的自动控制系统。

（2）电磁涡流制动器

励磁线圈通电时形成磁场，制动轴上的电枢旋转切割磁力线而产生涡流，电枢内涡流与磁场相互作用形成制动转矩。该制动器坚固耐用、维修方便、调速范围大，但低速时效率低、温升高，必须采取散热措施，常用于有垂直荷载的机械中。

（3）电磁摩擦式制动器

励磁线圈通电时形成磁场，通过磁轭吸合磁铁，磁铁通过连接件实现制动。

训练 4.1　常用控制环节训练

(1)训练目标

①了解按钮、刀开关、熔断器、接触器、热继电器等电器元件的结构和功能。
②掌握常用控制环节电路的工作原理。
③熟练掌握电气元器件的检验方法。
④熟练使用常用低压电气设备。
⑤绘制常用控制环节电路的元器件布置图与电路接线图。
⑥掌握自锁的概念及实现方法。
⑦掌握过载保护的概念及实现方法。
⑧掌握短路保护的概念及实现方法。

(2)理论准备

1)单向自锁控制电路

单向自锁控制电路如图 4.37—图 4.39 所示。

QS
FU1
FU2
L1
L2
L3
FR
KM
SB1
KM
FR
SB2
U
V
W
PE
M
3~
KM

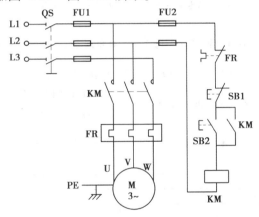

图 4.37　电动机单向自锁制电路

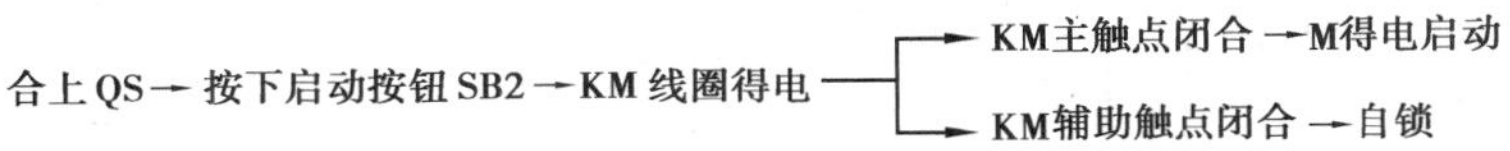

合上 QS→按下启动按钮 SB2→KM 线圈得电
KM主触点闭合→M得电启动
KM辅助触点闭合→自锁

图 4.38　单向自锁控制电路启动过程

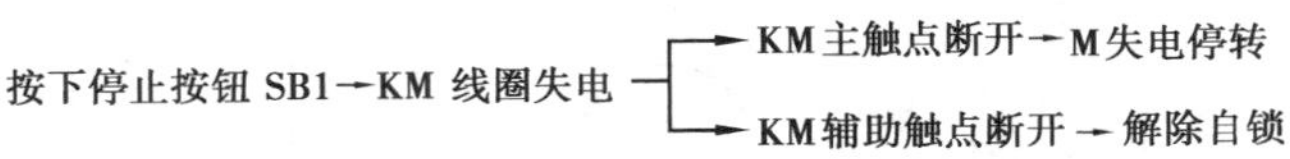

按下停止按钮 SB1→KM 线圈失电
KM主触点断开→M失电停转
KM辅助触点断开→解除自锁

图 4.39　单向自锁控制电路停止过程

2)电动机正反转控制电路

电动机正反转控制电路如图 4.40—图 4.42 所示。

3)顺序控制电路

顺序控制电路如图 4.43—图 4.46 所示。

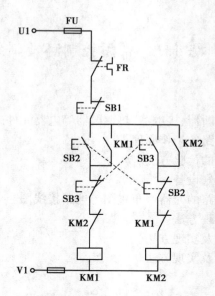

图 4.40　电动机正反停控制电路

按下按钮 ┬─→ SB2常闭触点先断开 ─→ KM2 线圈失电 ─→ 电动机 M2 失电停转
　　　　 └─→ SB2 常开触点后闭合 ─→ KM1 线圈得电 ─→ 电动机 M1 得电启动

图 4.41　电动机正反停控制电路启动过程

按下停止按钮 SB1 ─→线圈失电 ┬─→ 主触点断开 ─→ M 失电停转
　　　　　　　　　　　　　　 └─→ 辅助触点断开 ─→ 解除自锁

图 4.42　电动机正反停控制电路停止过程

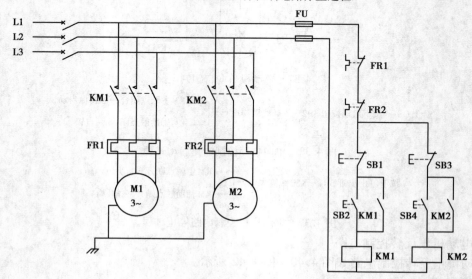

图 4.43　顺序控制电路电气原理图

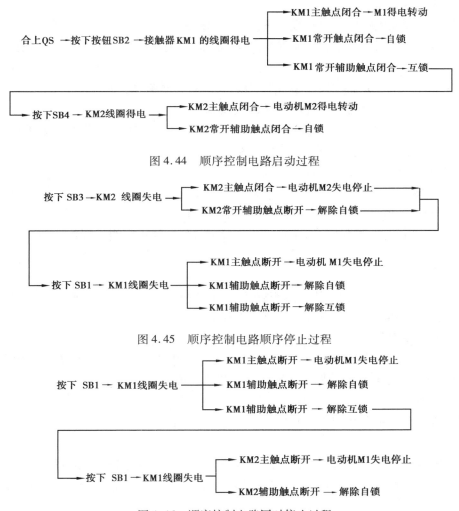

图 4.44　顺序控制电路启动过程

图 4.45　顺序控制电路顺序停止过程

图 4.46　顺序控制电路同时停止过程

（3）训练工具与材料

训练工具与材料见表4.3。

表 4.3　训练 4.1 的训练工具与材料

训练工具	万用表、尖嘴钳、一字和十字螺丝刀、剥线钳、测电笔
训练材料	刀开关、熔断器、热继电器、交流接触器、按钮、三相异步电动机、导线、束带或线卡、号码管、标签

（4）训练内容

训练项目1：三相异步电动机单向自锁控制环节的实现

1）训练内容

三相异步电动机单向自锁控制线路的实现。

2）操作步骤与要求

①训练电路原理图如图 4.37 所示，熟读电路原理图，熟悉电路的工作过程。

②清点所用器材、材料，了解各元件的结构、原理、安装和接线方法；并在使用前对元器件进行检验。

a. 外观检查。检查元器件外壳是否有裂纹，接线柱是否有锈蚀现象。

b. 触点检查。触点是否有熔焊、变形及锈蚀现象。

c. 接触器电磁机构检查。触点是否动作灵活；线圈额定电压与电源电压是否相符；用万用表测量线圈的电阻，判断线圈有无断路、短路情况。

③根据原理图绘制元器件布置与接线图。

④安装元器件。

⑤按照电气接线图确定走线方向并进行布线、连接。

⑥通电前检查线路，确保安全，防止线路错接、漏接、压线不牢固等现象。

⑦通电试车。

3）注意事项

通电试车前，一定要对控制线路进行检查，确保安全，并且要在指导教师的监护下进行。若发现问题，立即切断电源。根据故障现象，查找故障原因，排除故障。

4）问题与训练总结

记录训练过程中存在的问题，写出三相异步电动机单向自锁控制的实现总结体会。

训练项目 2：三相异步电动机正反转控制环节的实现

1）训练内容

三相异步电动机正反转控制的实现。

2）操作步骤与要求

①训练电路原理图如图 4.40 所示，熟读电路原理图，熟悉电路的工作过程。

②清点所用器材、材料，了解各元件的结构、原理、安装和接线方法；并在使用前对元器件进行检验。

a. 外观检查。检查元器件外壳是否有裂纹，接线柱是否有锈蚀现象。

b. 触点检查。触点是否有熔焊、变形及锈蚀现象。

c. 接触器电磁机构检查。触点是否动作灵活；线圈额定电压与电源电压是否相符；用万用表测量线圈的电阻，判断线圈有无断路、短路情况。

③根据原理图绘制元器件布置与接线图。

④安装元器件。

⑤按照电气接线图确定走线方向并进行布线、连接。

⑥通电前检查线路，确保安全，防止线路错接、漏接、压线不牢固等现象。

a. 按钮金属外壳和电动机外壳必须可靠接地。

b. 从电源端开始，检查每一段连接线，确保线路连接正确、可靠，重点检查互锁触点的连接。

c. 用万用表测量主电路和控制电路有无短路和断路现象。

3）注意事项

通电试车前,一定要对控制线路进行检查,确保安全,并且要在指导教师的监护下进行。若发现问题,立即切断电源。根据故障现象,查找故障原因,排除故障。

4）问题与训练总结

记录训练过程中存在的问题,写出三相异步电动机正反转控制的实现的总结体会。

训练 4.2　机床控制线路训练

（1）**训练目标**

①了解 CEA6140 普通车床的电气控制线路。

②能分析 CEA6140 普通车床电气控制线路的工作原理。

③掌握普通车床电气控制电路故障分析及检修方法。

（2）**理论准备**

1）CA6140 车床的结构与组成

CA6140 型车床是普通车床的一种。它适用于加工各种轴类、套筒类和盘类零件上的回转表面,如车削内外圆柱面、圆锥面、环槽及成形回转表面,加工端面及加工各种常用的公制、英制、模数制和径节制螺纹,还能进行钻孔、铰孔、滚花等工作,它的加工范围较广,但自动化程度低,适于小批量生产及修配车间使用。

CA6140 型普通车床结构图如图 4.47 所示。

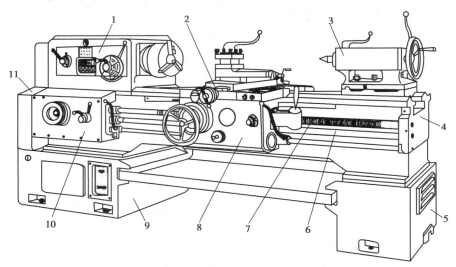

图 4.47　CA6140 车床外形结构图

1—主轴箱;2—刀架;3—尾座;4—床身;5,9—床腿;6—光杆;

7—丝杠;8—溜板箱;10—进给箱;11—挂轮

①主轴箱

它固定在机床身的左端,装在主轴箱中的主轴(主轴为中空,不仅可用于更长的棒料的加工及机床线路的铺设,还可增加主轴的刚性),通过夹盘等夹具装夹工件。主轴箱的功用是支承并传动主轴,使主轴带动工件按照规定的转速旋转。

②床鞍和刀架部件

它位于床身的中部,并可沿床身上的刀架轨道做纵向移动。刀架部件位于床鞍上,其功能是装夹车刀,并使车刀做纵向、横向或斜向运动。

③尾座

它位于床身的尾座轨道上,并可沿导轨纵向调整位置。尾座的功能是用后顶尖支承工件。在尾座上还可安装钻头等加工刀具,以进行孔加工。

④进给箱

它固定在床身的左前侧、主轴箱的底部。其功能是改变被加工螺纹的螺距或机动进给的进给量。

⑤溜板箱

它固定在刀架部件的底部,可带动刀架一起做纵向、横向进给、快速移动或螺纹加工。在溜板箱上装有各种操作手柄及按钮,工作时工人可方便地操作机床。

⑥床身

床身固定在左床腿和右床腿上。床身是机床的基本支承件。在床身上安装着机床的各个主要部件,工作时床身使它们保持准确的相对位置。

2)CA6140 车床的电气原理图

①电气原理图识读

CA6140 车床的电气原理图如图 4.48 所示。其电气元件及功能见表 4.4。

表 4.4 CA6140 型普通车床电气控制电路所用器件功能表

M1	主轴电动机	FU3	控制电路短路保护熔断器
M2	冷却泵电动机	FR1	M1 过载保护热继电器
M3	快速移动电动机	FR2	M2 过载保护热继电器
QS	电源开关	FR3	M3 过载保护热继电器
SA2	照明开关	TC	控制变压器
KM1	M1 启动接触器	SB1	M1 停止按钮
KM2	M2 启动接触器	SB2	M1 启动按钮
KM3	M3 启动接触器	SB3	M3 启动按钮
FU	M2、M3 及控制线路短路保护熔断器	SA1	M2 启动按钮
FU1、FU2	照明电路短路保护熔断器	HL、EL	照明灯

②电气控制要求

a. 主拖动电动机一般选用三相鼠笼式异步电动机,并采用机械变速。

b. 为车削螺纹,主轴要求正反转,小型车床由电动机正反转来实现,CA6140 型车床则靠

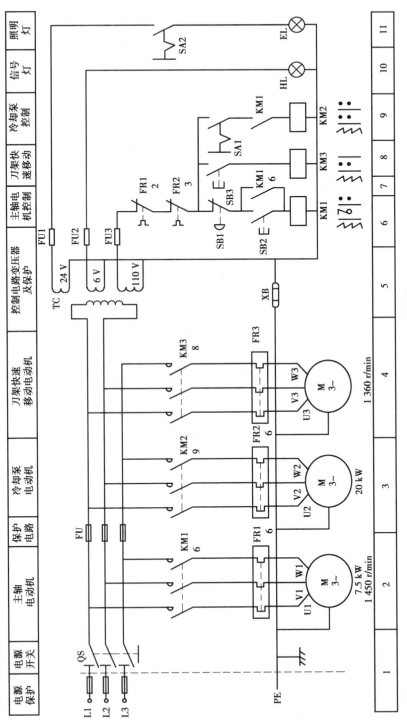

图4.48　CA6140机床电气控制线路

摩擦离合器来实现,电动机只作单向旋转。

c. 一般中小型车床的主轴电动机均采用直接启动。停车时为实现快速停车,一般采用机械制动或电气制动。

d. 车削加工时,需用切削液对刀具和工件进行冷却。为此,设有一台冷却泵电动机,拖动冷却泵输出冷却液。

e. 冷却泵电动机与主轴电动机有着联锁关系,即冷却泵电动机应在主轴电动机启动后才可选择启动与否;而当主轴电动机停止时,冷却泵电动机立即停止。

f. 为实现溜板箱的快速移动,由单独的快速移动电动机拖动,且采用点动控制。

g. 电路应有必要的保护环节、安全可靠的照明电路和信号电路。

③控制过程分析

A. 主轴电动机的控制过程

主电路中 M1 为主轴电动机,用来带动主 旋转和刀架作进给运动。其控制过程为:合上隔离开关 QS,按下启动按钮 SB2,接触器 KM1 线圈得电,主轴电动机控制线路中的辅助触点 KM1 闭合自锁,对应的主触点 KM1 闭合主轴电动机 M1 启动;同时,冷却泵控制线路中的辅助触点吸合,为冷却泵的启动做好准备。热继电器 FR1 为主轴电动机 M1 的过载保护。

B. 冷却泵的控制过程

主电路中的 M2 为冷却泵电动机,在主轴电动机启动的同时,冷却泵控制线路中的 KM1 辅助触点闭合,若此时将旋转开关 SA 闭合,则接触器线圈 KM2 得电,接触器 KM2 主触点吸合。将旋转开关 SA 断开,则冷却泵停止工作。若按下 SB1 则接触器 KM1 失电,主轴电动机停止工作,KM1 辅助常开触点断开,冷却泵也停止工作。

C. 刀架快速移动控制过程

主电路中的 M3 为刀架快速移动电动机,M3 采用的是点动控制。由于 M3 是短期工作,故未设有过载保护。按下按钮 SB3,则接触器 KM3 的线圈得电,KM3 主触点吸合,快速移动电动机 M3 得电启动,若松开按钮 SB3,接触器 KM3 的线圈失电,KM3 主触点失电释放,电动机 M3 停止工作。

④照明、标尺灯电路分析

控制变压器 TC 的副边分别输出交流 24 V 和 110 V 电压以及交流 6.3 V 电压。其中,24 V 作为机床低压照明灯、交流 6.3 V 标尺灯的电源。EL 为机床的低压照明灯,由开关 SA 控制。

3)常见电气故障分析与处理

①主轴不能启动

从三相电源、控制电路、主电路逐步分析、诊断。

a. 检查三相电源是否正常。

b. 合上电源开关 QS,测试 FU1 两端电压,如果不正常或缺相,则 QS 故障或者熔断器故障,检查电源开关 QS、熔断器是否接触不良或者熔断丝故障,进行检修或者更换。

c. 合上照明开关 SA2,照明不正常,检查电源变压器 TC。

d. 电源变压器输出正常,操作刀架快速移动手柄不动作,检查控制线路 FU3 是否熔断或松动。如果刀架快速移动正常,检查控制回路 FR1、FR2 是否动作。如果 FR1、FR2 已动作,查明引起动作的原因(M1、M2 过载),排除故障后复位。

e. 启动按钮 SB2 接触不良,检修或更换按钮。

f. 检查 KM1 线圈是否松动或断路,KM1 主触点动作是否卡住,对接触器进行检修或更换。

g. 检查主轴电动机 M1 接线端子或绕组,修复或更换电动机。

②主轴不运行,但电机有嗡嗡声

这说明电动机缺相运行,应立即切断电源。否则,容易烧坏电动机。应重点检查主电路。

a. 检查三相电源是否缺相。

b. 合上电源开关 QS,测试 FU1 两端电压,如果不正常或缺相,则 QS 故障或者熔断器故障,检查电源开关 QS、熔断器是否接触不良或者熔断丝故障,进行检修或者更换。

c. 检查主电路各接线端子是否有松动,接触器 KM1 主触点动作是否卡住,对接触器进行检修或更换。

d. 检查主轴电动机 M1 的某相绕组是否断开,如果绕组被烧坏,则检修或更换电动机。

③主轴不能连续运行

主轴不能连续运行的原因是电动机 M1 启动后不能自锁,检查 M1 的控制电路。检查 KM1 辅助触点的接线端子是否有松动接触不良。否则,应维修或者更换。

④运行过程中主轴忽然停转

主轴忽然停转的现象主要是因为 M1 过载而导致热继电器 FR1 动作。

a. 检查车削加工过程中是否负载过重,减轻负载。

b. 检查三相电源是否平衡,电压是否过低。

c. 检查主电路和控制电路接线端子是否接触不良,拧紧松动的端子。

⑤主轴不能停转

主轴不能停转是因为不能切断 M1 的电源导致的,可切断主电源观察接触器 KM1 主触点的释放情况。

a. 切断主电源后,接触器 KM1 主触点释放,说明停止按钮 SB1 故障,检修或者更换 SB1。

b. 切断主电源后,接触器 KM1 缓慢释放,说明 KM1 铁芯表面有污垢,清理 KM1。

c. 切断主电源后,接触器 KM1 不释放,KM1 主触点熔焊,更换 KM1 主触点。

⑥冷却泵不工作

冷却泵不工作说明冷却泵电动机 M2 没有启动,故障主要在接触器 KM2 及其控制电路。

a. 检查热继电器 FR2 的触点是否动作,若动作查明原因后复位。

b. 检查停止按钮 SB1 是否闭合或被击穿,检修或更换。

c. 启动按钮 SA1 接触不良,检修或更换。

d. 检查 KM2 线圈是否松动或断路,KM2 主触点动作是否卡住,对接触器进行检修或更换。

e. 检查冷却泵电动机 M2 接线端子或绕组,紧固接线端子,修复或更换电动机。

⑦刀架不能快速移动

刀架不能快速移动说明刀架快速移动电动机 M3 没有启动,故障主要在接触器 KM3 及其控制电路。

a.检查 KM3 线圈是否松动或断路,紧固接线端子;检查 KM3 主触点动作是否卡住,对接触器进行检修或更换。

b.检查 M3 主电路各接线端子和绕组,紧固接线端子或者更换电动机。

（3）**训练工具与材料**

训练工具与材料见表4.5。

表4.5 训练4.2的训练工具与材料

训练工具	万用表,钳型电流表,测电笔、6 mm、3 mm" + "" – "螺丝刀,兆欧表
训练材料	熔断体、1.5 单芯软线、交流 6.3 灯泡、线标、螺钉若干、PLC 主机、控制按钮、控制变压器、直流电源

（4）**训练内容**

训练项目 1:机床控制线路故障检测与排除

1）训练内容

安徽科技学院工程训练中心黄山机床厂 CA6140 普通车床控制线路故障排除。

2）操作步骤与要求

①认真阅读 CA6140 型普通车床电气控制电路图,熟悉各个控制环节的作用和工作原理。

②在教师的指导下对 CA6140 型普通车床进行操作,了解其操作方法和工作状态。

③参照电路图和元件明细表,熟悉元器件的分布位置和布线、走线情况。

④由训练教师设置 3 类典型故障点 3 个。

⑤准备万用表等工具,进行故障的检测与排除(观察法、短路法、两点法、替代法、分析法等综合运用)。

⑥通电实验,检验故障排除的效果。

3）注意事项

①广泛阅读机床线路故障检测的相关技术资料,掌握故障检修的基本方法。

②确保安全用电。

③不得改动机床控制线路,维护机床控制线路的正常运行。

4）问题与训练总结

记录故障检测与排除的过程,事后分析故障检测方法的运用的特点以及故障快速排除的手段与技巧,系统总结机床故障排除方法。

训练项目 2:机床控制线路 PLC 改造

1）训练内容

安徽科技学院工程训练中心黄山机床厂 CA6140 普通车床控制线路的 PLC 改造。

2）操作步骤与要求

①确定改造方案。

②PLC 主机选型。

③设计改造系统的硬件电路,组织器材。

④根据 PLC 改造系统的硬件结构,设计对应的控制程序并进行调试与仿真。

⑤进行改造系统的搭建,并进行实际组装与测试。

3）注意事项

①广泛阅读机床数控改造相关技术资料,掌握机床 PLC 改造的基本方法。

②调试过程注意用电安全。

③注意爱护电器材料,增强节约意识。

4）问题与训练总结

记录机床 PLC 改造过程中存在的问题,系统总结解决的措施。

第**5**章
PLC 与变频器技术实训

5.1 PLC 可编程序控制器基础知识

PLC 可编程序控制器的 PLC 英文为 Programmable Logic Controller ,中文全称为可编程逻辑控制器,是一种数字运算操作的电子系统,专为在工业环境应用而设计的。它采用一类可编程的存储器,用于其内部存储程序,执行逻辑运算、顺序控制、定时、计数与算术操作等面向用户的指令,并通过数字或模拟式输入/输出控制各种类型的机械或生产过程。PLC 可靠性高,抗干扰能力强,专为工业控制设计,采用屏蔽、隔离、故障诊断和自动恢复等措施,具有很强的工业实用性。

5.1.1 PLC 的发展历程

在工业生产过程中,大量的开关量顺序控制按照逻辑条件进行顺序动作,并按照逻辑关系进行连锁保护动作的控制,且可实现离散量的数据采集。传统上,这些功能是通过气动或电气控制系统来实现的。1968 年美国 GM(通用汽车)公司提出取代继电器控制装置的要求,第二年美国数字公司研制出了基于集成电路和电子技术的控制装置,首次采用程序化的手段应用于电气控制,这就是第一代可编程序控制器,称 Programmable Controller(PC)。为了与个人计算机(简称 PC)相区别,可编程序控制器定名为 Programmable Logic Controller(PLC),现在,仍常常将 PLC 简称 PC。

国际电工委员会(IEC)对 PLC 的定义是:可编程控制器是一种数字运算操作的电子系统,专为在工业环境下应用而设计。采用可编程序的存储器,用来在其内部存储执行逻辑运算、顺序控制、定时、计数和算术运算等操作的指令,并通过数字的、模拟的输入和输出,控制各种类型的机械或生产过程。可编程序控制器及其有关设备都应与工业控制系统形成一个整体,易于扩充其功能的原则设计。

20 世纪 80 年代至 90 年代中期,是 PLC 发展最快的时期,年增长率一直保持在 30% ~

40％。在这时期,PLC 在处理模拟量能力、数字运算能力、人机接口能力和网络能力方面得到大幅度提高,PLC 逐渐进入过程控制领域,在某些应用上取代了在过程控制领域处于统治地位的 DCS 系统。PLC 具有通用性强、使用方便、适应面广、可靠性高、抗干扰能力强、编程简单等特点。PLC 在工业自动化控制特别是顺序控制中的地位,是无法取代的。

目前,世界上有 200 多家 PLC 厂商,400 多品种的 PLC 产品,按地域可分成美国、欧洲和日本 3 个流派产品。各流派 PLC 产品都各具特色,如日本主要发展中小型 PLC,其小型 PLC 性能优良,结构紧凑,价格便宜,在世界市场上占用重要地位。著名的 PLC 生产厂家主要有美国的 A-B 公司、GE 公司,日本的三菱电机公司、欧姆龙公司,德国的 AEG 公司、西门子公司,法国的 TE 公司等。

5.1.2　PLC 的构成

从结构上分类,PLC 可分为整体式和组合式(模块式)两种。整体式 PLC 包括 CPU 板、I/O 板、显示面板、内存块、电源等,这些元素组合成一个不可拆卸的整体。模块式 PLC 包括 CPU 模块、I/O 模块、内存、电源模块、底板或机架,这些模块可按照一定规则组合配置。

(1)CPU

CPU 是 PLC 的核心,起神经中枢的作用,每套 PLC 至少有一个 CPU,它按 PLC 的系统程序赋予的功能接收并存储用户程序和数据,用扫描的方式采集由现场输入装置送来的状态或数据,并存入规定的寄存器中,同时诊断电源和 PLC 内部电路的工作状态和编程过程中的语法错误等。进入运行后,从用户程序存储器中逐条读取指令,经分析后再按指令规定的任务产生相应的控制信号,去指挥有关的控制电路。

CPU 主要由运算器、控制器、寄存器及实现它们之间联系的数据、控制及状态总线构成,CPU 单元还包括外围芯片、总线接口及有关电路。内存主要用于存储程序及数据,是 PLC 不可缺少的组成单元。

(2)I/O 模块

PLC 与电气回路的接口,是通过输入输出部分(I/O)完成的。I/O 模块集成了 PLC 的 I/O 电路,其输入暂存器反映输入信号状态,输出点反映输出锁存器状态。输入模块将电信号变换成数字信号进入 PLC 系统,输出模块相反。PLC 按 I/O 点数确定模块规格及数量,I/O 模块可多可少,但其最大数受 CPU 所能管理的基本配置的能力,即受最大的底板或机架槽数限制。I/O 分为开关量输入(DI),开关量输出(DO),模拟量输入(AI),模拟量输出(AO)等模块。除了上述通用 IO 外,还有特殊 IO 模块,如热电阻、热电耦、脉冲等模块。

(3)存储器

存储器有用于存放系统软件的系统程序存储器,用于存放应用软件的用户程序存储器和用于存放临时数据的数据存储器。

(4)电源模块

PLC 电源用于为 PLC 各模块的集成电路提供工作电源。同时,有的还为输入电路提供 24 V 的工作电源。电源输入类型有交流电源(220 V 或 110 V)、直流电源(常用的为 24 V)。

(5)编程设备

编程器是 PLC 开发应用、监测运行、检查维护不可缺少的器件,用于编程、对系统作一系

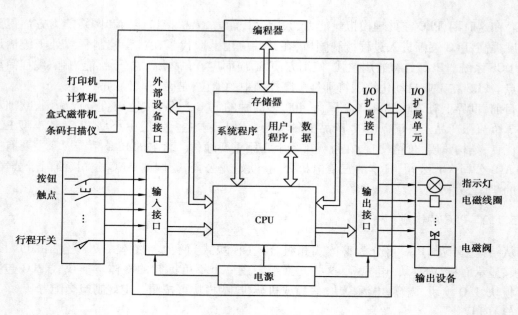

图 5.1 PLC 的组成

列设定、监控 PLC 及 PLC 所控制的系统的工作状况,但它不直接参与现场控制运行。小编程器 PLC 一般有手持型编程器,目前一般由计算机(运行编程软件)充当编程器。

（6）**通信模块**

通信模块如以太网、RS-485、PROFIBUS-DP 通信模块等。

（7）**人机界面**

最简单的人机界面是指示灯和按钮,目前液晶屏(或触摸屏)式的一体式操作员终端应用越来越广泛,由计算机(运行组态软件)充当人机界面非常普及。

5.1.3 PLC 的分类

（1）**按照结构形式分类**

PLC 按结构形式,可分为整体式和模块式。

1）整体式

整体式又称单元式或箱体式,将电源、CPU、I/O 部件集中装在机箱中,结构紧凑,体积小价格低。

2）模块式

将各部分分为若干个单独的模块,CPU 模块、I/O 模块,电源模块和各种功能模块。配置简单灵活,装配方便,易于扩展和维修,大中型的 PLC 采用模块式结构。

（2）**按照功能分类**

按照 PLC 所具有的功能不同,可将 PLC 分为低挡、中挡和高挡 3 类。

①低挡 PLC

它具有逻辑运算、定时、计数、移位以及自诊断、监控等基本功能,还可有少量模拟量输入/输出、算术运算、数据传送和比较、通信等功能。主要用于逻辑控制、顺序控制或少量模拟量控制的单机控制系统。

②中挡 PLC

它除具有低挡 PLC 的功能外,还具有较强的模拟量输入/输出、算术运算、数据传送和比较、数制转换、远程 I/O、子程序、通信联网等功能。有些还可增设中断控制、PID 控制等功能,适用于复杂控制系统。

③高挡 PLC

它除具有中挡机的功能外,还增加了带符号算术运算、矩阵运算、位逻辑运算、平方根运算及其他特殊功能函数的运算、制表及表格传送功能等。高挡 PLC 机具有更强的通信联网功能,可用于大规模过程控制或构成分布式网络控制系统,实现工厂自动化。

(3)按照 I/O 点数分类

根据 PLC 的 I/O 的点数,可将 PLC 分为小型、中型和大型 3 类。

①小型 PLC

I/O 点数为 256 点以下的为小型 PLC。其中,I/O 点数小于 64 点的为超小型或微型 PLC。

②中型 PLC

I/O 点数为 256 点以上、2048 点以下的为中型 PLC。

③大型 PLC

I/O 点数为 2048 以上的为大型 PLC。其中,I/O 点数超过 8192 点的为超大型 PLC。

5.1.4 PLC 工作原理

当 PLC 投入运行时,首先以扫描方式接收现场各输入装置的状态和数据等,并分别存入相应的 I/O 映像区;然后从用户程序存储器中开始逐条读取用户程序,经过命令解释后,按指令的规定执行逻辑运算或将数据运算的结果送入相应的 I/O 映像区或数据寄存器内;最后等待所有的用户程序执行完毕后,将 I/O 映像区的各输出状态或输出寄存器内的数据全部传输到相应的输出装置中。如此循环,直至停止。具体扫描工作过程如图。

图 5.2   PLC 的工作过程

(1)扫描技术

整个程序扫描过程执行一遍所需要的时间,称为一个扫描周期。PLC 整个扫描工作过程包括输入采样、程序执行、输出刷新 3 个阶段。

1)输入采样阶段

PLC 以扫描工作方式按顺序对所有输入端的输入状态进行采样,并存入输入映像寄存器中,此时输入映像寄存器被刷新。

2）程序执行阶段

PLC 对程序按顺序进行扫描执行，若程序用梯形图表示，则总是按先上后下、先左后右的顺序执行。

3）输出刷新阶段

PLC 将输出映像寄存器中与输出有关的状态转存到输出锁存器中，并通过一定方式输出，驱动外部负载。

（2）PLC 内部运作方式

PLC 内部以内存与程序编程方式做逻辑控制编辑，并由输出元件连接外部机械装置作实体控制，以代替继电器等硬件实体，因此能大大减少控制器所需硬件空间。实际上 PLC 执行梯形程序图是逐行将程序图中代码以扫描方式读入 CPU 中，最后执行控制运作。整个扫描过程包括 3 大步骤，即输入状态检查、程序执行和输出状态更新。

1）检查输入状态

PLC 检查一下每个输入点，看它们是闭合还是打开，即输入是 0 还是 1，并将这些数据存入内存，以备在下一步使用。

2）执行程序

PLC 执行的程序，每次执行一步。程序中所需要的输入状态可从内存中直接读取，计算得到各个输出结果。PLC 将执行结果存入内存以备下一步使用。

3）更新输出状态

PLC 刷新输出点的状态，即将程序的输出结果更新至 PLC 输出端触点，并重回输入端状态检查。

5.2　变频器基础知识

变频器（Variable-frequency Drive，VFD）是应用变频技术与微电子技术，通过改变电机工作电源频率方式来控制交流电动机的电力控制设备。变频器主要由整流（交流变直流）、滤波、逆变（直流变交流）、制动单元、驱动单元、检测单元、微处理单元等组成。变频器靠内部 IGBT 的开断来调整输出电源的电压和频率，根据电机的实际需要来提供其所需要的电源电压，进而达到节能、调速的目的。另外，变频器还有很多的保护功能，如过流、过压、过载保护等。随着工业自动化程度的不断提高，变频器也得到了非常广泛的应用。

5.2.1　变频器概述

变频技术是应交流电机无级调速的需要而诞生的。20 世纪 60 年代以后，电力电子器件经历了 SCR（晶闸管）、GTO（门极可关断晶闸管）、BJT（双极型功率晶体管）、MOSFET（金属氧化物场效应管）、SIT（静电感应晶体管）、SITH（静电感应晶闸管）、MGT（MOS 控制晶体管）、MCT（MOS 控制晶闸管）、IGBT（绝缘栅双极型晶体管）、HVIGBT（耐高压绝缘栅双极型晶闸管）的发展过程，器件的更新促进了电力电子变换技术的不断发展。20 世纪 70 年代开始，脉宽调制变压变频(PWM-VVVF)调速研究引起了人们的高度重视。20 世纪 80 年代,作为变频技术核心的 PWM 模式优化问题吸引着人们的浓厚兴趣,并得出诸多优化模式,其中以鞍形波 PWM 模式效果最佳。20 世纪 80 年代后半期开始,美、日、德、英等发达国家的 VVVF 变频器已投入市场并获得了广泛应用。

变频器是把工频电源(50 Hz 或 60 Hz)变换成各种频率的交流电源,以实现电机的变速运行的设备,其中控制电路完成对主电路的控制,整流电路将交流电变换成直流电,直流中间电路对整流电路的输出进行平滑滤波,逆变电路将直流电再逆成交流电。对于如矢量控制变频器这种需要大量运算的变频器来说,有时还需要一个进行转矩计算的 CPU 以及一些相应的电路。变频调速是通过改变电机定子绕组供电的频率来达到调速的目的。

相较于传统交流拖动系统,变频器调速控制系统具有许多优势。例如,可实现交流电动机的调速,且得到较宽的调速范围和较高的调速精度,容易实现电动机的正反转切换;可实现电动机的软启动和软停车,减少启动电流,减少功率损耗;可实现高转速、高电压、大电流控制。

5.2.2　变频器分类

(1)按变换环节分类

1)交-交变频器

交-交变频器又称直接变频器,是将恒压恒频(CVCF)的交流电直接转换为变压变频(VVVF)的交流电。

2)交-直-交变频器

交-直-交变频器又称间接变频器,其基本电路分为整流电路和逆变电路。先将工频电流通过整流器变成直流电,再通过逆变器将直流电变成频率可调的交流电。

交-直-交变频器与交-交变频器的性能比较见表 5.1。

表 5.1　交-直-交变频器与交-交变频器的性能比较

项　目	交-直-交变频器	交-交变频器
换能形式	两次换能,效率低	一次换能,效率高
换相方式	强迫换相或负载谐振换相	电源电压换相
元器件数量	较少	较多
调频范围	范围宽	一般最高频率为电网的一半
功率因数	用斩波器或 PWM 方式调压时,功率因数较高	较低
适用场合	各种电力拖动装置,稳频、稳压电源和不间断电源	低速大功率拖动

(2)按中间环节分类

根据其中间环节的不同,交-直-交变频器可分为电压型变频器和电流型变频器。

①电压型变频器中间环节储能采用大电容来缓冲无功功率,直流环节电压较稳定,内阻较小,相当于电压源。适用于负载电压变化较大的场合。

②电流型变频器中间环节储能采用大电感来缓冲无功功率,抑制电流的变化,使电压波形接近于正弦波,直流环节内阻较大,相当于电流源。适用于负载电流变化较大的场合。

（3）按调压方式分类

根据其调压方式的不同,交-直-交变频器可分为脉宽调制变频器和脉冲调制变频器。

1）脉宽调制变频器（PWM）

通过调节脉冲占空比来调节输出电压,中小容量的通用变频器大多采用这种方式。

2）脉幅调制变频器（PAM）

通过调节直流电压幅值调节输出电压。

（4）按变频控制的方式分类

1）V/f 控制变频器

V/f 控制变频器即压频比控制,其特点是对输出电压和频率同时控制,通过保持 V/f 的恒定使电机获得所需的转矩特性。在基频下可实现恒转矩调速,基频上可实现恒功率调速。它成本低,多用于精度要求不高的通用变频器中。

2）转差频率控制变频器

转差频率控制变频器即 SF 控制,变频器通过电动机、速度传感器构成速度反馈闭环系统。输出频率由电动机的实际转速与转差频率之和来自动设定,从而可在进行调速控制的同时,使输出转矩得到控制。

3）矢量控制变频器

矢量控制变频器的基本思想是将异步电动机的定子电流能分解为产生磁场的电流分量（励磁电流）和与其相垂直的产生转矩的电流分量（转矩电流）,并分别加以控制,即模仿直流电动机的控制方式对电动机的磁场和转矩分别进行控制,可获得类似于直流调速系统的动态性能。它不仅在调速范围上可与直流电动机相匹敌,而且可直接控制异步电动机的转矩的变化,故已在许多需要精密控制或快速控制的领域得到应用。

5.2.3　变频器组成

通用变频器主要有主电路（包括整流器、中间直流环节、逆变器）和控制电路组成,如图5.3 所示。

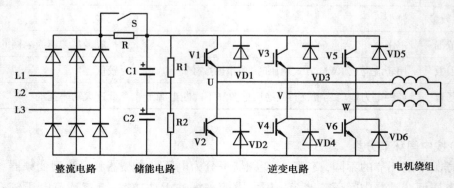

图 5.3　变频器的组成

（1）**整流器**

通常又被称为电网侧变流部分,其作用是把工频电源变换为直流电源。通常由二极管或可控硅管构成的桥式电路组成。根据输入电源的不同,可分为单相桥式整流电路和三相桥式整流电路。

（2）**中间直流环节**

中间直流环节对整流电路的输出电压进行平滑滤波。由于逆变器的负载主要是异步电动机,属于感性负载。无论电动机处于电动或发电制动状态,其功率因素都不会为 1,因此在中间直流环节与电动机之间总会有无功功率的交换,这种无功能量要依靠中间直流环节的电容或电感等储能元件进行缓冲。此外,中间直流环节还可能含有制动电路。

（3）**逆变器**

通常又被称为负载侧变流部分。同整流器相反,逆变器是将直流功率变换为所要求频率的交流功率,通过不同的拓扑结构实现逆变元件规律性的关断和导通,从而得到任意频率的三相交流电。常见的逆变器以 6 个半导体开关器件组成的三相桥式逆变电路,得到 3 相交流 PWM 波输出。

（4）**控制电路**

控制电路包括:输出电压、电流检测电路;信号处理电路;驱动电路;I/O 口输入输出电路;用于实现变频调速系统的闭环控制的电动机速度检测电路以及逆变器和负载的保护电路。其主要功能是接受各种信号,进行基本运算,输出计算结果,完成对逆变电路的开关控制,对整流器的电压控制,以及完成各种保护功能等。控制方法可采用模拟控制或者数字控制,采用尽可能简单的硬件电路,主要依靠软件来完成各种功能。

训练 5.1　电梯控制系统实训

（1）**训练目标**

①熟悉电梯控制系统组成与工作原理。

②提升电梯电气控制线路的测绘与分析能力。

③加强电梯电气故障的分析判断能力培养,提升电梯故障排除实践能力。

④熟悉电梯运行控制的基本方法与设计能力。

（2）**理论准备**

1）电梯控制系统的结构与组成

电梯控制系统的主要组成部件有机器间、曳引机、轿厢、配重装置及安全保护设备等。

①机器间

机器间又称机房,就是放置电梯曳引机和控制系统的地方。一般位于电梯的顶部,以便于电梯设备的维修维护。现在也有一些无机房电梯,即省去了传统机房建设,将原机房内的控制屏、曳引机、限速器等移往井道等处,或用其他技术取代。

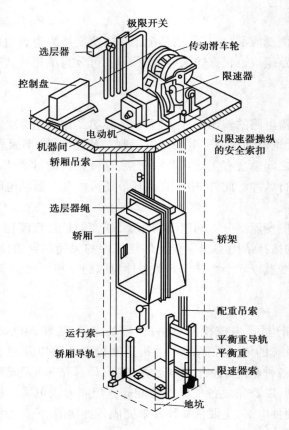

图 5.4 电梯的结构示意图

②曳引机

电梯曳引机是电梯的动力设备,又称电梯主机。功能是输送与传递动力使电梯运行。它由电动机、制动器、联轴器、减速箱、曳引轮、机架和导向轮及附属盘车手轮等组成。导向轮一般装在机架或机架下的承重梁上。盘车手轮有的固定在电机轴上,也有平时挂在附近墙上,使用时再套在电机轴上。

③轿厢

轿厢是电梯用以承载和运送人员和物资的箱形空间。其结构包括轿厢架、轿厢体、厢内装置及称量装置。

A. 轿厢架(car frame)

轿厢架是轿厢的承载结构,轿厢的负荷(自重和载重)由它传递到曳引钢丝绳。当安全钳动作或蹲底撞击缓冲器时,还要承受由此产生的反作用力,因此,轿厢架要有足够的强度。

B. 轿厢体

轿厢体是形成轿厢空间的封闭围壁,除必要的出入口和通风孔外不得有其他开口(少部分国家要求轿顶开设安全窗),轿厢体由不易燃和不产生有害气体和烟雾的材料组成。为了乘员的安全和舒适,轿厢入口和内部的净高度不得小于 2 m。为防止乘员过多而引起超载,轿厢的有效面积必须予以限制。

C. 厢内装置

厢内装置一般有操纵箱(轿内的操纵装置)、通风装置、照明、停电应急照明、报警及通信装置。

D. 称量装置

称量装置一般设在轿底,也有少数设在轿顶的上梁或者绳头板上。基本结构是在底梁上安装若干个微动开关(触点)或质量传感器,当置于弹性胶垫上的活络轿厢由于载荷增加向下位移时,触动微动开关发出信号,或由传感器发出与载荷相对应的连续信号。其最基本的一个开关,在超载(超过额定载荷 10%)时动作,使电梯门不能关闭,电梯也不能启动,同时发出声响和灯光信号(有些无灯光信号),故也称超载开关。

④配重装置

配重装置也称对重,是电梯曳引系统的一个组成部分。它的作用是平衡轿厢的质量。位于轿厢的另一边,通过曳引钢丝绳连接到轿顶上。对重在电梯曳引系统起到节能作用。

⑤安全保护设备

曳引式升降机必定会有各种安全装置,防止轿箱因钢缆断裂、制动失灵等任何原因造成的堕落。最低限度的安全装置包括:在机房装设的钢缆限速器,在轿箱及对重上安装安全钳。安全钳在电梯加速到某一速度时会自动钳紧导轨,把轿箱或对重刹停。在升降机井的底部,还会装有缓冲器,作为最后的保护。

2)电梯控制系统工作原理

如图 5.5 所示为 4 层电梯电气控制接线图。

①主电路分析

主电路中共有两台电动机;M1 为曳引电动机,带动轿厢的上下行;M2 为厢门电动机,控制电梯轿厢门的开关。三相交流电源通过开关 QS 引入。曳引电动机 M1 由接触器 KM1,KM2 控制正反转启动,热继电器 FR1 为曳引电动机 M1 的过载保护。厢门电动机 M2 由接触器 KM3,KM4 控制启动,热继电器 FR2 为它的过载保护。FU1 为熔断器,起过电流保护作用。

②控制电路分析

A. 电梯呼叫的控制

在电梯口按下上下行按钮 K1—K6,相应的上下行指示灯 Q1.0—Q1.5 获电发光;电梯内按选层按钮 K7—K10,相应的选层指示灯 Q0.4—Q0.7 获电发光。

B. 电梯上下行控制

电梯上行时,线圈 KM1 得电,曳引电动机正转,电梯上升。同时,上行指示灯 Q0.0 得电发光。电梯下行时,线圈 KM2 得电,曳引电动机反转,电梯下降。同时,下行指示灯 Q0.1 得电发光。

C. 电梯开门的控制

按下电梯开关门按钮,或电梯到达或关门启动时,PLC 发出电梯开关门信号。相应线圈 KM3 或 KM4 得电,电梯进行开关门动作。

(3)**训练工具与材料**

训练工具与材料见表 5.2。

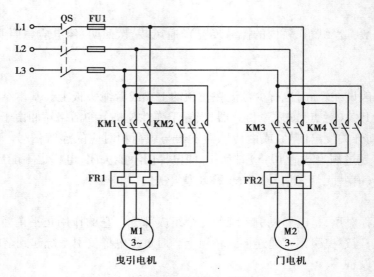

（a）4层电梯主电路

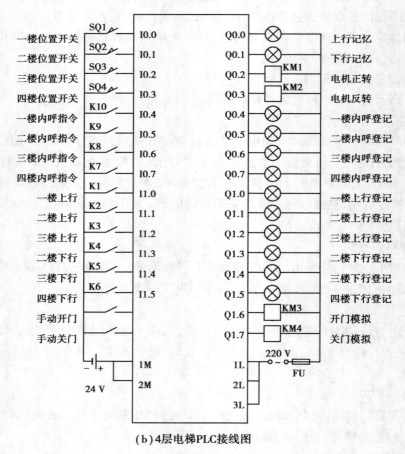

（b）4层电梯PLC接线图

图5.5 4层电梯电气控制接线图

表 5.2　训练 5.1 的训练工具与材料

训练工具	万用表、测电笔、钳型电流表、6 mm、3 mm"＋""－"起子、兆欧表
训练材料	熔断体、1.5 单芯软线、交流 6.3 灯泡、线标、螺钉若干、PLC 主机,控制按钮,控制变压器,直流电源

（4）**训练内容**

训练项目 1:电梯控制线路测绘

1）训练内容

安徽科技学院工程训练中心 4 层电梯模型控制线路测绘。

2）操作步骤与要求

①进入训练车间,切断电源电路,确保安全。

②认识电梯的电气系统主要低压电气的布置。

③准备 A4 图纸若干张与测绘铅笔和万用表等工具。

④绘制系统实物图,标清各元件的名称与线标号数值。

⑤绘制控制系统原理图。

⑥与技术资料提供的图纸进行对比,查找测绘错误。

3）注意事项

①测绘过程中不得随意拆动电梯控制线路的器件与接线。

②爱护机床、确保安全用电。

③不得改动电梯控制线路,维护电梯控制线路的正常运行。

4）问题与实训总结

记录实训过程中存在的问题,写出测绘项目总结体会。

训练项目 2:电梯控制线路故障检测与排除

1）实训内容

安徽科技学院工程训练中心 4 层电梯模型控制线路故障排除。

2）操作步骤与要求

①进入金工车间,各组切断对应的电源,确保安全。

②由实训教师设置 3 类典型故障点 3 个。

③准备万用表等工具,进行故障的检测与排除(观察法、短路法、两点法、替代法、分析法等综合运用)。

④通电实验,检验故障排除的效果。

3）注意事项

①广泛阅读电梯线路故障检测的相关技术资料,掌握故障检修的基本方法。

②确保安全用电。

③不得改动电梯控制线路,维护电梯控制线路的正常运行。

4）问题与实训总结

记录故障检测与排除的过程,事后分析故障检测方法的运用的特点以及故障快速排除的手段与技巧,系统总结电梯故障排除方法。

训练项目 3:电梯控制线路 PLC 改造

1）实训内容

安徽科技学院工程训练中心 4 层电梯模型控制线路的 PLC 改造。

2）操作步骤与要求

①确定改造方案。

②PLC 主机选型。

③设计改造系统的硬件电路,组织器材。

④根据 PLC 改造系统的硬件结构,设计对应的控制程序并进行调试与仿真。

⑤进行改造系统的搭建,并进行实际组装与测试。

3）注意事项

①广泛阅读电梯控制系统相关技术资料,掌握电梯运行 PLC 控制的基本方法。

②调试过程注意用电安全。

③注意爱护电器材料,增强节约意识。

4）问题与实训总结

记录电梯 PLC 控制设计过程中存在的问题,系统总结解决的措施。

第 **6** 章
电子元器件性能与检测训练

6.1 常用电子元器件

电子元器件是电子元件与电子器件的统称,是构成电子整机电路的基本组成单元,如图6.1所示。任何复杂的电子电路都是电子元器件有机组合的结果。

图6.1 电子元器件外形图

元件是指在工厂加工时没改变原材料分子成分的产品,元件属于不需要能源的器件。它包括电阻、电容、电感。元件又分为电路类元件(如二极管和电阻器等)和连接类元件(连接器、插座、连接电缆、印刷电路板等)。

器件是指在工厂生产加工时改变了原材料分子结构的产品。器件按照工作特点,又分为主动器件和分立器件。

6.1.1 电阻器

电阻器(Resistor)一般直接称为电阻。用字母 R 来表示,单位为欧姆(Ω)。表示电阻阻值的常用单位还有千欧($k\Omega$)、兆欧($M\Omega$)、毫欧($m\Omega$)。

电阻器是用电阻材料制成的、有一定结构形式、能在电路中起限制电流通过作用的两端电子元件。电阻器是一个限流元件,将电阻接在电路中后,可限制通过它所连支路的电流大小。阻值不能改变的称为固定电阻器。阻值可变的称为电位器或可变电阻器。理想的电阻器是线性的,即通过电阻器的瞬时电流与外加瞬时电压成正比。一些特殊电阻器,热敏电阻器、压敏电阻器和敏感元件,其电压与电流的关系是非线性的。

（1）电阻器的组成及参数

1）电阻的组成

小功率电阻器通常为封装在塑料外壳中的碳膜构成,而大功率的电阻器通常为线绕电阻器,通过将大电阻率的金属丝绕在瓷芯上而制成。

电阻器由电阻体、骨架和引出端3部分构成。决定阻值的是电阻体。当电阻的截面均匀时,电阻值为

$$R = \rho \frac{L}{A} \quad \Omega \tag{6.1}$$

式中　ρ——电阻材料的电阻率,$\Omega \cdot cm$;

　　　L——电阻体的长度,cm;

　　　A——电阻体的截面积,cm^2。

薄膜电阻体的厚度 d 很小,不容易测量,且 ρ 又随厚度而变化,电阻通常与薄膜材料有关,故称为膜电阻。实际上,膜电阻的大小就是正方形薄膜的阻值,故又称方阻(Ω/d)。对于均匀薄膜电阻其阻值为

$$R = R_s \frac{L}{W} \quad \Omega \tag{6.2}$$

式中　W——薄膜的宽度,cm。

伏安特性是用图形曲线来表示电阻端部电压和电流的关系(见图6.2)。当电压电流成比例时,称为线性电阻,否则,称为非线性电阻。

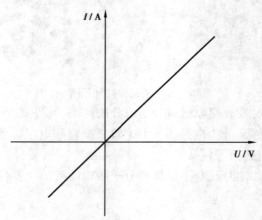

图6.2　线性电阻的伏安特性曲线

2）参数与特性

表征电阻特性的主要参数有标称阻值及其允许偏差、额定功率、负荷特性、电阻温度系数等。

标称阻值是用数字或色标在电阻器上标志的设计阻值。电阻的阻值和允许偏差的标注方法有直标法、色标法和文字符号法。

①直标法

直标法是将电阻的阻值和误差直接用数字和字母印在电阻上(无误差标示为允许误差

±20%）。也有厂家采用习惯标记法,例如:

3Ω3 Ⅰ　　　表示电阻值为 3.3 Ω,允许误差为 ±5%;

1K8　　　　表示电阻值为 1.8 kΩ,允许误差为 ±20%;

5M1 Ⅱ　　　表示电阻值为 5.1 MΩ,允许误差为 ± 10 %。

②色标法

色标法是将不同颜色的色环涂在电阻器上来表示电阻的标称值及允许误差(见图 6.3)。固定电阻器色环电阻又分为四环和五环标志法。四环电阻的各种颜色所对应的数值见表 6.1。五环电阻的各种颜色所对应的数值见表 6.2。

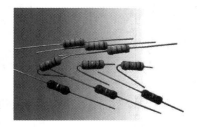

图 6.3　色环电阻实物图

表 6.1　四环电阻的识别方法

颜　色	第一环数字	第二环数字	倍乘数	误　差
黑	0	0	10^0	—
棕	1	1	10^1	—
红	2	2	10^2	—
橙	3	3	10^3	—
黄	4	4	10^4	—
绿	5	5	10^5	—
蓝	6	6	10^6	—
紫	7	7	10^7	—
灰	8	8	10^8	—
白	9	9	10^9	—
金	—	—	10^{-1}	±5%
银	—	—	10^{-2}	±10%

表 6.2　五环电阻的识别

颜　色	第一环数字	第二环数字	第三环数字	倍乘数	误　差
黑	0	0	0	10^0	—
棕	1	1	1	10^1	1%
红	2	2	2	10^2	2%
橙	3	3	3	10^3	—
黄	4	4	4	10^4	—
绿	5	5	5	10^5	0.5%

续表

颜　色	第一环数字	第二环数字	第三环数字	倍乘数	误　差
蓝	6	6	6	10^6	0.25%
紫	7	7	7	10^7	0.1%
灰	8	8	8	10^8	±20%
白	9	9	9	10^9	—
金	—	—	—	10^{-1}	±5%
银	—	—	—	10^{-2}	±10%

允许偏差是指实际阻值与标称阻值间允许的最大偏差,以百分比表示。常用的有 ±5%、±10%、±20%,精密的小于 ±1%,高精密的可达 0.001%。

额定功率是指电阻器在额定温度 t_R 下连续工作所允许耗散的最大功率。对每种电阻器同时还规定最高工作电压,即当阻值较高时即使并未达到额定功率,也不能超过最高工作电压使用。

电阻器的额定功率是指电阻器在直流或交流电路中,长期连续工作所允许消耗的最大功率。有两种标志方法:2 W 以上的电阻,直接用数字印在电阻体上;2 W 以下的电阻,以自身体积大小来表示功率。在电路图上表示电阻功率时,采用如图 6.4 所示的符号。

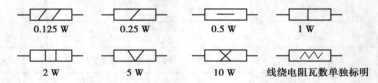

图 6.4　电阻额定功率电路符号

负荷特性:当工作环境温度低于 t_R 时,电阻器也不能超过其额定功率使用,当超过 t_R 时,为使电阻正常工作必须降低负荷功率,对每种电阻器都有规定的负荷特性。另外,在低气压下负荷允许相应降低,在脉冲负荷下,脉冲平均功率远低于额定功率。

电阻温度系数:在规定的环境温度范围内,温度每改变 1 ℃ 时阻值的平均相对变化,用 10^{-6}/℃ 表示。

除了以上几种参数外,还有高频特性(由于电阻体内在分布电容和分布电感的影响,使阻值随工作频率增高而下降的关系曲线)、电流噪声(电阻体内因电流流动所产生的噪声电势的有效值与测试电压之比,用电流噪声指数来表示)、非线性(电流与所加电压特性偏离线性关系的程度)、电压系数(所加电压每改变 1 V 阻值的相对变化率)、长期稳定性(电阻器在长期使用或储存过程中受环境条件的影响阻值发生不可逆变化的过程)等技术指标。

(2)电阻器的分类

1)普通电阻器

普通电阻器的种类很多,按制作材料不同又有以下分类:

①线绕电阻器

电阻线绕成电阻器,用高阻合金线绕在绝缘骨架上制成,外面涂有耐热的釉绝缘层或绝缘漆。绕线电阻的特点是具有较低的温度系数,阻值精度高,稳定性好,耐热耐腐蚀,主要做精密大功率电阻使用,缺点是高频性能差,时间常数大。

②碳合成电阻器

碳合成电阻器由碳及合成塑胶压制而成。

③金属膜电阻器

金属膜电阻器是在瓷管上镀上一层金属而成,用真空蒸发的方法将合金材料蒸镀于陶瓷棒骨架表面。金属膜电阻相对比碳膜电阻的精度高,稳定性好,噪声系数、温度系数小。在仪器仪表及通信设备中大量采用。

④碳膜电阻器

碳膜电阻器是在瓷管上镀上碳而成,将结晶碳沉积在陶瓷棒骨架上制成。碳膜电阻器的制作成本低、性能稳定、阻值范围宽、温度系数和电压系数低,是目前应用最广泛的电阻器。

⑤金属氧化膜电阻器

金属氧化膜电阻器是在绝缘棒上沉积一层金属氧化物即在瓷管上镀上氧化锡而成。由于其本身即是氧化物,温度系数小,耐热冲击,负载能力强。按用途分类,有通用、精密、高频、高压、高阻、大功率及电阻网络等。

⑥贴片电阻片式固定电阻器

贴片电阻片式固定电阻器是从 Chip Fixed Resistor 直接翻译过来的,俗称贴片电阻,是金属玻璃釉电阻器中的一种。它是将金属粉和玻璃铀粉混合,采用丝网印刷法印在基板上制成的电阻器。贴片元件具有体积小、质量轻、安装密度高,抗震性强、抗干扰能力强、高频特性好等优点。

2)特殊电阻器

①保险电阻

保险电阻又称熔断电阻器,在电路中起着电阻和保护电路的双重作用(见图6.5)。当电路出现故障而使其功率超过额定功率时,它会像保险丝一样熔断使电路断开。保险电阻的阻值一般比较小,为 0.33 Ω ~ 10 kΩ,功率也较小。保险丝电阻器常用型号有:RF10 型、RF111-5 型、RRD0910 型、RRD0911 型等。

图 6.5　保险电阻的外形和电路符号

②敏感电阻器

敏感电阻器是指其电阻值对于某种物理量如温度、湿度、光照、电压、机械力以及气体浓度等具有敏感特性,如图6.6所示。当这些物理量发生变化时,敏感电阻的阻值也会发生改变。根据对不同物理量敏感,敏感电阻器可分为热敏、湿敏、光敏、压敏、力敏、磁敏及气敏等类型敏感电阻。敏感电阻器所用的材料几乎都是半导体材料,这类电阻器也称为半导体电阻器。

图6.6 敏感电阻器

图6.7 可变电阻器

就热敏电阻来说,按照温度系数不同又分为正温度系数热敏电阻器(PTC)和负温度系数热敏电阻器(NTC)。正温度系数热敏电阻器(PTC)在温度越高时电阻值越大,负温度系数热敏电阻器(NTC)在温度越高时电阻值越低。而光敏电阻是电阻的阻值随入射光的强弱变化而改变,当入射光增强时,光敏电阻的阻值减小,入射光减弱时电阻值增大。

③可变电阻器

可变电阻器是指阻值可以调整的电阻器,用于需要调节电路电流或需要改变电路阻值的场合(见图6.7)。可变电阻器可以改变信号发生器的特性,使灯光变暗,启动电动机或控制它的转速。根据用途的不同,可变电阻器的电阻材料可以是金属丝、金属片、碳膜或导电液。电解型最适用于电流较大的情况下,这种可变电阻器的电极都浸在导电液中。电势计是可变电阻器的特殊形式,它使未知电压或未知电势相平衡,从而测出未知电压或未知电势差的大小。常用的电势器结构简单是一个有两个固定接头的电阻器,第三个接头连到一个可调的电刷上。

3)电阻器的识别方法

①色环电阻的识别方法(见图6.8)

色环电阻分为四环和五环的,通常都是四环的。其中,四环的第一、二环分别代表阻值的前两位数;第三环代表倍率;第四环代表误差。识别的关键在于根据第三环的颜色把阻值确定在某一数量级范围内,再将前两环读出的数"代"入,这样就可很快读出阻值。

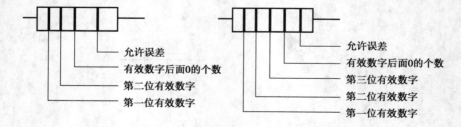

图6.8 色环电阻的标识

四环电阻读法:一环数字(十位)"红",二环数字(个位)"橙", * 倍乘数"黑"误差"金"。

例如,红橙黑金 $= 23 * 10^0 = 23$ Ω(±5%)

五环电阻读法：一环数字（百位）"红"，二环数字（十位）"蓝"，三环数字（个位）"绿"，*倍乘数"黑"误差。例如，蓝绿黑棕 = $265 * 10^0$ = 265 Ω（±1%）。

②贴片电阻的识别方法

贴片状的阻值和一般电阻器一样，在电阻体上标明（见图6.9）。共有3种阻值标称法，但标称方法与一般电阻器不完全一样。

图6.9 贴片电阻

A. 数字索位标称法

这种标称方法一般用于矩形片状电阻的标识，具体又分为三位法和四位法两种。三位法数字索位标称法就是在电阻体上用三位数字来标明其阻值。它的第一位和第二位为有效数字，第三位表示在有效数字后面所加"0"的个数. 这一位不会出现字母。四位表示法，前三位表示有效数字，第4位表示倍率。

例如，"472"表示"4 700 Ω"；"151"表示"150"。如果是小数，则用"R"表示"小数点"，并占用一位有效数字，其余两位是有效数字。

例如，"2R4"表示"2.4 Ω"；"R15"表示"0.15 Ω"。

例如，2702 = 27 000 = 27 kΩ 属于四位标识法。

B. 色环标称法

这种标称方法一般用于圆柱形固定电阻器。大多数贴片电阻与一般电阻一样，采用色环标称法标明阻值，又分为四环和三环两种。四环的第一环和第二环是有效数字，第三环是倍率（色环代码如表6.1.1）。例如，"棕绿黑"表示"15 Ω"；"蓝灰橙银"表示"68 kΩ"，误差±10%。

C. E96数字代码与字母混合标称法

数字代码与字母混合标称法也是采用三位标明电阻阻值，即"两位数字加一位字母"。其中，两位数字表示的是E96系列电阻代码。它的第三位是用字母代码表示的倍率。例如，"51D"表示"332×10^3 即 332 kΩ"；"249Y"表示"249×10^{-2} 即 2.49 Ω"。

贴片电阻的误差，贴片电阻阻值误差精度有 ±1%、±2%、±5%、±10% 精度4种，常规用得最多的是 ±1% 和 ±5%。为了区分 ±5%、±1% 的电阻，±5% 精度的是用三位数来表示，而将 ±1% 的电阻多数用4位数来表示。例如，512 前面两位是有效数字，第三位数2表示

143

有多少个零,基本单位是 Ω,这样就是 5 100 Ω,1 000 Ω = 1 kΩ,1 000 000 Ω = 1 MΩ,误差为 ±5%。四位表示法中的前三位是表示有效数字,第四位表示有多少个零。例如,4531 也就是 4 530 Ω,也就等于 4.53 kΩ,误差为 ±1%。

（3）电阻器的选用

1）固定电阻器的选用

固定电阻器有多种类型,选择哪一种材料和结构的电阻器,应根据应用电路的具体要求而定。高频电路应选用分布电感和分布电容小的非线绕电阻器,例如金属电阻器、碳膜电阻器和金属氧化膜电阻器,厚膜电阻器,薄膜电阻器,合金电阻器,防腐蚀镀膜电阻器等。高增益小信号放大电路应选用低噪声电阻器,例如碳膜电阻器、金属膜电阻器和线绕电阻器,而不能使用噪声较大的合成碳膜电阻器和有机实心电阻器。

电阻器的选择应保证电阻值接近应用电路中的计算值,优先选用标准系列的电阻器。一般电路使用的电阻器允许误差为 ±5% ~ ±10%。精密仪器及特殊电路中使用的电阻器,应选用精密电阻器。所选电阻器的额定功率,要符合应用电路中对电阻器功率容量的要求。若电路要求是功率型电阻器,则其额定功率可高于实际应用电路要求功率的 1~2 倍。

2）熔断电阻器的选用

熔断电阻器具有保护功能的电阻器。选用时应考虑其双重性能,根据电路的具体要求选择其阻值和功率等参数。既要保证它在过负荷时能快速熔断,又要保证它在正常条件下能长期稳定的工作。电阻值过大或功率过大,均不能起到保护作用。

电阻器选用的 3 项基本原则如下:

①选择通过认证机构认证的生产线制造出的执行高标准的电阻器。

②选择具备功能优势、质量优势、效率优势、功能价格比优势、服务优势的制造商生产的电阻器。

③选择能满足上述要求的上型号目录的制造商,并向其直接订购电阻器。

6.1.2 电容器

电容器（capacitor）即"储存电荷的容器",是电子设备中大量使用的电子元件之一,通常以其容纳电荷的本领命名,用字母 C 表示。在国际单位制里,电容的单位是法拉,简称法（F）,常用的电容单位有毫法（mF）、微法（μF）、纳法（nF）和皮法（pF）（皮法也称微微法）等。

电容在电子电路中主要有隔直、耦合、旁路、滤波、调谐回路、能量转换及控制电路等功能。电容器的种类繁多,但它们的基本结构和原理是相同的,就是将两平行导体极板隔以绝缘物质而具有储存电荷能力的器件（见图 6.10）。

（1）电容器的作用及种类

在直流电路中,电容器是相当于断路的,这一特性是由电容器的结构决定的。最简单的电容器是由两端的极板和中间的绝缘电介质（包括空气）构成的。通电

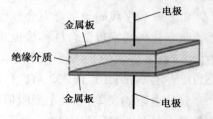

图 6.10 电容器结构示意图

后,极板带电,形成电压,由于中间的物质是绝缘的,电容器不导电,电路不通。当然,这是在没有超过电容器的临界电压的前提下的。不过,任何物质的绝缘都是相对的,当物质两端的电压加大到一定程度后,物质都是可以导电的,故将这个电压称为击穿电压。电容也不例外,电容被击穿后,就不是绝缘体了。在交流电路中,因为电流的方向是随时间成一定的函数关系变化的。而电容器充放电的过程是有时间的,这个时候,在极板间形成随时间变化的电场,电路是通的。实际上,电流是通过电场的形式在电容器间通过的。

1)电容器的类型

①按照结构,可分为固定电容器、可变电容器和微调电容器 3 大类(见图 6.11)。

(a)固定电容　　　(b)可变电容　　　(c)微调电容

图 6.11　电容器的分类　　　　　　图 6.12　电解电容

②按电解质分类,可分为有机介质电容器、无机介质电容器、电解电容器及空气介质电容器等(见图 6.12)。

③按用途分有旁路、滤波、调谐、耦合、消振、定时及分频等电容器。

④按制造材料的不同,可分为瓷介电容、涤纶电容、电解电容、钽电容,还有先进的聚丙烯电容等。

2)电容器的作用

①旁路

用在旁路电路中的电容器称为旁路电容,可从信号中去掉某一频段的信号,根据所去掉信号频率不同,有全频域(所有交流信号)旁路电容电路和高频旁路电容电路。

②滤波

滤波电容将一定频段内的信号从总信号中去除,在电源滤波和各种滤波器电路中使用这种电容电路。

③谐振

用在 LC 谐振电路中的电容器称为谐振电容,与电感元件一起组合可产生 LC 并联或串联谐振,谐振电路中都需这种电容电路。

④耦合

起隔直流通交流作用,在阻容耦合放大器和其他电容耦合电路中大量使用这种电容电路。

⑤退耦

消除多级放大电路中的级与级之间的有害低频交连,一般用在多级放大器的直流电压供给电路中。

⑥高频消振

在音频负反馈放大器中,为了消振可能出现的高频自激,采用这种电容电路,以消除放大器可能出现的高频啸叫。

⑦中和

用在中和电路中的电容器称为中和电容。在收音机高频和中频放大器,电视机高频放大器中,采用这种中和电容电路,以消除自激。

⑧定时

用在定时电路中的电容器。在需要通过电容充电、放电进行时间控制的电路中起控制的作用。

⑨积分

用在积分电路中的电容器称为积分电容。在电势场扫描的同步分离电路中,采用这种积分电容电路,可从场复合同步信号中取出场同步信号。

⑩微分

用在微分电路中的电容器。在触发器电路中为了得到尖顶触发信号,采用这种微分电容电路,以从各类信号中得到尖顶脉冲触发信号。

⑪补偿

用在补偿电路中的电容器,在卡座的低音补偿电路中,使用这种低频补偿电容电路,以提升放音信号中的低频信号,此外,还有高频补偿电容电路。

⑫自举

用在自举电路中的电容器,常用的 OTL 功率放大器输出级电路采用自举电容电路,以通过正反馈的方式少量提升信号的正半周幅度。

⑬分频

用在分频电路中的电容器,在音箱的扬声器分频电路中,使用分频电容电路,以使高频扬声器工作在高频段,中频扬声器工作在中频段,低频扬声器工作在低频段。

⑭负载电容

负载电容是指与石英晶体谐振器一起决定负载谐振频率的有效外界电容。负载电容常用的标准值有 16 pF、20 pF、30 pF、50 pF 和 100 pF。负载电容可根据具体情况作适当的调整。通过调整一般可将谐振器的工作频率调到标称值。

(2)电容器的型号和命名方法

1)国产电容器的型号命名法

国产电容器型号命名由 4 部分组成,各部分的含义见表 6.3。

第一部分用字母"C"表示主称为电容器。

第二部分用字母表示电容器的介质材料。

第三部分用数字或字母表示电容器的类别。

第四部分用数字表示序号。

表6.3 国产电容型号、命名、含义

第一部分：主称		第二部分：介质材料		第三部分：类别					第四部分：序号
字母	含义	字母	含义	数字或字母	含义				
					瓷介质	云母电容器	有机电容器	电解电容器	
C	电容器	A	钽电容	1	圆形	非密封	非密封	箔式	用数字表示序号，以区别电容器的外形尺寸及性能指标
		B	聚苯乙烯等非极性有机薄膜	2	管形	非密封	非密封	箔式	
				3	叠片	密封	密封	烧结粉,非固体	
		C	高频陶瓷	4	独石	密封	密封	烧结粉,固体	
		D	铝电解	5	穿心		穿心		
		E	其他材料电解	6	支柱等				
		G	合金电解						
		H	纸膜复合	7				无极性	
		I	玻璃釉	8	高压	高压	高压		
		J	金属化纸介	9			特殊	特殊	
		L	涤纶等极性有机薄膜	G	高功率型				
				T	叠片式				
		N	铌电解	W	微调型				
		O	玻璃釉						
		Q	漆膜	J	金属化型				
		T	低频陶瓷						
		V	云母纸						
		Y	云母	Y	高压型				
		Z	纸介						

如图6.13所示为电容器的符号含义。

2）电容器标识

电容器的电容量标示方法有直标法、文字符号法、数码标示法、色标法4种。

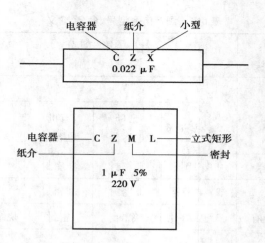

图 6.13　电容器的符号含义

①直标法

直标法就是在电容器的表面直接标出其主要参数和技术指标的一种方法。直标法可以用数字和字母符号标出。电容器的直标内容及次序一般是:商标、型号、工作温度组别、工作电压、标称电容量及允许偏差、电容温度系数等。

例如,C841 250V 2000 μF ±10% 表示 C841 型精密聚苯乙烯薄膜电容器,其工作电压为 250 V,标称电容量为 2 000 μF,允许偏差为 ±10%。

②文字符号法

用字母和数字有规律组合表示电容器的参数,见表 6.4。

表 6.4　文字符号的含义

单位字母:	F	mF	μF	nF	pF
误差字母:	B ±0.1 pF		C ±0.2 pF	D ±0.5pF	
	F = ±1%	G = ±2%	J = ±5%	K = ±10%	M = ±20%

图 6.14　数码标示法

注意:单位字母所在位置表示小数点。例如,p33B 表示 0.33 pF,允许偏差为 ±0.1 pF;6n8K 表示 6.8 nF,允许偏差为 ±10%。

③数码标示法(见图 6.14)

数码标示法用 3 位数表示电容器容量,其中第 1、2 位为有效数字位,表示电容值的有效数,第 3 位为倍率,表示有效数字后的零的个数,电容量以 pF 为单位。

例如,$103 = 10 \times 10^3$ pF;$224 = 22 \times 10^4$ pF

注意:若第 3 位数为 9,则表示乘数量为 10^{-1};若第 3 位数为 0,同直标法。

例如,229 为 22×10^{-1} pF 即 2.2 pF;200 为 200 pF。

④色标法（见图 6.15）

电容器的色标法与电阻器相似,就是用不同颜色的色带或色点,按规定的方法在电容器表面上标志出其主要参数码相的标志方法。电容器的标称值、允许偏差及工作电压均可采颜色进行标志,单位为 pF。

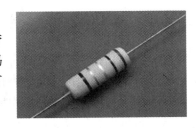

图 6.15　色标法

3)电容器的主要参数

电容器的参数较多,主要有标称容量与允许偏差、额定工作电压、温度系数、电容器损耗和频率特性等。

①标称容量

标志在电容器上的电容量称为标称容量。标称容量是在电容器上标注的电容量。标准单位是法拉(F),还有微法(μF)、纳法(nF)、皮法(pF)等几个单位。它们之间有 $1\ F = 10^6\ \mu F = 10^9\ nF = 10^{12}\ pF$ 的换算关系。

②允许偏差

电容器的标称容量与其实际容量之差再除以标称值所得的百分比就是允许偏差。电容器的允许误差一般分为 8 个等级,见表 6.5。

表 6.5　电容器的误差等级

允许误差	1%	±2%	±5%	±10%	±20%	+20% ~ −10%	+50% ~ −20%	+50% ~ −30%
级别	01	02	I	II	III	IV	V	VI

③额定电压

额定电压是指电容器在电路中长期有效工作而不被损坏的最大直流电压,是电容器的一个重要参数,一般在电容器的表面以数字的形式标注出来(见图 6.16)。

图 6.16　电容额定电压

④温度系数

温度系数是指在一定的温度范围内,温度每升高 1 ℃时电容量的相对变化值。有正温度系数和负温度系数两种。其中,正温度系数表示电容量随着温度的增减而增减;负温度系数表示电容量随着温度的增减而减增。温度系数越小电容器的质量越好。

⑤损耗角正切

损耗角正切是指在规定频率的正弦电压下,电容器的损耗功率除以电容器的无功功率。在实际应用中,电容器并不是一个纯电容,其内部还有等效电阻(R_S)。对于电子设备来说,要

求 R_s 越小越好,也就是说要求损耗功率小,其与电容的功率的夹角要小。

⑥频率特性

频率特性是指电容器对各种不同的频率所表现出的性能,也就是指电容量等电参数随着电路工作频率的变化而变化的特性。不同介质材料的电容器,其最高工作频率也不同,例如,容量较大的电容器只能在低频电路中正常工作,而高频电路中只能使用容量较小的高频瓷介电容器或云母电容器等。

4)部分常用电容

①铝电解电容器

铝电解电容器是指用浸有糊状电解质的吸水纸夹在两条铝箔中间卷绕而成,薄的化氧化膜作介质的电容器。因为氧化膜有单向导电性质,所以电解电容器具有极性。

特点:容量大,能耐受大的脉动电流。容量误差大,泄漏电流大;不适于在高频和低温下应用,也不适宜频率在 25 kHz 以上使用。

功能:低频旁路、信号耦合、电源滤波。

②钽电解电容器

用烧结的钽块作正极,电解质使用固体二氧化锰。

特点:温度特性、频率特性和可靠性均优于普通电解电容器,特别是漏电流极小,储存性良好,寿命长,容量误差小,而且体积小,单位体积下能得到最大的电容电压乘积。对脉动电流的耐受能力差,若损坏易呈短路状态。

适用:超小型高可靠机件中。

③自愈式并联电容器

结构与纸质电容器相似,但用聚酯、聚苯乙烯等低损耗塑材作介质。

特点:频率特性好,介电损耗小。不能做成大的容量,耐热能力差。

适用:滤波器、积分、振荡、定时电路。

④瓷介电容器

穿心式或支柱式结构瓷介电容器,它的一个电极就是安装螺钉。引线电感极小,频率特性好,介电损耗小,有温度补偿作用。

适用:不能做成大的容量,受震动会引起容量变化。特别适于高频旁路。

⑤独石电容器(多层陶瓷电容器)

在若干片陶瓷薄膜坯上被覆以电极浆材料,叠合后一次绕结成一块不可分割的整体,外面再用树脂包封而成。

特点:小体积、大容量、高可靠和耐高温的新型电容器,高介电常数的低频独石电容器也具有稳定的性能,体积极小,Q 值高,容量误差较大,一般是用两条铝箔作为电极,中间以厚度为 0.008 ~ 0.012 mm 的电容器纸隔开重叠卷绕而成,制造工艺简单,价格便宜,能得到较大的电容量。

适用:噪声旁路、滤波器、积分、振荡电路纸介电容器。

⑥陶瓷电容器

用高介电常数的电容器陶瓷(钛酸钡—氧化钛)挤压成圆管、圆片或圆盘作为介质,并用烧渗法将银镀在陶瓷上作为电极制成。它又分高频瓷介和低频瓷介两种。

特点：具有小的正电容温度系数的电容器，用于高稳定振荡回路中，作为回路电容器及垫整电容器。

适用：低频瓷介电容器限于在工作频率较低的回路中作旁路或隔直流用，或对稳定性和损耗要求不高的场合（包括高频在内）。这种电容器不宜使用在脉冲电路中，因为它们易于被脉冲电压击穿。

⑦高频瓷介电容器

就结构而言，可分为箔片式及被银式。被银式电极为直接在云母片上用真空蒸发法或烧渗法镀上银层而成，由于消除了空气间隙，温度系数大为下降，电容稳定性也比箔片式高。

特点：频率特性好，Q 值高，温度系数小。

适用：高频电器中，并可用作标准电容器适用于高频电路云母电容器，不能做成大的容量。

⑧玻璃釉电容器

由一种浓度适于喷涂的特殊混合物喷涂成薄膜而成，介质再以银层电极经烧结而成"独石"结构。

性能可与云母电容器媲美，能耐受各种气候环境，一般可在 200 ℃ 或更高温度下工作，额定工作电压可达 500 V，损耗 $\tan \delta = 0.000\ 5 \sim 0.008$。

5）电容器使用注意事项

由于电容器的两极具有剩留残余电荷的特点，使用前应设法将其电荷放尽，否则容易发生触电事故。处理故障电容器时，首先应拉开电容器组的断路器及其上下隔离开关，如采用熔断器保护，则应先取下熔丝管。此时，电容器组虽已经过放电电阻自行放电，但仍会有部分残余电荷，因此，必须进行人工放电。放电时，要先将接地线的接地端与接地网固定好，再用接地棒多次对电容器放电，直至无火花和放电声为止，最后将接地线固定好。同时，还应注意，电容器如果有内部断线、熔丝熔断或引线接触不良时，其两极间还可能会有残余电荷，而在自动放电或人工放电时，这些残余电荷是不会被放掉的。故运行或检修人员在接触故障电容器前，还应戴好绝缘手套，并用短路线短接故障电容器的两极以使其放电。另外，对采用串联接线方式的电容器还应单独进行放电。

6.1.3　电感器

电感器（Inductor）是可把电能转化为磁能而存储起来的元件。电感器具有一定的电感，它只阻碍电流的变化。在没有电流通过的状态下，电感器会在电路接通时试图阻碍电流流过它；当电感器上有电流通过的状态下，电路断开时它将试图维持电流不变。电感器又称扼流器、电抗器、动态电抗器。电感量也称自感系数，是表示电感器产生自感应能力的一个物理量。

当线圈中有电流流过时，线圈的周围就会产生磁场。当线圈中电流发生变化时，其周围的磁场也会产生相应的变化，此变化的磁场可使线圈自身产生感应电动势，这就是自感。

两个电感线圈相互靠近时，一个电感线圈的磁场变化将影响另一个电感线圈，这种影响就是互感。互感的大小取决于电感线圈的自感与两个电感线圈耦合的程度,利用此原理制成的元件称为互感器。

(1)电感器的分类

电感由电导材料(如铜线)盘绕磁芯制成,也可把磁芯去掉或者用铁磁性材料代替。由于芯材料的磁导率比空气的要高很多,可把磁场约束在电感元件周围,因而增大了电感。电感有很多种,大多以外层瓷釉线圈环绕铁氧体线轴制成,而有些防护电感把线圈完全置于铁氧体内。一些电感元件的芯可以调节,由此可以改变电感大小。小电感可用直接蚀刻在 PCB 板上制成,是一种铺设螺旋轨迹的方法;也可用以制造晶体管同样的工艺制造在集成电路中。

1)小型电感器

小型固定电感器通常是用漆包线在磁芯上直接绕制而成,如图 6.17 所示。它主要用在滤波、振荡、延迟等电路中。它分为密封式和非密封式两种。两种形式又都有立式和卧式两种外形结构。

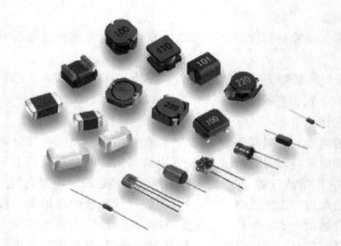

图 6.17　小型电感器

①立式密封固定电感器

密封固定电感器采用同向型引脚,国产电感量范围为 0.1 ~ 2 200 μH,额定工作电流为 50 ~ 1 600 mA,误差范围为 ±5% ~ ±10%,进口的电感量,电流量范围更大,误差则更小。进口有 TDK 系列色码电感器,其电感量用色点标在电感器表面。

②卧式密封固定电感器

卧式密封固定电感器采用轴向型引脚,国产有 LG1、LGA、LGX 等系列。

LG1 系列电感器的电感量范围为 0.1 ~ 22 000 μH,一般直标在外壳上。

LGA 系列电感器采用超小型结构,外形与 1/2 W 色环电阻器相似,其电感量范围为 0.22 ~ 100 μH,一般以色环的方式标在外壳上,额定电流为 0.09 ~ 0.4 A。

LGX 系列色码电感器也是小型封装结构,其电感量范围为 0.1 ~ 10 000 μH,额定电流分为 50 mA、150 mA、300 mA 和 1 600 mA 这 4 种规格。

2)可调电感器

常用的可调电感器有半导体收音机用振荡线圈、电视机用行振荡线圈、行线性线圈、中频陷波线圈、音响用频率补偿线圈、阻波线圈等，如图 6.18 所示。

①半导体收音机用振荡线圈

此振荡线圈在半导体收音机中与可变电容器等组成本机振荡电路，用来产生一个比输入调谐电路接收的电台信号高 465 kHz 的本振信号。其外部为金属屏蔽罩，内部由尼龙衬架、工字形磁芯、磁帽及引脚座等构成，在工字磁芯上有用高强度漆包线绕制的绕组。磁帽装在屏蔽罩内的尼龙架上，可上下旋转，通过改变它与线圈的距离来改变线圈的电感量。电视机中频陷波线圈的内部结构与振荡线圈相似，只是磁帽可调磁芯。

图 6.18　可调电感器

②电视机用行振荡线圈

行振荡线圈用在早期的黑白电视机中，它与外围的阻容元件及行振荡晶体管等组成自激振荡电路，用来产生频率为 15 625 Hz 的矩形脉冲电压信号。

该线圈的磁芯中心有方孔，同步调节旋钮直接插入方孔内，旋动行同步调节旋钮即可改变磁芯与线圈之间的相对距离，从而改变线圈的电感量，使行振荡频率保持为 15 625 Hz，与自动频率控制电路送入的行同步脉冲产生同步振荡。

③行线性线圈

行线性线圈是一种非线性磁饱和电感线圈，它一般串联在行偏转线圈回路中，利用其磁饱和特性来补偿图像的线性畸变。

行线性线圈是用漆包线在工字形铁氧体高频磁芯或铁氧体磁棒上绕制而成，线圈的旁边装有可调节的永久磁铁。通过改变永久磁铁与线圈的相对位置来改变线圈电感量的大小，从而达到线性补偿的目的。

3）阻流电感器

阻流电感器是指在电路中用以阻塞交流电流通路的电感线圈。它分为高频阻流线圈和低频阻流线圈。

①高频阻流线圈

高频阻流线圈也称高频扼流线圈，它用来阻止高频交流电流通过。

高频阻流线圈工作在高频电路中，多用采空心或铁氧体高频磁芯，骨架用陶瓷材料或塑料制成，线圈采用蜂房式分段绕制或多层平绕分段绕制。

②低频阻流线圈

低频阻流线圈也称低频扼流圈，它应用于电流电路、音频电路或场输出等电路，其作用是阻止低频交流电流通过。

通常将用在音频电路中的低频阻流线圈称为音频阻流圈，将用在场输出电路中的低频阻流线圈称为场阻流圈，将用在电流滤波电路中的低频阻流线圈称为滤波阻流圈。

低频阻流圈一般采用 E 形硅钢片铁芯、坡莫合金铁芯或铁淦氧磁芯。为防止通过较大直流电流引起磁饱和，安装时在铁芯中要留有适当空隙。

（2）**电感的结构**

电感器的结构类似于变压器,但只有一个绕组。一般由骨架、绕组、屏蔽罩、封装材料、磁芯或铁芯等组成。

1）骨架

骨架泛指绕制线圈的支架。一些体积较大的固定式电感器或可调式电感器,大多数是将漆包线或纱包线环绕在骨架上,再将磁芯或铜芯、铁芯等装入骨架的内腔,以提高其电感量。骨架通常是采用塑料、胶木、陶瓷制成,根据实际需要可制成不同的形状。而小型电感器一般不使用骨架,而是直接将漆包线绕在磁芯上。空心电感器,也称脱胎线圈或空心线圈不用磁芯、骨架和屏蔽罩等,而是先在模具上绕好后再脱去模具,并将线圈各圈之间拉开一定距离。

2）绕组

绕组是指具有规定功能的一组线圈。它是电感器的基本组成部分。绕组有单层和多层之分。单层绕组又有密绕（绕制时导线一圈挨一圈）和间绕（绕制时每圈导线之间均隔一定的距离）两种形式;多层绕组有分层平绕、乱绕、蜂房式绕法等。

3）磁芯与磁棒

磁芯与磁棒一般采用镍锌铁氧体或锰锌铁氧体等材料,它有工字形、柱形、帽形、E 形、罐形等多种形状。

4）铁芯

铁芯材料主要有硅钢片、坡莫合金等,其外形多为 E 形。

5）屏蔽罩

为避免有些电感器在工作时产生的磁场影响其他电路及元器件正常工作,就为其增加了金属屏幕罩。采用屏蔽罩的电感器,会增加线圈的损耗,使 Q 值降低。

6）封装材料

有些电感器比如色码电感器、色环电感器等在绕制好后,用封装材料将线圈和磁芯等密封起来。一般封装材料采用塑料或环氧树脂等。

（3）**电感器的标注**

1）直接标注法

电感器一般都采用直标法,就是将标称电感量用数字直接标注在电感器的外壳上,同时还用字母表示电感器的额定电流、允许误差。采用这种数字与符号直接表示其参数的,就称为小型固定电感。其中的允许误差一般有 3 个等级,见表 6.6。

表 6.6　电感器的误差等级

电感量偏差等级	Ⅰ 级	Ⅱ 级	Ⅲ 级
含义	允许偏差为 ±5%	允许偏差为 ±10%	允许偏差为 ±20%

例如,电感器外壳上标有 C、Ⅱ、470 μH,表示电感器的电感量为 470 μH,最大工作电流为 300 mA,允许误差为 ±10%。

电感器外壳上标有 220 μH、Ⅱ、D,表示电感器的电感量为 220 μH,最大工作电流为

700 mA,允许误差为 ±10%。LG2-C-2 μ2-Ⅰ表示为高频立式电感器,额定电流为 300 mA,电感量为 2.2 μH,误差值为 ±5%。

2)色标法

在电感器的外壳上,标注方法同电阻的标注方法一样。第一个色环表示第一位有效数字,第二个色环表示第二位有效数字,第三个色环表示倍乘数,第四个色环表示允许误差。

例:某电感器的色环依次为蓝、绿、红、银,表明此电感器的电感量为 6 500 μH,允许误差为 ±10%。

(4)电感器和磁珠

电感和磁珠的联系与区别如下:

①电感是储能元件,而磁珠是能量转换(消耗)器件。

②电感多用于电源滤波回路,磁珠多用于信号回路,用于 EMC 对策。

③磁珠主要用于抑制电磁辐射干扰,而电感侧重于抑制传导性干扰,两者都可用于处理 EMC、EMI 问题;EMC 的两个途径,即:辐射和传导,不同的途径采用不同的抑制方法,前者用磁珠,后者用电┐

④磁珠┌高频信号,像一些 RF 电路、PLL、振荡电路、含超高频存储器电路都需要在┘┌电感是一种储能元件,用在 LC 振荡电路、中低频的滤波电路等┘┌50 MHz。

┌匹配和信号质量的控制上,一般用在接地连接和电源的连接上。在模┘的地方用磁珠,对信号线也采用磁珠。

磁┌磁珠的特性曲线取决于需要磁珠吸收的干扰波的频率。磁珠就是阻高频,对直流电阻┘对高频电阻高。因为磁珠的单位是按照它在某一频率产生的阻抗来标称的,阻抗的单位也是欧姆。磁珠的数据表上一般会附有频率和阻抗的特性曲线图。一般以100 MHz为标准,如 2012B601,就是指在 100 MHz 时磁珠的阻抗为 600 Ω。

(5)电感器的特性

电感器的特性与电容器的特性正好相反,它具有阻止交流电通过而让直流电顺利通过的特性。直流信号通过线圈时的电阻就是导线本身的电阻压降很小;当交流信号通过线圈时,线圈两端将会产生自感电动势,自感电动势的方向与外加电压的方向相反,阻碍交流的通过,所以电感器的特性是通直流、阻交流,频率越高,线圈阻抗越大。通直流:指电感器对直流呈通路状态,如果不计电感线圈的电阻,那么直流电可以"畅通无阻"地通过电感器,对直流而言,线圈本身电阻对直流的阻碍作用很小,所以在电路分析中往往忽略不计。阻交流:当交流电通过电感线圈时电感器对交流电存在着阻碍作用,阻碍交流电的是电感线圈的感抗。

在电路中电感器经常和电容器一起工作,构成 LC 滤波器、LC 振荡器等。另外,人们还利用电感的特性,制造了阻流圈、变压器、继电器等。

(6)电感器的用途

1)一般电感器的用途

电感器在电路中主要起到滤波、振荡、延迟、陷波等作用,还有筛选信号、过滤噪声、稳定电流及抑制电磁波干扰等作用。电感在电路最常见的作用就是与电容一起,组成 LC 滤波电路。电感有"通直流,阻交流"的功能,电容则具有"阻直流,通交流"的特性。如果把伴有许多干扰信号的直流电通过 LC 滤波电路,那么,交流干扰信号将被电感变成热能消耗掉;变得比较纯净的直流电流通过电感时,其中的交流干扰信号也被变成磁感和热能,频率较高的最容易被电感阻抗,这就可以抑制较高频率的干扰信号。

电感器具有阻止交流电通过而让直流电顺利通过的特性,频率越高,线圈阻抗越大。因此,电感器的主要功能是对交流信号进行隔离、滤波或与电容器、电阻器等组成谐振电路。

2)贴片电感的作用

贴片电感,是用绝缘导线绕制而成的电磁感应元件。贴片电感通直流、阻交流,对交流信号进行隔离、滤波或与电容器、电阻器等组成谐振电路。

当贴片电感通过的电流变化时,贴片电感中产生的直流电压势将阻止电流的变化。当通过电感线圈的电流增大时,电感线圈产生的自感电动势与电流方向相反,阻止电流的增加,同时将一部分电能转化成磁场能存储于电感之中;当通过电感线圈的电流减小时,自感电动势与电流方向相同,阻止电流的减小,同时释放出存储的能量,以补偿电流的减小。因此经电感滤波后,不但负载电流及电压的脉动减小,波形变得平滑,而且整流二极管的导通角增大。

3)色环电感的作用

①色环电感有阻流作用

色环电感线圈中的铜芯总是与线圈中的电流变化抗。色环电感对在电路中使用的交流电流有阻碍作用,阻碍作用的大小称感抗 X_L,单位是欧姆。它与电感量 L 和交流电频率 f 的关系为 $X_L = 2\pi f L$,色环电感主要可分为高频阻流线圈及低频阻流线圈。

②电感的作用

色环电感有调谐与选频作用,色环电感与电解电容并联可组成 LC 调谐电路。色环电感在谐振时电路的感抗与容抗等值反向,即电路的固有振荡频率 f_0 与非交流信号的频率 f 相等,则回路的感抗与容抗也相等,实现电路对频率的选择。

③电感的作用

色环电感主要作用是筛选信号、过滤噪声、稳定电流及抑制电磁波干扰等。色环电感器的基本作用就是充电与放电,但由这种基本充放电作用所延伸出来的许多电路现象,使得色环电感有各种不同的用途。如今色环电感已经被广大客户所运用了,小小的电感起到的作用却是不可小视的。

(7)电感的主要参数

电感的主要参数有电感量、允许偏差、品质因数、分布电容及额定电流等。

1)电感量

电感器电感量的大小主要取决于线圈的圈数(匝数)、绕制方式、有无磁芯及磁芯的材料等。通常线圈圈数越多、绕制的线圈越密集,电感量就越大。有磁芯的线圈比无磁芯的线圈电感量大;磁芯磁导率越大的线圈,电感量也越大。

电感量的基本单位是亨利(简称亨),用字母"H"表示。常用的单位还有毫亨(mH)和微亨(μH),它们之间的关系为:1 H = 1 000 mH,1 mH = 1 000 μH

2）允许偏差

允许偏差是指电感器上标称的电感量与实际电感的允许误差值。

一般用于振荡或滤波等电路中的电感器要求精度较高,允许偏差为 ±0.2% ~ ±0.5%;而用于耦合、高频阻流等线圈的精度要求不高;允许偏差为 ±10% ~15%。

3）品质因数

品质因数也称 Q 值或优值,是衡量电感器质量的主要参数。它是指电感器在某一频率的交流电压下工作时,所呈现的感抗与其等效损耗电阻之比。电感器的 Q 值越高,其损耗越小,效率越高。电感器品质因数的高低与线圈导线的直流电阻、线圈骨架的介质损耗及铁芯、屏蔽罩等引起的损耗等有关。

4）分布电容

分布电容是指线圈的匝与匝之间、线圈与磁芯之间、线圈与地之间、线圈与金属之间均存在的电容。电感器的分布电容越小,其稳定性越好。分布电容能使等效耗能电阻变大,品质因数变大。减少分布电容常用丝包线或多股漆包线,有时也用蜂窝式绕线法等。

5）额定电流

额定电流是指电感器在允许的工作环境下能承受的最大电流值。若工作电流超过额定电流,则电感器就会因发热而使性能参数发生改变,甚至还会因过流而烧毁。

6.1.4 二极管

二极管(Diode)是一种具有两个电极的装置,只允许电流由单一方向流过,反向时阻断,如图6.19所示。

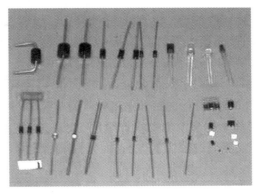

图 6.19 二极管元件图

（1）二极管的特性

1）正向特性

外加正向电压时,在正向特性的起始部分,正向电压很小,不足以克服 PN 结内电场的阻挡作用,正向电流几乎为零,这一段称为死区。这个不能使二极管导通的正向电压称为死区电压。当外加正向电压大于死区电压以后,PN 结内电场被克服,二极管正向导通,电流随电压增大而迅速上升。在正常使用的电流范围内,导通时二极管的端电压几乎维持不变,这个电压称为二极管的正向电压。当二极管两端的正向电压超过一定数值 V_{th},内电场很快被削弱,特性电流迅速增长,二极管正向导通。V_{th} 称为门坎电压或阈值电压,硅管约为 0.5 V,锗管约为 0.1 V。硅二极管的正向导通压降为 0.6~0.8 V,锗二极管的正向导通压降为 0.2~0.3 V。

2)反向性

外加反向电压不超过一定范围时,通过二极管的电流是少数载流子漂移运动所形成反向电流。由于反向电流很小,二极管处于截止状态。这个反向电流又称为反向饱和电流或漏电流,二极管的反向饱和电流受温度影响很大。一般硅管的反向电流比锗管小得多,小功率硅管的反向饱和电流在 nA 数量级,小功率锗管在 μA 数量级。温度升高时,半导体受热激发,少数载流子数目增加,反向饱和电流也随之增加。

外加反向电压超过某一数值时,反向电流会突然增大,这种现象称为电击穿。电击穿时二极管失去单向导电性,引起电击穿的临界电压称为二极管反向击穿电压。如果二极管没有因电击穿而引起过热,则单向导电性不一定会被永久破坏,在撤除外加电压后,其性能仍可恢复,否则二极管就损坏了。因而使用时应避免二极管外加的反向电压过高。

二极管的管压降:硅二极管(不发光类型)正向管压降为 0.7 V,锗管正向管压降为 0.3 V,发光二极管正向管压降会随不同发光颜色而不同。主要有 3 种颜色,具体压降参考值如下:红色发光二极管的管压降为 2.0~2.2 V,黄色发光二极管的管压降为 1.8~2.0 V,绿色发光二极管的管压降为 3.0~3.2 V,正常发光时的额定电流约为 20 mA。

（2）二极管的类型

如图 6.20 所示,二极管种类有很多,按照所用的半导体二极管,可分为锗二极管(Ge 管)和硅二极管(Si 管)。根据其不同用途,可分为检波二极管、整流二极管、稳压二极管、开关二极管、隔离二极管、肖特基二极管、发光二极管、硅功率开关二极管、旋转二极管等。按照管芯结构,又可分为点接触二极管、面接触型二极管及平面型二极管。点接触型二极管是用一根很细的金属丝压在光洁的半导体晶片表面,通以脉冲电流,使触丝一端与晶片牢固地烧结在一起,形成一个"PN 结"。由于是点接触,只允许通过较小的电流(不超过几十毫安),适用于高频小电流电路,如收音机的检波等。面接触型二极管的"PN 结"面积较大,允许通过较大的电流(几安到几十安),主要用于把交流电变换成直流电的"整流"电路中。平面型二极管是一种特制的硅二极管,它不仅能通过较大的电流,而且性能稳定可靠,多用于开关、脉冲及高频电流中。

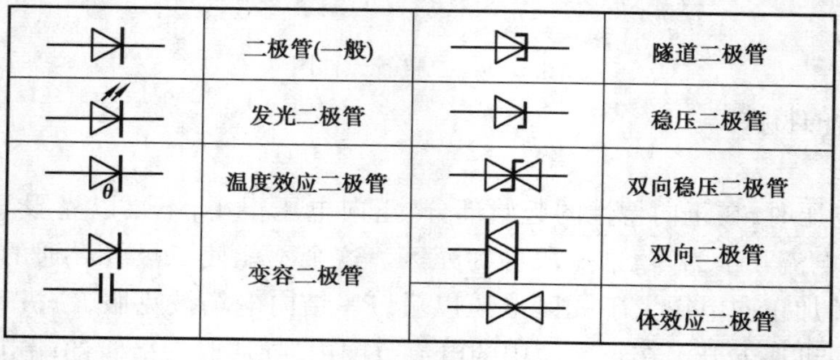

符号	名称	符号	名称
▷|◁	二极管(一般)	▷|◁	隧道二极管
发光	发光二极管		稳压二极管
θ	温度效应二极管		双向稳压二极管
	变容二极管		双向二极管
			体效应二极管

图 6.20　各种二极管的符号

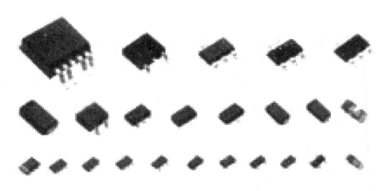

图 6.21　贴片二极管

1）按构造分类

半导体二极管主要是依靠 PN 结而工作的。与 PN 结不可分割的点接触型和肖特基型，也被列入一般的二极管的范围内。包括这两种型号在内，根据 PN 结构造面的特点，把晶体二极管分类如下：

①点接触型

点接触型二极管是在锗或硅材料的单晶片上压触一根金属针后，再通过电流法而形成的。因此，其 PN 结的静电容量小，适用于高频电路。但是，与面结型相比较，点接触型二极管正向特性和反向特性都差，因此，不能使用于大电流和整流。因为构造简单，所以价格便宜。

②面接触型

面接触型或称面积型二极管的 PN 结是用合金法或扩散法做成的，由于这种二极管的 PN 结面积大，可承受较大电流，但极间电容也大。这类器件适用于整流，而不宜用于高频率电路中。

③键型

键型二极管是在锗或硅的单晶片上熔金或银的细丝而形成的。其特性介于点接触型二极管和进行二极管之间。与点接触型相比较，虽然键型二极管的 PN 结电容量稍有增加，但正向特性特别优良。多作开关用，有时也被应用于检波和电源整流（不大于 50 mA）。在键型二极管中，熔接金丝的二极管有时被称金键型，熔接银丝的二极管有时被称为银键型。

④合金型

在 N 型锗或硅的单晶片上，通过加入合金铟、铝等金属的方法制作 PN 结而形成的。正向电压降小，适于大电流整流。因其 PN 结反向时静电容量大，所以不适于高频检波和高频整流。

⑤扩散型

在高温的 P 型杂质气体中，加热 N 型锗或硅的单晶片，使单晶片表面的一部变成 P 型，以此法 PN 结。因 PN 结正向电压降小，适用于大电流整流。最近，使用大电流整流器的主流已由硅合金型转移到硅扩散型。

⑥台面型

PN 结的制作方法虽然与扩散型相同,但是,只保留 PN 结及其必要的部分,把不必要的部分用药品腐蚀掉。其剩余的部分便呈现出台面形,因而得名。初期生产的台面型,是对半导体材料使用扩散法而制成的。因此,又把这种台面型称为扩散台面型。对于这一类型来说,似乎大电流整流用的产品型号很少,而小电流开关用的产品型号却很多。

⑦平面型

在半导体单晶片(主要的是 N 型硅单晶片)上,扩散 P 型杂质,利用硅片表面氧化膜的屏蔽作用,在 N 型硅单晶片上仅选择性地扩散一部分而形成的 PN 结。因此,不需要为调整 PN 结面积的药品腐蚀作用。由于半导体表面被制作得平整,故而得名。并且,PN 结合的表面,因被氧化膜覆盖,所以公认为是稳定性好和寿命长的类型。最初,对于被使用的半导体材料是采用外延法形成的,故又把平面型称为外延平面型。对平面型二极管而言,似乎使用于大电流整流用的型号很少,而作小电流开关用的型号则很多。

⑧合金扩散型

它是合金型的一种。合金材料是容易被扩散的材料。把难以制作的材料通过巧妙地掺配杂质,就能与合金一起过扩散,以便在已经形成的 PN 结中获得杂质的恰当的浓度分布。此法适用于制造高灵敏度的变容二极管。

⑨外延型

用外延面长的过程制造 PN 结而形成的二极管。制造时需要非常高超的技术。因能随意地控制杂质的不同浓度的分布,故适宜于制造高灵敏度的变容二极管。

⑩肖特基

基本原理是:在金属(如铅)和半导体(N 型硅片)的接触面上,用已形成的肖特基来阻挡反向电压。肖特基与 PN 结的整流作用原理有根本性的差异。其耐压程度只有 40 V 左右。其特长是:开关速度非常快:返现回复时间 trr 特别地短。因此,能制作开关二极管和低压大电流整流二极管。

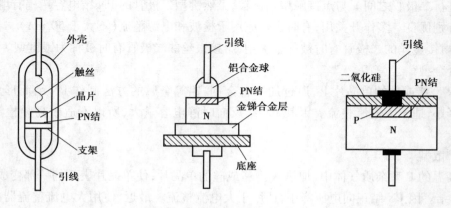

图 6.22　几种结构的二极管

2）按照功能分类

①检波二极管

检波二极管的主要作用是把高频信号中的低频信号检出。它们的结构为点接触型,所以其结电容较小,工作频率较高。一般都采用锗材料制成。就原理而言,从输入信号中取出调制信号是检波,以整流电流的大小(100 mA)作为界线通常把输出电流小于 100 mA 的称为检波。锗材料点接触型、工作频率可达 400 MHz,正向压降小,结电容小,检波效率高,频率特性好,为 2AP 型。类似点触型检波用的二极管,除用于检波外,还能够用于限幅、削波、调制、混频、开关等电路。也有为调频检波专用的特性一致性好的两只二极管组合件。

②整流二极管

整流二极管是一种用于将交流电转变为直流电的二极管。整流二极管一般是平面型硅二极管。整流二极管的选择,主要考虑其最大整流电流、最大反向工作电流、截止频率及反向恢复时间等参数。它有 1N 系列、2CZ 系列、RLR 系列等。开关稳压电源的整流电路及脉冲整流电路中使用的整流二极管,应选用工作频率较高、反向恢复时间较短的整流二极管。例如,RU 系列、EU 系列、V 系列、1SR 系列等或选择快恢复二极管。

③限幅二极管

二极管正向导通后,它的正向压降基本保持不变(硅管为 0.7 V,锗管为 0.3 V)。利用这一特性,在电路中作为限幅元件,可以把信号幅度限制在一定范围内。

大多数二极管能作为限幅使用。也有像保护仪表用和高频齐纳管那样的专用限幅二极管。为了使这些二极管具有特别强的限制尖锐振幅的作用,通常使用硅材料制造的二极管。依据限制电压需要,把若干个必要的整流二极管串联起来形成一个整体。

④调制二极管

通常指的是环形调制专用的二极管。就是正向特性一致性好的四个二极管的组合件。

⑤混频二极管:使用二极管混频方式时,在 500 ~ 10 000 Hz 的频率范围内,多采用肖特基型和点接触型二极管。

⑥放大二极管

用二极管放大,大致有依靠隧道二极管和体效应二极管那样的负阻性器件的放大,以及用变容二极管的参量放大。因此,放大用二极管通常是指隧道二极管、体效应二极管和变容二极管。

⑦开关二极管

二极管在正向电压作用下电阻很小,处于导通状态,相当于一只接通的开关;在反向电压作用下,电阻很大,处于截止状态,如同一只断开的开关。利用二极管的开关特性,可以组成各种逻辑电路。

有在小电流下(10 mA)使用的逻辑运算和在数百毫安下使用的磁芯激励用开关二极管。小电流的开关二极管通常有点接触型和键型等二极管,也有在高温下还可能工作的硅扩散型、台面型和平面型二极管。开关二极管的特长是开关速度快。而肖特基型二极管的开关时间特短,因而是理想的开关二极管。2AK 型点接触为中速开关电路用;2CK 型平面接触为高速开关电路用;用于开关、限幅、钳位或检波等电路;肖特基(SBD)硅大电流开关,正向压降小,速度快、效率高。

⑧变容二极管

用于自动频率控制(AFC)和调谐用的小功率二极管称变容二极管。通过施加反向电压,使其 PN 结的静电容量发生变化。经常用于自动频率控制、扫描振荡、调频和调谐等用途。通常采用硅的扩散性二极管,也可采用合金扩散型、外延结合型、双重扩散型等特殊制作的二极管,因为这些二极管对于电压而言,其静电容量的变化率特别大。结电容随反向电压 VR 变化,取代可变电容,用作调谐回路、振荡电路、锁相环路,常用于电视机高频头的频道转换和调谐电路,多以硅材料制作。

⑨频率倍增二极管

对二极管的频率倍增作用而言,有依靠变容二极管的频率倍增和依靠阶跃(即急变)二极管的频率倍增。频率倍增用的变容二极管称为可变电抗器,可变电抗器虽然和自动频率控制用的变容二极管的工作原理相同,但电抗器的构造却能承受大功率。阶跃二极管又被称为阶跃恢复二极管,从导通切换到关闭时的反向恢复时间 trr 短,因此,其特长是急速地变成关闭的转移时间显著地短。如果对阶跃二极管施加正弦波,那么,因 tt(转移时间)短,所以输出波形急骤地被夹断,故能产生很多高频谐波。

⑩稳压二极管

稳压二极管是利用二极管的反向击穿特性制成的,在电路中其两端的电压保持基本不变,起到稳定电压的作用。一般稳压二极管被制作成为硅的扩散型或合金型,是反向击穿特性曲线急骤变化的二极管,主要由于控制电压和标准电压使用。二极管工作时的端电压从 3 V 左右到 150 V,按每隔 10%,能划分成许多等级。在功率方面,也有从 200 mW 至 100 W 以上的产品。工作在反向击穿状态,动态电阻 RZ 很小,一般为 2CW、2CW56 等;将两个互补二极管反向串接以减少温度系数则为 2DW 型。

稳压二极管的温度系数 α:α 表示温度每变化 1 ℃稳压值的变化量。稳定电压小于 4 V 的管子具有负温度系数,即温度升高时稳定电压值下降;稳定电压大于 7 V 的管子具有正温度系数,即温度升高时稳定电压值上升;而稳定电压在 4 ~ 7 V 的管子,温度系数非常小,近似为零。

⑪PIN 二极管

PIN 二极管是在 P 区和 N 区之间夹一层本征半导体制成的。其中的"I"是"本征"意义的英文略语。当其工作频率超过 100 MHz 时,由于少数载流子的存储效应和"本征"层中的渡越时间效应,二极管失去整流作用且其阻抗值随偏置电压而改变,可以把 PIN 二极管作为可变阻抗元件使用。在零偏置或直流反向偏置时,"本征"区的阻抗很高;在直流正向偏置时,由于载流子注入"本征"区,而使"本征"区呈现出低阻抗状态。PIN 二极管还被应用于高频开关(即微波开关)、移相、调制、限幅等电路中。

⑫雪崩二极管

雪崩二极管在外加电压作用下可以产生高频振荡。工作原理是:利用雪崩击穿对晶体注入载流子,因载流子渡越晶片需要一定的时间,所以其电流滞后于电压,出现延迟时间,若调节渡越时间,在电流和电压关系上就会出现负阻效应,从而产生高频振荡。雪崩二极管常被应用于微波领域的振荡电路中。

⑬江崎二极管

江崎二极管是以隧道效应电流为主要电流分量的二极管。其基底材料是砷化镓和锗。其 P 型区的 N 型区是高掺杂的。隧道电流由这些简并态半导体的量子力学效应所产生。发生隧道效应具备以下 3 个条件:①费米能级位于导带和满带内;②空间电荷层宽度必须很窄(0.01 微米以下);③简并半导体 P 型区和 N 型区中的空穴和电子在同一能级上有交叠的可能性。江崎二极管为双端子有源器件。其主要参数有峰谷电流比(I_P/P_V)。其中,下标 P 代表"峰";而下标"V"代表"谷"。江崎二极管可被应用于低噪声高频放大器及高频振荡器中(其工作频率可达毫米波段),也可被应用于高速开关电路中。

⑭快速关断二极管

阶跃恢复二极管的"自助电场"缩短了存储时间,使反向电流快速截止,并产生丰富的谐波分量。利用这些谐波分量可设计出梳状频谱发生电路。快速关断(阶跃恢复)二极管用于脉冲和高次谐波电路中。它也是一种具有 PN 结的二极管。其结构上的特点是:在 PN 结边界处具有陡峭的杂质分布区,从而形成"自助电场"。由于 PN 结在正向偏压下,以少数载流子导电,并在 PN 结附近具有电荷存储效应,使其反向电流需要经历一个"存储时间"后才能降至最小值(反向饱和电流值)。

⑮肖特基二极管

它是具有肖特基特性的"金属半导体结"的二极管。其正向起始电压较低,其半导体材料采用硅或砷化镓,多为 N 型半导体,这种器件是由多数载流子导电的,所以,其反向饱和电流较以少数载流子导电的 PN 结大得多。由于肖特基二极管中少数载流子的存储效应甚微,所以其频率响仅为 RC 时间常数限制,因而,它是高频和快速开关的理想器件。其工作频率可达 100 GHz。并且,MIS(金属-绝缘体-半导体)肖特基二极管可以用来制作太阳能电池或发光二极管。

可作为续流二极管,在开关电源的电感中和继电器等感性负载中起续流作用。

⑯阻尼二极管

阻尼二极管具有较高的反向工作电压和峰值电流,正向压降小,高频高压整流二极管,多用在高频电压电路中,用在电视机行扫描电路作阻尼和升压整流用。常用的阻尼二极管有 2CN1、2CN2、BSBS44 等。

⑰瞬变电压二极管

瞬变电压二极管(TVP 管),对电路进行快速过压保护,分双极型和单极型两种,按峰值功率(500 ~ 5 000 W)和电压(8.2 ~ 200 V)分类。

⑱双基极二极管

双基极二极管是由两个基极,一个发射极构成的三端负阻器件,是单结晶体管,用于张弛振荡电路及定时电压读出电路中,它具有频率易调、温度稳定性好等优点。

⑲发光二极管

发光二极管一般是由用磷化镓、磷砷化镓材料制成的,体积小,正向驱动发光。特点是工作电压低,工作电流小,发光均匀、寿命长、因制作的材料不同可发红、黄、绿、蓝单色光。随着技术的进步,近来研制成了白光高亮二极管,形成了 LED 照明这一新兴产业。

按发光管发光颜色分,可分成红色、橙色、绿色(又细分黄绿、标准绿和纯绿)、蓝光等。另外,有的发光二极管中包含两种或 3 种颜色的芯片。根据发光二极管出光处掺或不掺散射剂、有色还是无色,上述各种颜色的发光二极管还可分成有色透明、无色透明、有色散射和无色散射四种类型,其中散射型发光二极管适合做指示灯用。

发光二极管按发光管出光面特征分圆灯、方灯、矩形、面发光管、侧向管、表面安装用微型管等。

圆形灯按直径分为 $\phi 2$ mm、$\phi 4.4$ mm、$\phi 5$ mm、$\phi 8$ mm、$\phi 10$ mm 及 $\phi 20$ mm 等。国外通常把 $\phi 3$ mm 的发光二极管记作 T-1;把 $\phi 5$ mm 的记作 T-1(3/4);把 $\phi 4.4$ mm 的记作 T-1(1/4)。由半值角大小可估计圆形发光强度角分布情况。

从发光强度角分布图来分有 3 类:高指向性一般为尖头环氧封装,或是带金属反射腔封装,且不加散射剂。半值角为 5° ~20°或更小,具有很高的指向性,可作局部照明光源用,或与光检出器联用以组成自动检测系统。标准型通常作指示灯用,其半值角为 20° ~45°。散射型是视角较大的指示灯,半值角为 45° ~90°或更大,散射剂的量较大。

⑳硅功率开关二极管

硅功率开关二极管具有高速导通与截止的特点。主要用于大功率开关或稳压电路、直流变换器、高速电机调速及在驱动电路中作高频整流及续流箝拉,具有过载能力强、恢复特性软的优点,广泛用于雷达电源、计算机、步进电机调速等方面。

3)按特性分类

点接触型二极管,按正向和反向特性分类如下:

①一般用点接触型二极管

这种二极管正如标题所说的那样,通常被使用于检波和整流电路中,是正向和反向特性既不特别好,也不特别坏的中间产品。例如,SD34、SD46、1N34A 等属于这一类。

②高反向耐压点接触型二极管

高反向耐压点接触型二极管是最大峰值反向电压和最大直流反向电压很高的产品。使用于高压电路的检波和整流。这种型号的二极管一般正向特性一般或不太好。在点接触型锗二极管中,有 SD38、1N38A、OA81 等。这种锗材料二极管,其耐压受到限制,要求更高时有硅合金和扩散型。

③高反向电阻点接触型二极管

高反向电阻点接触型二极管的正向电压特性和一般用二极管相同。但其反方向耐压也是特别地高,反向电流小,反向电阻高。主要用于高输入电阻的电路和高阻负荷电阻的电路中。就锗材料高反向电阻型二极管而言,SD54、1N54A 等属于这类二极管。

④高传导点接触型二极管

高传导点接触型二极管与高反向电阻型相反,其反向特性尽管很差,但正向电阻很小。对高传导点接触型二极管而言,有 SD56、1N56A 等。对高传导键型二极管而言,能够得到更优良的特性。这类二极管在负荷电阻特别低的情况下,整流效率较高。

（3）**二极管的主要参数**

1）最大整流电流 I_F

最大整流电流 I_F 是指二极管长期连续工作时,允许通过的最大正向平均电流值,其值与 PN 结面积及外部散热条件等有关。因为电流通过管子时会使管芯发热,温度上升,温度超过允许限度（硅管为 141 ℃左右,锗管为 90 ℃左右）时,就会使管芯过热而损坏。所以在规定散热条件下,二极管使用中不要超过二极管最大整流电流值。例如,常用的 IN4001-4007 型锗二极管的额定正向工作电流为 1 A。

2）最大反向工作电压 U_{drm}

加在二极管两端的反向电压高到一定值时,会将管子击穿,失去单向导电能力。为了保证使用安全,规定了最高反向工作电压值。例如,IN4001 二极管反向耐压为 50 V,IN4007 反向耐压为 1 000 V。

3）反向电流 I_{drm}

反向电流是指二极管在常温（25 ℃）和最高反向电压作用下,流过二极管的反向电流。反向电流越小,管子的单方向导电性能越好。值得注意的是反向电流与温度有着密切的关系,大约温度每升高 10 ℃,反向电流增大一倍。例如,2AP1 型锗二极管在 25 ℃时反向电流若为 250 μA,温度升高到 35 ℃,反向电流将上升到 500 μA。依此类推,在 75 ℃时,它的反向电流已达 8 mA,不仅失去了单方向导电特性,还会使管子过热而损坏。又如,2CP10 型硅二极管,25 ℃时反向电流仅为 5 μA,温度升高到 75 ℃时,反向电流也不过 160 μA。故硅二极管比锗二极管在高温下具有较好的稳定性。

4）动态电阻 R_d

二极管特性曲线静态工作点 Q 附近电压的变化与相应电流的变化量之比。

5）最高工作频率 F_m

F_m 是二极管工作的上限频率。因二极管与 PN 结一样,其结电容由势垒电容组成。所以 F_m 的值主要取决于 PN 结结电容的大小。若是超过此值。则单向导电性将受影响。

（4）**命名方法**

二极管的型号命名规定由 5 个部分组成,各部分表示的内容如图 6.23 所示。

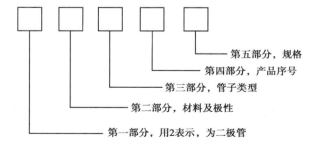

第五部分,规格

第四部分,产品序号

第三部分,管子类型

第二部分,材料及极性

第一部分,用2表示,为二极管

图 6.23　二极管的命名含义

二极管的型号一般用字母表示,各字母表示的含义见表 6.7。

表6.7 二极管的标注含义

第一部分		第二部分		第三部分:类别		第四部分:	第五部分:
主称		材料与极性				序号	规格号
数字	含义	字母	含义	字母	含义		
2	二极管	A	N 型锗材料	P	小信号管(普通管)	用数字表示同一类别产品序号	用字母表示产品规格、挡次
				W	电压调整管和电压基准管(稳压管)		
				L	整流堆		
		B	P 型锗材料	N	阻尼管		
				Z	整流管		
				U	光电管		
		C	N 型硅材料	K	开关管		
				B 或 C	变容管		
				V	混频检波管		
		D	P 型硅材料	JD	激光管		
				S	隧道管		
				CM	磁敏管		
		E	化合物材料	H	恒流管		
				Y	体效应管		
				EF	发光二极管		

例如,某二极管上标:2AP9。

按起顺序分别是一:2;二:A;三:P;四:9。

其中:

一数字表示二极管。

二字母表示材料:A 表示 N 型锗材料,B 表示 P 型锗材料,C 表示 N 型硅材料,D 表示 P 型硅材料。

三字母表示功能:P 普通管,V 微波管,W 稳压管,C 参数管,Z 整流管,S 隧道管,N 阻尼管,U 光电材料,K 开关管,X 低频小功率管,G 高频小功率管,D 低频大功率管,A 高频大功率管。

四数字表示序号。

发光二极管的命名如下:

BT101　BT201　BT301

红色

BT103　BT203　BT303

绿色

BT104　BT204　BT304

黄色

6.1.5　三极管

三极管又称半导体三极管,也称双极型晶体管、晶体三极管,是一种电流控制电流的半导体器件,如图 6.24 所示。其作用是把微弱信号放大成辐值较大的电信号,有时也用作无触点开关。晶体三极管是半导体基本元器件之一,具有电流放大作用,是电子电路的核心元件。三极管是在一块半导体基片上制作两个相距很近的 PN 结,两个 PN 结把整块半导体分成 3 部分,中间部分是基区,两侧部分是发射区和集电区。排列方式有 PNP 和 NPN 两种。

图 6.24　三极管的外形图

（1）**结构和类型**

晶体三极管是半导体基本元器件之一,具有电流放大作用,是电子电路的核心元件。三极管是在一块半导体基片上制作两个相距很近的 PN 结,两个 PN 结把正块半导体分为 3 部分,中间部分是基区,两侧部分是发射区和集电区,排列方式有 PNP 和 NPN 两种,从 3 个区引出相应的电极,分别为基极 b 发射极 e 和集电极 c。

发射区和基区之间的 PN 结称为发射结,集电区和基区之间的 PN 结称为集电极。基区很薄,而发射区较厚,杂质浓度大,PNP 型三极管发射区:"发射"的是空穴,其移动方向与电流方向一致,故发射极箭头向里;NPN 型三极管发射区"发射"的是自由电子,其移动方向与电流方向相反,故发射极箭头向外。发射极箭头向外。发射极箭头指向也是 PN 结在正向电压下的导通方向。硅晶体三极管和锗晶体三极管都有 PNP 型和 NPN 型两种类型。

三极管的封装形式和管脚识别:常用三极管的封装形式有金属封装和塑料封装两大类,引脚的排列方式具有一定的规律,底视图位置放置,使 3 个引脚构成等腰三角形的顶点上,从左向右依次为 e→b→c;对于中小功率塑料三极管按图使其平面朝向自己,3 个引脚朝下放置,则从左到右依次为 e→b→c。

国内各种类型的晶体三极管有许多种,管脚的排列不尽相同。在使用中,不确定管脚排列的三极管,必须进行测量确定各管脚正确的位置,或查找晶体管使用手册,明确三极管的特性及相应的技术参数和资料。

（2）**放大原理**

三极管的电流放大作用实际上是利用基极电流的微小变化去控制集电极电流的巨大变

化。在实际使用中,通常利用三极管的电流放大作用,通过电阻转变为电压放大作用。

1)发射区向基区发射电子

电源 U_b 经过电阻 R_b 加在发射结上,发射结正偏,发射区的多数载流子(自由电子)不断地越过发射结进入基区,形成发射极电流 I_e。同时,基区多数载流子也向发射区扩散,但由于多数载流子浓度远低于发射区载流子浓度,这个电流可不考虑,因此,可认为发射结中主要是电子流。

2)基区中电子的扩散与复合

电子进入基区后,先在靠近发射结的附近密集,渐渐形成电子浓度差,在浓度差的作用下,促使电子流在基区中向集电结扩散,被集电结电场拉入集电区形成集电极电流 I_c。也有很小一部分电子(因为基区很薄)与基区的空穴复合,扩散的电子流与复合电子流之比例决定了三极管的放大能力。

3)集电区收集电子

由于集电结外加反向电压很大,这个反向电压产生的电场力将阻止集电区电子向基区扩散,同时将扩散到集电结附近的电子拉入集电区从而形成集电极主电流 I_{cn}。另外集电区的少数载流子(空穴)也会产生漂移运动,流向基区形成反向饱和电流,用 I_{cbo} 来表示,其数值很小,但对温度却异常敏感。

(3)三极管的分类

①按材质分为硅管、锗管。

②按结构分为 NPN、PNP。

③按功能分为开关管、功率管、达林顿管、光敏管等。

④按功率分为小功率管、中功率管、大功率管。

⑤按工作频率分为低频管、高频管、超频管。

⑥按结构工艺分为合金管、平面管。

⑦按安装方式分为插件三极管、贴片三极管。

(4)主要参数

①特征频率 f_T:当 $f = f_T$ 时,三极管完全失去电流放大功能。如果工作频率大于 f_T,电路将不正常工作。f_T 称为增益带宽积,即

$$f_T = \beta f_0$$

若已知当前三极管的工作频率 f_0 以及高频电流放大倍数,便可得出特征频率 f_T。随着工作频率的升高,放大倍数会下降。f_T 也可以定义为 $\beta = 1$ 时的频率。

②电压/电流:用这个参数可指定该管的电压电流使用范围。

③f_{ef}:是指电流放大倍数。

④V_{CEO}:电极发射极反向击穿电压,表示临界饱和时的饱和电压。

⑤P_{CM}:是指最大允许耗散功率。

⑥封装形式:是指定该管的外观形状。如果其他参数都正确,封装不同将导致组件无法

在电路板上实现。

⑦放大倍数：晶体三极管具有电流放大作用。实质是三极管能以基极电流微小的变化量来控制集电极电流较大的变化量。$\Delta I_c / \Delta I_b$ 的比值称为晶体三极管的电流放大倍数，用符号"β"表示。三极管的电流放大倍数一般是一个定值，但随着三极管工作时基极电流的变化也会有一定的改变。

（5）工作状态

1）截止状态

当加在三极管发射结的电压小于 PN 结的导通电压，基极电流为零，集电极电流和发射极电流都为零，三极管这时失去了电流放大作用，集电极和发射极之间相当于开关的断开状态，称为三极管的截止状态。

2）放大状态

当加在三极管发射结的电压大于 PN 结的导通电压，并处于某一恰当的值时，三极管的发射结正向偏置，集电结反向偏置，这时基极电流对集电极电流起着控制作用，使三极管具有电流放大作用，其电流放大倍数 $\beta = \Delta I_c / \Delta I_b$，这时三极管处放大状态。

3）饱和导通状态

当加在三极管发射结的电压大于 PN 结的导通电压，并当基极电流增大到一定程度时，集电极电流不再随着基极电流的增大而增大，而是基本保持不变，这时三极管失去电流放大作用，集电极与发射极之间的电压很小，集电极和发射极之间相当于开关的导通状态。三极管的这种状态为饱和导通状态。

（6）三极管的命名

一般半导体器件型号由五部分组成，但是场效应器件、半导体特殊器件、复合管、PIN 型管、激光器件的型号命名只有其中的第三、四、五部分。5 个部分意义见表6.8。

第一部分：用数字表示半导体器件有效电极数目。3——三极管。

第二部分：用汉语拼音字母表示半导体器件的材料和极性。

第三部分：用汉语拼音字母表示半导体器件的内型。P——普通管，V——微波管，W——稳压管，C——参量管，Z——整流管，L——整流堆，S——隧道管，N——阻尼管，U——光电器件，K——开关管，X——低频小功率管（$F < 3$ MHz，$P_c < 1$ W），G——高频小功率管（$f > 3$ MHz，$P_c < 1$ W），D——低频大功率管（$f < 3$ MHz，$P_c > 1$ W），A——高频大功率管（$f > 3$ MHz，$P_c > 1$ W），T——半导体晶闸管（可控整流器），Y——体效应器件，B——雪崩管，J——阶跃恢复管，CS——场效应管，BT——半导体特殊器件，FH——复合管，PIN——PIN 型管，JG——激光器件。

第四部分：用数字表示序号。

第五部分：用汉语拼音字母表示规格号。

例如，3DG18 表示 NPN 型硅材料高频三极管。

表 6.8 国产半导体器型号的命名方法

第一部分：主称		第二部分：三极管的材料和特性		第三部分：类别		第四部分：序号	第五部分：规格
数字	含义	字母	含义	字母	含义		
3	三极管	A	锗材料、PNP 型	G	高频小功率管	用数字表示同一类型产品的序号	用字母 A 或 B、C、D 等表示同一型号的器件的档次
				X	低频小功率管		
		B	锗材料、NPN 型	A	高频大功率管		
				D	低频大功率管		
		C	硅材料、PNP 型	T	闸流管		
				K	开关管		
		D	硅材料、NPN 型	V	微波管		
				B	雪崩管		
				J	阶跃恢复管		
				U	光敏管		
		E	化合物材料	CS	结型场效应晶体管		
				BY	半导体特殊器件		
				FH	复合管		
				PIN	PIN 型管		
				JG	激光器件		

6.1.6 集成电路

集成电路(integrated circuit)是一种微型电子器件或部件。采用一定的工艺,把一个电路中所需的晶体管、电阻、电容和电感等元件及布线互连一起,制作在一小块或几小块半导体晶片或介质基片上,然后封装在一个管壳内,成为具有所需电路功能的微型结构。其中,所有元件在结构上已组成一个整体,使电子元件在微小型化、低功耗、智能化和高可靠性方面产生了较大进步。它在电路中用字母"IC"表示。当今半导体工业大多数应用的是基于硅的集成电路。

集成电路是经过氧化、光刻、扩散、外延、蒸铝等半导体制造工艺,把构成具有一定功能的电路所需的半导体、电阻、电容等元件及它们之间的连接导线全部集成在一小块硅片上,然后焊接封装在一个管壳内的电子器件。其封装外壳有圆壳式、扁平式或双列直插式等多种形式。集成电路技术包括芯片制造技术与设计技术,主要体现在加工设备、加工工艺、封装测试、批量生产及设计创新的能力上。

（1）集成电路的特点

集成电路或称微电路（microcircuit）、微芯片（microchip）、芯片（chip），是一种把电路小型化的方式，并通常制造在半导体芯片表面上。

有时也将电路制造在半导体芯片表面上的集成电路又称薄膜（thin-film）集成电路。另有一种厚膜（thick-film）混成集成电路（hybrid integrated circuit）是由独立半导体设备和被动元件，集成到衬底或线路板所构成的小型化电路。

集成电路具有体积小，质量轻，引出线和焊接点少，寿命长，可靠性高，性能好等优点，且成本低，便于大规模生产。它不仅在军事、通信、遥控等方面广泛的应用，同时也在工、民用电子设备如电视机、计算机等方面得到得到广泛的应用。用集成电路来装配电子设备，其装配密度比晶体管可提高几十倍至几千倍，设备的稳定工作时间也大大提高。

（2）集成电路的分类

1）功能结构

集成电路，又称为 IC，按其功能、结构的不同，可以分为模拟集成电路、数字集成电路和数/模混合集成电路 3 大类，如图 6.25 所示。

模拟集成电路又称线性电路，用来产生、放大和处理各种模拟信号，其输入信号和输出信号成比例关系。而数字集成电路用来产生、放大和处理各种数字信号。

2）制作工艺

集成电路按制作工艺可分为半导体集成电路和膜集成电路。其中，膜集成电路又分类厚膜集成电路和薄膜集成电路。

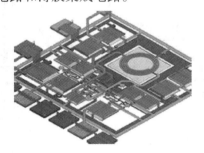

图 6.25 集成电路

图 6.26 集成芯片电子电路

3）集成度高低

集成电路按集成度高低的不同可分如下：

①SSIC 小规模集成电路（Small Scale Integrated circuits）。

②MSIC 中规模集成电路（Medium Scale Integrated circuits）。

③LSIC 大规模集成电路（Large Scale Integrated circuits）。

④VLSIC 超大规模集成电路（Very Large Scale Integrated circuits）。

⑤ULSIC 特大规模集成电路（Ultra Large Scale Integrated circuits）。

⑥GSIC 巨大规模集成电路也称极大规模集成电路或超特大规模集成电路（Giga Scale Integration）。

4)导电类型不同

集成电路按导电类型可分为双极型集成电路和单极型集成电路,如图 6.26 所示。这两类都是数字集成电路。

双极型集成电路的制作工艺复杂,功耗较大,代表集成电路有 TTL、ECL、HTL、LST-TL、STTL 等类型。单极型集成电路的制作工艺简单,功耗也较低,易于制成大规模集成电路,代表集成电路有 CMOS、NMOS、PMOS 等类型。

5)应用领域

集成电路按应用领域可分为标准通用集成电路和专用集成电路。

6)外形

集成电路按外形可分为圆形(金属外壳晶体管封装型,一般适合用于大功率)、扁平型(稳定性好,体积小)和双列直插型。集成电路型号各部分的意义见表 6.9。

表 6.9　集成电路型号各部分的意义

第 0 部分		第一部分		第二部分	第三部分		第四部分	
符号	意义	符号	意义	意义	符号	意义	符号	意义
C	C 表示中国制造	T	TTL 电路	用数字表示器件的系列代号	C	$0 \sim 70$ ℃	F	多层陶瓷扁平
		H	HTL 电路		G	$-25 \sim 70$ ℃	B	塑料扁平
		E	ECL 电路		L	$-24 \sim 85$ ℃	H	黑瓷扁平
		C	CMOS 电路		E	$-40 \sim 85$ ℃	D	多层陶瓷双列直插
		M	存储器		R	$-55 \sim 85$ ℃	J	黑瓷双列直插
		micro	微型机电路		M	$-55 \sim 125$ ℃	P	塑料双列直插
		F	线性放大器				S	塑料单列直插
		W	稳定器				K	金属菱形
		B	非线性电路				T	金属圆形
		J	接口电路				C	陶瓷芯片载体
		AD	A/D 转换器				E	塑料芯片载体
		DA	D/A 转换器				G	网络针栅陈列
		D	音响、电视电路					
		SC	通信专用电路					
		SS	敏感电路					
		SW	钟表电路					

例如,肖特基 4 输入与非门 CT54S20MD。其中:

C——符合国家标准。

T——TTL 电路。

54S20——肖特基双 4 输入与非门。

M—— – 55 ~ 125 ℃。

D——多层陶瓷双列直插封装。

6.2　电子元器件的检测方法

电子元件是组成电子产品的物质基础,实际的电子设备中使用大量不同类型的电子元器件,设备发生故障大多是由于电子元器件失效或损坏引起的。了解常用的电子元件的种类、结构、性能并能正确选用是学习、掌握电子技术的基本。因此,怎么正确检测电子元器件就显得尤其重要,这也是电子技术工作人员必须掌握的技能。常用的电子元件有电阻、电容、电感、电位器、变压器、三极管、二极管、IC 等。

6.2.1　电阻器的检测方法

电阻在使用前要进行检查,检查其性能好坏就是测量实际阻值与标称值是否相符,误差是否在允许范围之内。电路中的电阻器损坏后就不能正常工作了,需要更换新的相同阻值的电阻器才能工作,电阻器损坏后一般会有明显的外观损伤,通常是外表被烧焦、发黑,有的电阻虽表面没有明显的变化也有可能被损坏,这样的电阻就需要经过万用表检测才能判断好坏。检测方法包括外观检测、万用表检测和电桥检测。

外观检查:对于固定电阻首先查看标志清晰,保护漆完好,无烧焦,无伤痕,无裂痕,无腐蚀,电阻体与引脚紧密接触等。对于电位器还应检查转轴灵活,松紧适当,手感舒适。有开关的要检查开关动作是否正常。

万用表检测:用万用表的电阻挡对电阻进行测量,万用表检测要是不同的电阻而定。

(1)普通电阻器的检测

色环电阻在检测之前要根据电阻的色环颜色读出电阻值将万用表的两表笔(不分正负)分别与电阻的两端引脚相接即可测出实际电阻值。如不相符,超出误差范围,则说明该电阻值变值了。如图 6.27 所示,电阻值为 200 kΩ,允许误差为 ±1%,使用万用表对其检测。首先将万用表的电源打开并调制欧姆挡,根据电阻器的阻值,将万用表的量程调至 2 M 挡。电阻器的引脚是无极性的,检测时将万用表的红表笔和黑表笔分别搭在待测电阻器的两端的引脚上,观察万用表的读数,为确保测量准确,也

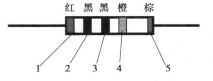

图 6.27　待测五环电阻

可多次测量,若测得数据与标识的阻值相近(在允许的误差范围内),说明该电阻器正常,阻值过大、过小或超出误差允许范围就不正常。

直标法标识的电阻的检测方法检测方法和色环电阻的检测方法相似。

注意:测量大电阻时,特别是在测几十千欧以上阻值的电阻时,手不要触及表笔和电阻的导电部分;被检测的电阻从电路中焊下来,至少要焊开一个头,以免电路中的其他组件对测试产生影响,造成测量误差。

(2)**熔断电阻器的检测**

在电路中,当熔断电阻器熔断开路后,可根据经验作出判断:若发现熔断电阻器表面发黑或烧焦,可断定是其负荷过重,通过它的电流超过额定值很多倍所致;如果其表面无任何痕迹而开路,则表明流过的电流刚好等于或稍大于其额定熔断值。对于表面无任何痕迹的熔断电阻器好坏的判断,可借助万用表 R×1 挡来测量,为保证测量准确,应将熔断电阻器一端从电路上焊下。若测得的阻值为无穷大,则说明此熔断电阻器已失效开路,若测得的阻值与标称值相差甚远,表明电阻变值。

(3)**可变电阻器的检测**(见图6.28)

可变电阻器的标称值是它的最大电阻值。如标注为 200 kΩ 的可变电阻,则表示它的阻值可在0 ~ 200 kΩ 内连续变化。检查可变电阻器时,首先要转动旋柄,观察旋柄转动是否平滑,开关是否灵活,开关通、断时"喀哒"声是否清脆,并听一听可变电阻器内部接触点和电阻体摩擦的声音,如有"沙沙"声,说明质量不好。用万用表测试之前,要根据可变电阻器的阻值选择合适电阻挡位,然后可按下述方法进行检测:将万用表的量程调至"2 MΩ"电阻挡,将红、黑表笔分别搭在可变电阻器的定片和定片引脚上,读取测

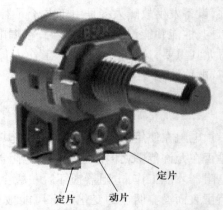

图6.28 可变电阻

得数据。量程不变将红、黑表笔分别搭在可变电阻器的动片和定片引脚上,并调整旋钮,读取数据。正常情况下,测得可变电阻器的定片与定片之间的阻值最大;测得动片与定片之间阻值其阻值不固定。若检测动片与定片之间的阻值时,调整旋钮,阻值没有变化,说明该可变电阻器已经损坏。

注意:如万用表的指针在可变电阻器的轴柄转动过程中有跳动现象,说明活动触点有接触不良的故障。

(4)**保险丝电阻和敏感电阻的检测**

保险丝电阻一般阻值只有几欧到几十欧,若测得阻值为无限大,则已熔断,也可在线检测保险丝电阻的好坏,分别测量其两端对地电压,若一端为电源电压,一端电压为 0 V,则保险丝电阻已熔断。

热敏电阻的检测根据阻值随温度变化而变化的趋势不同,分为正温度系数热敏电阻器(PTC,阻值随温度的升高而增大)和负温度系数热敏电阻器(NTC,阻值随温度的升高而降低)。下面介绍正温度热敏电阻器的检测方法检测时,将用万用表调至 R×1 挡,根据实际情况将检测过程分为如下两步操作:

①常温检测。将两表笔接触热敏电阻的两引脚测出其实际阻值,并与标称阻值相对比,二

者相差在 ±2 Ω 内即为正常。实际阻值若与标称阻值相差过大,则说明其性能不良或已损坏。

②加温检测。在常温测试正常的基础上,即可进行第二步测试——加温检测,将热源(例如电烙铁)靠近 PTC 热敏电阻对其加热,同时用万用表监测其电阻值是否随温度的升高而增大。如果是,说明热敏电阻正常;若阻值无变化,则说明热敏电阻器已损坏。检测热敏电阻时,不要用手捏住敏电阻体,以防止人体温度对测试产生影响。也不要使热源与 PTC 热敏电阻靠得过近或直接接触热敏电阻,以防止将其烫坏。敏感电阻的检测方法均与热敏电阻的检测方法相似,在此就不再赘述。

注意:测量时要注意以下两点:

①要根据被测电阻值确定量程,使指针指示在刻度线的中间一段,这样便于观察。

②确定电阻挡量程后,要进行调零,方法是两表笔短路(直接相 碰),调节"调零"电器使指针准确的指在 Ω 刻度线的"0"上,然后再测电阻的阻值。另外,还要注意人手不要碰电阻两端或接触表笔的金属部分;否则,会引起测试误差。

用万用表测出的电阻值接近标称值,就可认为基本上质量是好的。如果相差太多或根本不通,就是坏的。

(5)用电桥测量电阻

如果要求精确测量电阻器的阻值,可通过电桥(数字式)进行测试。将电阻插入电桥元件测量端,选择合适的量程,即可从显示器上读出电阻器的阻值。例如,用电阻丝自制电阻或对固定电阻器进行处理来获得某一较为精确的电阻值时,就必须用电桥测量自制电阻的阻值。

6.2.2　电容器的检测

电容器是一种最为常用的电子元件。电容器主要由金属电极、介质层和电极引线组成,两电极是相互绝缘的。因此,它具有"隔直流通交流"的基本性能。电容器的参数和好坏决定了电子电路是否能够正常工作。

(1)用数字万用表检测电容器(见图 6.29)

1)用电容挡直接检测

某些数字万用表具有测量电容的功能,其量程分为 2 000 p、20 n、200 n、2 μ 和 20 μ 五挡。2 000 p 挡,宜于测量小于 2 000 pF 的电容;20 n 挡,宜于测量 2 000 pF ~ 20 nF 的电容;200 n 挡,宜于测量 20 nF ~ 200 nF 的电容;2 μ 挡,宜于测量 200 nF ~ 2 μF 的电容;20 μ 挡,宜

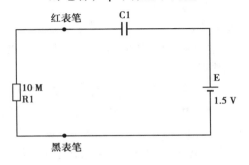

图 6.29　检测电容器

于测量 2 μF ~ 20 μF 的电容。测量时可将已放电的电容两引脚直接插入表板上的 Cx 插孔，选取适当的量程后就可读取显示数据。有些型号的数字万用表在测量 50 pF 以下的小容量电容器时误差较大，测量 20 pF 以下电容几乎没有参考价值。此时可采用串联法测量小值电容。先找一只 220 pF 左右的电容，用数字万用表测出其实际容量 C1，然后把待测小电容与之并联测出其总容量 C2，则两者之差（C1 – C2）即是待测小电容的容量。用此法测量 1 ~ 20 pF 的小容量电容很准确。

2）用电阻挡检测

利用数字万用表也可观察电容器的充电过程，这实际上是以离散的数字量反映充电电压的变化情况。设数字万用表的测量速率为 n 次/s，则在观察电容器的充电过程中，每秒钟即可看到 n 个彼此独立且依次增大的读数。根据数字万用表的这一显示特点，可检测电容器的好坏和估测电容量的大小。使用数字万用表电阻挡检测电容器的具体方法是：将数字万用表拨至合适的电阻挡，红表笔和黑表笔分别接触被测电容器的两极，这时显示值将从"000"开始逐渐增加，直至显示溢出符号"1"。若始终显示"000"，说明电容器内部短路；若始终显示溢出，则可能是电容器内部极间开路，也可能是所选择的电阻挡不合适。检查电解电容器时需要注意，红表笔（带正电）接电容器正极，黑表笔接电容器负极。

此方法适用于测量 0.1 μF 至几千微法的大容量电容器。

3）用电压挡检测

用数字万用表直流电压挡检测电容器，实际上是一种间接测量法，此法可测量 220 pF ~ 1 μF 的小容量电容器，并且能精确测出电容器漏电流的大小。

4）用蜂鸣器挡检测

利用数字万用表的蜂鸣器挡，可快速检查电解电容器的质量好坏。将数字万用表拨至蜂鸣器挡，用两支表笔分别与被测电容器 C 的两个引脚接触，应能听到一阵短促的蜂鸣声，随即声音停止，同时显示溢出符号"1"。接着，再将两支表笔对调测量一次，蜂鸣器应再发声，最终显示溢出符号"1"，此种情况说明被测电解电容基本正常。此时，可再拨至 20 MΩ 或 200 MΩ 高阻挡测量一下电容器的漏电阻，即可判断其好坏。

（2）用指针式万用表检测电容器

①普通万用表的检测

对于普通万用表，不具有电容器检测功能，可用欧姆挡进行电容器的粗略检测，由于能够说明一定的问题，所以普遍采用。

用万用电表的欧姆挡（R×10 k 或 R×1 k 挡，视电容器的容量而定），当两表笔分别接触容器的两根引线时，表针首先朝顺时针方向（向右）摆动，然后又慢慢地向左回归至 ∞ 位置的附近，此过程为电容器的充电过程。

当表针静止时所指的电阻值就是该电容器的漏电电阻（R）。在测量中如表针距无穷大较远，表明电容器漏电严重，不能使用。有的电容器在测漏电电阻时，表针退回到无穷大位置时，又顺时针摆动，这表明电容器漏电更严重。一般要求漏电电阻 $R \geqslant 500$ kΩ，否则不能使用。对于电容量小于 5 000 pF 的电容器，万用表不能测它的漏电阻。

②电容器的断路(又称开路)、击穿(又称短路)检测

用 R×10 k 挡,红、黑表棒分别接电容器的两根引脚,在表棒接通的瞬间,应能见到表针有一个很小的摆动过程。如若未看清表针的摆动,可将红、黑表棒互换一次后再测,此时表针的摆动幅度应略大一些,若在上述检测过程中表针无摆动,说明电容器已断路。若表针向右摆动一个很大的角度,且表针停在那里不动(即没有回归现象),说明电容器已被击穿或严重漏电。

注意:在检测时手指不要同时碰到两支表棒,以避免人体电阻对检测结果的影响。同时,检测大电容器如电解电容器时,由于其电容量大,充电时间长,所以当测量电解电容器时,要根据电容器容量的大小,适当选择量程,电容量越小,量程 R 越要放小,否则就会把电容器的充电误认为击穿。

检测容量小于 6 800 pF 的电容器时,由于容量太小,充电时间很短,充电电流很小,万用表检测时无法看到表针的偏转,所以此时只能检测电容器是否存在漏电故障,而不能判断它是否开路,即在检测这类小电容器时,表针应不偏,若偏转了一个较大角度,说明电容器漏电或击穿。关于这类小电容器是否存在开路故障,用这种方法是无法检测到的。可采用代替检查法,或用具有测量电容功能的数字万用表来测量。

③电解电容的极性的判断

用万用表测量电解电容器的漏电电阻,并记下这个阻值的大小,然后将红、黑表棒对调再测电容器的漏电电阻,将两次所测得的阻值对比,漏电电阻小的一次,黑表棒所接触的是负极。

6.2.3　电感器的检测

(1)贴片功率电感器的检测

将万用表置于 R×1 挡,红、黑表笔各接贴片功率电感器的任一引出端,此时指针应向右摆动。根据测出的电阻值大小,可具体分为以下两种情况进行鉴别:

①被测贴片功率电感器电阻值为零,其内部有短路性故障。

②被测贴片功率电感器直流电阻值的大小与绕制电感器线圈所用的漆包线径、绕制圈数有直接关系,只要能测出电阻值,则可认为被测电感器是正常的。

(2)中周变压器的检测

中周变压器其实也是电感器的一种,首先将万用表拨至 R×1 挡,按照中周变压器的各绕组引脚排列规律,逐一检查各绕组的通断情况,进而判断其是否正常。进一步进行绝缘性能检测,将万用表置于 R×10 k 挡,做以下 3 种状态测试:

①初级绕组与次级绕组之间的电阻值。

②初级绕组与外壳之间的电阻值。

③次级绕组与外壳之间的电阻值。

上述测试结果分出现 3 种情况:

①阻值为无穷大:正常。

②阻值为零:有短路性故障。

③阻值小于无穷大,但大于零:有漏电性故障。

(3)电源变压器的检测

电源变压器也属于电感器的一种,也称电子变压器。

1)外观检验

通过观察变压器的外貌来检查其是否有明显异常现象。如线圈引线是否断裂,脱焊,绝缘材料是否有烧焦痕迹,铁芯紧固螺杆是否有松动,硅钢片有无锈蚀,以及绕组线圈是否有外露等。

2)绝缘性测试

用万用表 R×10 k 挡分别测量铁芯与初级,初级与各次级、铁芯与各次级、静电屏蔽层与初次级、次级各绕组间的电阻值,万用表指针均应指在无穷大位置不动;否则,说明变压器绝缘性能不良。

3)线圈通断的检测

将万用表置于 R×1 挡,测试中,若某个绕组的电阻值为无穷大,则说明此绕组有断路性故障。

4)判别初、次级线圈

电源变压器初级引脚和次级引脚一般都是分别从两侧引出的,并且初级绕组多标有220 V字样,次级绕组则标出额定电压值,如 15 V、24 V、35 V 等。再根据这些标记进行识别。

6.2.4 二极管的检测

(1)小功率晶体二极管检测

1)极性检测

判别正、负电极。不同标注方法的二极管的正负极读法对也不尽相同。外壳上的符号标记。在二极管的外壳上标有二极管的符号,带有三角形箭头的一端为正极,另一端是负极。外壳上的色点。在点接触二极管的外壳上,通常标有极性色点(白色或红色)。一般标有色点的一端即为正极。还有的二极管上标有色环,带色环的一端则为负极。以阻值较小的一次测量为准,黑表笔所接的一端为正极,红表笔所接的一端则为负极。观察二极管外壳,带有银色带一端为负极。

图 6.30 晶体二极管

2)检测最高反向击穿电压

对于交流电来说,因为不断变化,因此最高反向工作电压也就是二极管承受的交流峰值电压。

①检测双向触发二极管

将万用表置于相应的直流电压挡。测试电压由兆欧表提供。测试时,摇动兆欧表,用同样的方法测出 VBR 值。最后将 VBO 与 VBR 进行比较,两者的绝对值之差越小,说明被测双向触发二极管的对称性越好。

②瞬态电压抑制二极管(TVS)的检测

用万用表测量管子的好坏对于单要极型的 TVS,按照测量普通二极管的方法,可测出其正、反向电阻,一般正向电阻为 4 kΩ 左右,反向电阻为无穷大。

对于双向极型的 TVS,任意调换红、黑表笔测量其两引脚间的电阻值均应为无穷大;否则,说明管子性能不良或已经损坏。

③高频变阻二极管的检测

识别正、负极高频变阻二极管与普通二极管在外观上的区别是其色标颜色不同,普通二极管的色标颜色一般为黑色,而高频变阻二极管的色标颜色则为浅色。其极性规律与普通二极管相似,即带绿色环的一端为负极,不带绿色环一端为正极。

④变容二极管的检测

将万用表红、黑表笔怎样对调测量,变容二极管的两引脚间的电阻值均应为无穷大。如果在测量中,发现万用表指针向右有轻微摆动或阻值为零,说明被测变容二极管有漏电故障或已经击穿坏。

⑤单色发光二极管的检测

在万用表外部附接一节能 1.5 V 干电池,将万用表置 R×10 或 R×100 挡。这种接法就相当于给予万用表串接上了 1.5 V 的电压,使检测电压增加至 3 V(发光二极管的开启电压为 2 V)。检测时,用万用表两表笔轮换接触发光二极管的两管脚。若管子性能良好,必定有一次能正常发光,此时,黑表笔所接的为正极红表笔所接的为负极。

⑥红外发光二极管的检测

a. 判别红外发光二极管的正、负电极。红外发光二极管有两个引脚,通常长引脚为正极,短引脚为负极。因红外发光二极管呈透明状,所以管壳内的电极清晰可见,内部电极较宽较大的一个为负极,而较窄且小的一个为正极。

b. 先测量红外发光二极管的正、反向电阻,通常正向电阻应在 30 kΩ 左右,反向电阻要在 500 kΩ 以上,这样的管子才可正常使用。

⑦红外接收二极管的检测

识别管脚极性,常见的红外接收二极管外观颜色呈黑色。识别引脚时,面对受光窗口,从左至右,分别为正极和负极。另外,在红外接收二极管的管体顶端有一个小斜切平面,通常带有此斜切平面一端的引脚为负极,另一端为正极。用万用表检测,先用万用表判别普通二极管正、负电极的方法进行检查,即交换红、黑表笔两次测量二极管两引脚间的电阻值,正常时,所得阻值应为一大一小。测得阻值较小的一次红表笔所接的管脚为负极,黑表笔所接的管脚为正极。

⑧激光二极管的检测

按照检测普通二极管正、反向电阻的方法,即可将激光二极管的管脚排列顺序确定。但检测时要注意,由于激光二极管的正向压降比普通二极管要大,所以检测正向电阻时,万用表指针略微向右偏转而已。

(2)测试好坏

1)普通二极管的检测

普通二极管包括检波二极管、整流二极管、阻尼二极管、开关二极管、续流二极管等,是由一个 PN 结构成的半导体器件,具有单向导电特性。通过用万用表检测其正、反向电阻值,可判别出二极管的电极,还可估测出二极管是否损坏。

①极性的判别

将万用表置于 R×100 挡或 R×1 k 挡,两表笔分别接二极管的两个电极,测出一个结果后,对调两表笔,再测出一个结果。两次测量的结果中,有一次测量出的阻值较大(为反向电阻),一次测量出的阻值较小(为正向电阻)。在阻值较小的一次测量中,黑表笔接的是二极管的正极,红表笔接的是二极管的负极。

②单向导电性能的检测及好坏的判断

通常锗材料二极管的正向电阻值为 1 kΩ 左右,反向电阻值为 300 kΩ 左右。硅材料二极管的电阻值为 5 kΩ 左右,反向电阻值为 ∞(无穷大)。正向电阻越小越好,反向电阻越大越好。正、反向电阻值相差越悬殊,说明二极管的单向导电特性越好。若测得二极管的正、反向电阻值均接近 0 或阻值较小,则说明该二极管内部已击穿短路或漏电损坏。若测得二极管的正、反向电阻值均为无穷大,则说明该二极管已开路损坏。

③反向击穿电压的检测

二极管反向击穿电压(耐压值)可以用晶体管直流参数测试表测量。其方法是:测量二极管时,应将测试表的"NPN/PNP"选择键设置为 NPN 状态,再将被测二极管的正极接测试表的"C"插孔内,负极插入测试表的"e"插孔,然后按下"V(BR)"键,测试表即可指示出二极管的反向击穿电压值。也可用兆欧表和万用表来测量二极管的反向击穿电压、测量时被测二极管的负极与兆欧表的正极相接,将二极管的正极与兆欧表的负极相连,同时用万用表(置于合适的直流电压挡)监测二极管两端的电压。摇动兆欧表手柄(应由慢逐渐加快),待二极管两端电压稳定而不再上升时,此电压值即是二极管的反向击穿电压。

④稳压二极管的检测

正、负电极的判别从外形上看,金属封装稳压二极管管体的正极一端为平面形,负极一端为半圆面形。塑封稳压二极管管体上印有彩色标记的一端为负极,另一端为正极。对标志不清楚的稳压二极管,也可用万用表判别其极性,测量的方法与普通二极管相同,即用万用表 R×1 k 挡,将两表笔分别接稳压二极管的两个电极,测出一个结果后,再对调两表笔进行测量。在两次测量结果中,阻值较小那一次,黑表笔接的是稳压二极管的正极,红表笔接的是稳压二极管的负极。若测得稳压二极管的正、反向电阻均很小或均为无穷大,则说明该二极管已击穿或开路损坏。

稳压值的测量用 0~30 V 连续可调直流电源,对于 13 V 以下的稳压二极管,可将稳压电源的输出电压调至 15 V,将电源正极串接一只 1.5 kΩ 限流电阻后与被测稳压二极管的负极相连接,电源负极与稳压二极管的正极相接,再用万用表测量稳压二极管两端的电压值,所测的读数即为稳压二极管的稳压值。若稳压二极管的稳压值高于 15 V,则应将稳压电源调至 20 V 以上。也可用低于 1 000 V 的兆欧表为稳压二极管提供测试电源。其具体方法是:将兆欧表正端与稳压二极管的负极相接,兆欧表的负端与稳压二极管的正极相接后,按规定匀速摇动兆欧表手柄,同时用万用表监测稳压二极管两端电压值(万用表的电压挡应视稳定电压值的大小而定),待万用表的指示电压指示稳定时,此电压值便是稳压二极管的稳定电压值。若测量稳压二极管的稳定电压值忽高忽低,则说明该二极管的性能不稳定。

2)双向触发二极管

正、反向电阻值的测量用万用表 R×1 k 或 R×10 k 挡,测量双向触发二极管正、反向电阻值。正常时其正、反向电阻值均应为无穷大。若测得正、反向电阻值均很小或为 0,则说明该二极管已击穿损坏。

3)测量转折电压

测量双向触发二极管的转折电压有以下 3 种方法:

①将兆欧表的正极(E)和负极(L)分别接双向触发二极管的两端,用兆欧表提供击穿电压,同时用万用表的直流电压挡测量出电压值,将双向触发二极管的两极对调后再测量一次。比较一下两次测量的电压值的偏差(一般为 3～6 V)。此偏差值越小,说明此二极管的性能越好。

②先用万用表测出市电电压 U,然后将被测双向触发二极管串入万用表的交流电压测量回路后,接入市电电压,读出电压值 U_1,再将双向触发二极管的两极对调连接后并读出电压值 U_2。若 U_1 与 U_2 的电压值相同,但与 U 的电压值不同,则说明该双向触发二极管的导通性能对称性良好。若 U_1 与 U_2 的电压值相差较大时,则说明该双向触发二极管的导通性不对称。若 U_1、U_2 电压值均与市电 U 相同时,则说明该双向触发二极管内部已短路损坏。若 U_1、U_2 的电压值均为 0 V,则说明该双向触发二极管内部已开路损坏。

③用 0～50 V 连续可调直流电源,将电源的正极串接 1 只 20 kΩ 电阻器后与双向触发二极管的一端相接,将电源的负极串接万用表电流挡(将其置于 1 mA 挡)后与双向触发二极管的另一端相接。逐渐增加电源电压,当电流表指针有较明显摆动时(几十微安以上),则说明此双向触发二极管已导通,此时电源的电压值即是双向触发二极管的转折电压。

4)发光二极管

正、负极的判别将发光二极管放在一个光源下,观察两个金属片的大小,通常金属片大的一端为负极,金属片小的一端为正极。用万用表 R×10 k 挡,测量发光二极管的正、反向电阻值。正常时,正向电阻值(黑表笔接正极时)为 10～20 kΩ,反向电阻值为 250 kΩ－∞(无穷大)。较高灵敏度的发光二极管,在测量正向电阻值时,管内会发微光。若用万用表 R×1 k 挡测量发光二极管的正、反向电阻值,则会发现其正、反向电阻值均接近∞(无穷大),这是因为发光二极管的正向压降大于 1.6 V(高于万用表 R×1 k 挡内电池的电压值 1.5 V)的缘故用万用表的 R×10 k 挡对一只 220 μF/25 V 电解电容器充电(黑表笔接电容器正极,红表笔接电容器负极),再将充电后的电容器正极接发光二极管正极、电容器负极接发光二极管负极,若发光二极管有很亮的闪光,则说明该发光二极管完好。也可用 3 V 直流电源,在电源的正极串接 1 只 33 Ω 电阻后接发光二极管的正极,将电源的负极接发光二极管的负极,正常的发光二极管应发光。或将 1 节 1.5 V 电池串接在万用表的黑表笔(将万用表置于 R×10 或 R×100 挡,黑表笔接电池负极,等于与表内的 1.5 V 电池串联),将电池的正极接发光二极管的正极,红表笔接发光二极管的负极,正常的发光二极管应发光。

5)红外发光

正、负极性的判别红外发光二极管多采用透明树脂封装,管心下部有一个浅盘,管内电极宽大的为负极,而电极窄小的为正极。也可从管身形状和引脚的长短来判断。通常靠近管身侧向小平面的电极为负极,另一端引脚为正极。长引脚为正极,短引脚为负极。性能好坏的测量用万用表 R×10 k 挡测量红外发光管有正、反向电阻。正常时,正向电阻值为 15～40 kΩ(此值越小越好);反向电阻大于 500 kΩ(用 R×10 k 挡测量,反向电阻大于 200 kΩ)。若测得正、反向电阻值均接近零,则说明该红外发光二极管内部已击穿损坏。若测得正、反向电阻值均为无穷大,则说明该二极管已开路损坏。若测得的反向电阻值远远小于 500 kΩ,则说明该二极管已漏电损坏。

6）红外光敏

将万用表置于 R×1 k 挡,测量红外光敏二极管的正、反向电阻值。正常时,正向电阻值（黑表笔所接引脚为正极）为 3 ~ 10 kΩ,反向电阻值为 500 kΩ 以上。若测得其正、反向电阻值均为 0 或均为无穷大,则说明该光敏二极管已击穿或开路损坏。在测量红外光敏二极管反向电阻值的同时,用电视机遥控器对着被测红外光敏二极管的接收窗口。正常的红外光敏二极管,在按动遥控器上按键时,其反向电阻值会由 500 kΩ 以上减小至 50 ~ 100 kΩ。阻值下降越多,说明红外光敏二极管的灵敏度越高。

7）其他光敏

电阻测量法用黑纸或黑布遮住光敏二极管的光信号接收窗口,然后用万用表 R×1 k 挡测量光敏二极管的正、反向电阻值。正常时,正向电阻值为 10 ~ 20 kΩ,反向电阻值为 ∞（无穷大）。若测得正、反向电阻值均很小或均为无穷大,则是该光敏二极管漏电或开路损坏。再去掉黑纸或黑布,使光敏二极管的光信号接收窗口对准光源,然后观察其正、反向电阻值的变化。正常时,正、反向电阻值均应变小,阻值变化越大,说明该光敏二极管的灵敏度越高。

电压测量法将万用表置于 1 V 直流电压挡,黑表笔接光敏二极管的负极,红表笔接光敏二极管的正极、将光敏二极管的光信号接收窗口对准光源。正常时应有 0.2 ~ 0.4 V 电压（其电压与光照强度成正比）。

电流测量法将万用表置于 50 μA 或 500 μA 电流挡,红表笔接正极,黑表笔接负极,正常的光敏二极管在白炽灯光下,随着光照强度的增加,其电流从几微安增大至几百微安。

8）变容二极管的检测

正、负极的判别有的变容二极管的一端涂有黑色标记,这一端即是负极,而另一端为正极。还有的变容二极管的管壳两端分别涂有黄色环和红色环,红色环的一端为正极,黄色环的一端为负极。也可用数字万用表的二极管挡,通过测量变容二极管的正、反向电压降来判断出其正、负极性。正常的变容二极管,在测量其正向电压降时,表的读数为 0.58 ~ 0.65 V;测量其反向电压降时,表的读数显示为溢出符号"1"。在测量正向电压降时,红表笔接的是变容二极管的正极,黑表笔接的是变容二极管的负极。

性能好坏的判断用指针式万用表的 R×10 k 挡测量变容二极管的正、反向电阻值。正常的变容二极管,其正、反向电阻值均为 ∞（无穷大）。若被测变容二极管的正、反向电阻值均有一定阻值或均为 0,则是该二极管漏电或击穿损坏。

9）肖特基二极管的检测

肖特基二极管有分二端型和三端型,其中二端型肖特基二极管可以用万用表 R×1 挡测量。正常时,其正向电阻值（黑表笔接正极）为 2.5 ~ 3.5 Ω,反向电阻值为无穷大。若测得正、反向电阻值均为无穷大或均接近 0,则说明该二极管已开路或击穿损坏。三端型肖特基二极管应先测出其公共端,判别出共阴对管,还是共阳对管,然后再分别测量两个二极管的正、反向电阻值。正向特性测试:把万用表的黑表笔（表内正极）搭触二极管的正极,红表笔（表内负极)搭触二极管的负极。若表针不摆到 0 值而是停在标度盘的中间,这时的阻值就是二极管的正向电阻,一般正向电阻越小越好。若正向电阻为 0 值,说明管芯短路损坏,若正向电阻接近无穷大值,说明管芯断路。短路和断路的管子都不能使用。

训练 6.1　元器件性能检测与判断训练

(1)训练目标

①认识常用的电阻器、电容器、电感器、半导体二极管和晶体三极管。

②掌握电阻器、电容器、电感器、半导体二极管和晶体三极管的识别与检测方法。

③进一步加深万用表的使用方法。

(2)理论准备

用万用表可对晶体二极管、三极管、电阻及电容等进行粗测。万用表电阻挡等效电路如图 6.31 所示。其中 R_0 为等效电阻,E_0 为表内电池,当万用表处于 R×1、R×100、R×1 k 挡,一般,$E_0 = 1.5$ V,而处于 R×10 k 挡时,$E_0 = 15$ V。测试电阻时要记住,红表笔接在表内电池负端(表笔插孔标"+"号,而黑表笔接在正端(表笔插孔标以"−"号)。

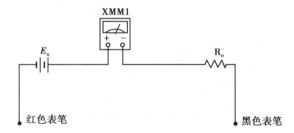

图 6.31　万用表电阻挡等效电路

1)电阻器的检测

①固定电阻器的检测

将两表笔分别与电阻的两端引脚相接即可测出实际电阻值。为了提高测量的精度,应根据被测电阻标称值的大小来选择量程。由于欧姆挡刻度的非线性关系,它的中间一段分度较为精细,用指针式万用表测量时,应使指针指示值尽可能落到刻度的中段位置,即全刻度起始的 20% ~80%,以使测量更准确。根据电阻误差等级不同。读数与标称阻值之间分别允许有 ±5%、±10% 或 ±20% 的误差。如不相符,超出误差范围,则说明该电阻值变值了。

注意:测试时,特别是在测几十千欧以上阻值的电阻时,手不要触及表笔和电阻的导电部分;被检测的电阻从电路中焊下来,至少要焊开一个头,以免电路中的其他元件对测试产生影响,造成测量误差;色环电阻的阻值虽然能以色环标志来确定,但在使用时用万用表测试一下其实际阻值。

②电位器的检测

检查电位器时,首先要转动旋柄,看看旋柄转动是否平滑,开关是否灵活,开关通、断时"咔嗒"声是否清脆,并听一听电位器内部接触点和电阻体摩擦的声音,如有"沙沙"声,说明

质量不好。用万用表测试时,先根据被测电位器阻值的大小,选择好万用表的合适电阻挡位,然后可按以下述方法进行检测:

①用万用表的欧姆挡测"1""2"两端,其读数应为电位器的标称阻值。如万用表的指针不动或阻值相差很多,则表明该电位器已损坏。

②检测电位器的活动臂与电阻片的接触是否良好。用万用表的欧姆挡测"1""2"(或"2""3")两端,将电位器的转轴按逆时针方向旋至接近"关"的位置,这时电阻值越小越好。再顺时针慢慢旋转轴柄,电阻值应逐渐增大,表头中的指针应平稳移动。当轴柄旋至极端位置"3"时,阻值应接近电位器的标称值。如万用表的指针在电位器的轴柄转动过程中有跳动现象,说明活动触点有接触不良的故障。

2)电容器的检测

①固定电容的测量

一般应借助于专门的测试仪器,通常用数字电桥。而用万用表仅能粗略地检查一下电解电容是否失效或漏电情况。测量电路如图 6.32 所示。

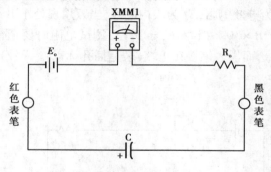

图 6.32　电容的测量

测量前应先将电解电容的两个引出线短接一下,使其上所充的电荷释放。然后将万用表置于 1 K 挡,并将电解电容的正、负极分别与万用表的黑表笔、红表笔接触。在正常情况下,可以看到表头指针先是产生较大偏转(向零欧姆处),以后逐渐向起始零位(高阻值处)返回。这反映了电容器的充电过程,指针的偏转反映电容器充电电流的变化情况。

一般来说,表头指针偏转越大,返回速度越慢,则说明电容器的容量越大,若指针返回到接近零位(高阻值),说明电容器漏电阻很大,指针所指示电阻值,即为该电容器的漏电阻。对于合格的电解电容器而言,该阻值通常在 500 kΩ 以上。电解电容在失效时(电解液干涸,容量大幅度下降)表头指针就偏转很小,甚至不偏转。已被击穿的电容器,其阻值接近于零。对于容量较小的电容器(云母、瓷质电容等),由于电容量较小,表头指针偏转也很小,返回速度又很快,难以对它们的电容量和性能进行鉴别,仅能检查它们是否短路或断路。这时应选用 R×10 k 挡测量。检测 10 pF ~ 0.01 μF 固定电容器是否有充电现象,进而判断其好坏。对于 0.01 μF 以上的固定电容,可用万用表的 R×10 k 挡直接测试电容器有无充电过程以及有无内部短路或漏电,并可根据指针向右摆动的幅度大小估计出电容器的容量。

②电解电容器的检测

因为电解电容的容量较一般固定电容大得多,因此,测量时,应针对不同容量选用合适的量程。根据经验,一般情况下,1 ~ 47 μF 的电容,可用 R × 1 k 挡测量,大于 47 μF 的电容可用 R × 100 挡测量。将万用表红表笔接负极,黑表笔接正极,在刚接触的瞬间,万用表指针即向右偏转较大偏度(对于同一电阻挡,容量越大,摆幅越大),接着逐渐向左回转,直到停在某一位置。此时的阻值便是电解电容的正向漏电阻,此值略大于反向漏电阻。实际使用经验表明,电解电容的漏电阻一般应在几百千欧以上;否则,将不能正常工作。在测试中,若正向、反向均无充电的现象,即表针不动,则说明容量消失或内部断路;如果所测阻值很小或为零,说明电容漏电大或已击穿损坏,不能再使用。对于正、负极标志不明的电解电容器,可利用上述测量漏电阻的方法加以判别。即先任意测一下漏电阻,记住其大小,然后交换表笔再测出一个阻值。两次测量中阻值大的那一次便是正向接法,即黑表笔接的是正极,红表笔接的是负极。使用万用表电阻挡,采用给电解电容进行正、反向充电的方法,根据指针向右摆动幅度的大小,可估测出电解电容的容量。

3)电感器的检测

普通的指针式万用表不具备专门测试电感器的挡位,使用这种万用表只能大致测量电感器的好坏,用指针式万用表的 R × 1 Ω 挡测量电感器的阻值,测其电阻值极小(一般为零),则说明电感器基本正常;若测量电阻为无穷大,则说明电感器已经开路损坏。对于具有金属外壳的电感器,若检测得振荡线圈的外壳(屏蔽罩)与各管脚之间的阻值不是无穷大,而是有一定阻值或为零,则说明该电感器存在问题。

采用具有电感挡的数字万用表来检测电感器是很方便的,将数字万用表量程开关拨至合适的电感挡,然后将电感器两个引脚与两个表笔相连即可从显示屏上显示出该电感器的电感量。若显示的电感量与标称电感量相近,则说明该电感器正常;若差很多,则说明电感器有问题。

注意:在检测电感器时,数字万用表的量程选择很重要,最好选择接近标称电感量程去测量;否则,测试的结果将会与实际值有很大误差。

4)二极管的检测

①二极管管脚极性判别

若二极管性能良好,但看不出二极管的正负极性,可用万用表的欧姆挡(R × 100 Ω 或 R × 1 kΩ挡)根据二极管正向电阻小,反向电阻大的特点测量其极性。

万用表测试判别极性。将万用表拨到欧姆挡(一般用 R × 100 或 R × 1 k 挡),将红、黑表笔分别接二极管的两个电极,测出两个阻值 RA、RB,若测得的电阻值很小(几千欧以下),红表笔所接电极为二极管的负极;若测得的阻值很大(几百千欧以上),则黑表笔所接电极为二极管负极,红表笔所接电极为二极管的正极。如果测得的阻值均很小,说明二极管内部短路;如果测得的正反向电阻值均很大,则说明二极管内部断开。这两种情况下,二极管已损坏。

②二极管材料的判别方法

因为硅二极管正向压降一般为 0.6 ~ 0.7 V,锗二极管正向压降一般为 0.2 ~ 0.3 V,所以测量一下二极管的正向导通电压,便可判别便可判别出被测二极管是硅管还是锗管。在干电池(1.5 V)或稳压电源的一端串一个电阻(约 1 kΩ),同时按极与二极管相连(见图 6.33),使二极管正向导通,这时用万用表测量二极管两端的管压降。

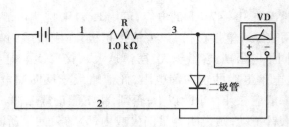

图 6.33　二极管材料检测电路

5）三极管的检测

①三极管材料的判别

因为硅 PN 结正向电压降一般为 0.6～0.7 V，锗 PN 结正向电压降一般为 0.2～0.3 V，所以测量一下三极管任意一 PN 结的正向导通电压，便可判别出被测三极管是硅管还是锗管。将万用表拨到"二极管"挡，然后测试三极管任意 PN 结的正向压降。

注意：如果在测试时，三极管 3 个极间电阻或压降均很大或均很小，则三极管已损坏或性能变坏。

②三极管类型的判别

只要判断出三极管基极对应的区是 P 区还是 N 区，就可判断三极管的类型。下面说明判断步骤。用指针式万用表测试判断的过程如图 6.34 所示。

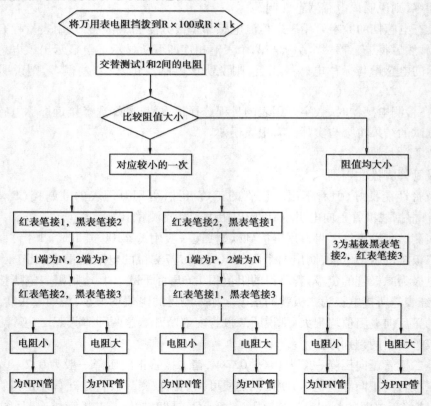

图 6.34　用指针式万用表判断三极管的类型

③三极管极性的判别

用数字式或指针式万用表的三极管专用测试孔来检测。根据以上步骤,已经判断出三极管的类型和基极 B 了。假设判断出三极管为 NPN 管,且"2"端为基极,再任意指定"1"端为 C、"3"端为 E,将三极管插入万用表上相应位置,如果放大倍数较大,则假定正确,即 1-C、2-B、3-E,否则 1-E、2-B、3-C,如图 6.35 所示。

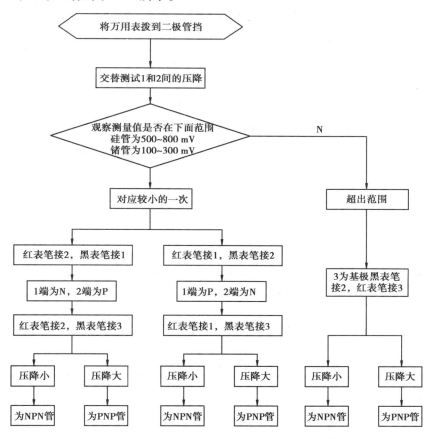

图 6.35　数字式万用表测试判断的过程

(3)训练工具与材料

训练工具与材料见表 6.10。

表 6.10　训练 6.1 的训练工具与材料

训练工具	万用表、直流稳压电源、晶体管特性测试仪
训练材料	不同类型、功能的电阻器、电容器、电感器、半导体二极管和晶体三极管若干

(4)训练内容

训练项目:元器件识别与检测

①通过对常用电子元器件实物的观察,识别各种电子元器件,能说出它的名称。例如,电

阻(包括碳膜电阻、金属膜 电阻、排阻等)、电容(包括电解电容、瓷片电容、独石电容等)、二极管(包括整流二极管、开关二井、三极管(包括金属封装三极管、塑封三极管)、发光二极管(包括小直径和大直径、白光、绿光、黄光、蓝光等、数码管)。

②对电阻、电容、电感、二极管、三极管进行检测,并与标称值相比较。

③任意测量几种不同类型的二极管,将有关内容填入表 6.11 中。

表 6.11　万用表检测二极管的极性

测试二极管编号	1#	2#	3#	4#	5#
万用表红表笔接 A,黑表笔接 B,测得电阻					
万用表红表笔接 B,黑表笔接 A,测得电阻					
结论(说明二极管的极性)					

④任意测量几种不同类型的二极管,将有关内容填入表 6.12 中,并判断二极管的材料类型。

表 6.12　万用表检测二极管的材料

测试二极管编号	1#	2#	3#	4#	5#
正向电压值/V					
结论(说明二极管的材料类型)					

根据正向压降判别二极管的材料。

用数字式万用表进行测试判别。将数字式万用表拨打"二极管"挡,然后测试二极管的端压降,将测得的电压值列于表 6.13 中。

表 6.13　二极管的材料测试

测试二极管编号	1#	2#	3#	4#	5#
万用表红表笔接 A,黑表笔接 B,测得电压					
万用表红表笔接 B,黑表笔接 A,测得电压					
结论(说明二极管的材料类型和极性)					

按照图 6.32 的测试流程检测几个不同三极管,将测得的电压值列于表 6.14 中。根据压降大小来判别三极管材料。

表 6.14　三极管的材料测试

测试二极管编号	1#	2#	3#	4#	5#
万用表红表笔接 A,黑表笔接 B,测得电阻					
万用表红表笔接 B,黑表笔接 A,测得电阻					
结论(说明三极管的极性)					

第 **7** 章
焊接机理与焊接技术训练

焊接也称熔接、镕接,是一种以加热、高温或者高压的方式接合金属或其他热塑性材料的制造工艺及技术。电工电子行业中常用的焊接主要是利用低熔点的金属焊料加热熔化后,渗入并充填金属连接处间隙的焊接方法。因焊料常为锡合金,故称为锡焊。

7.1 锡焊机理与焊接方法

7.1.1 锡焊机理

电子元器件间的焊接本质就是固体金属表面被某种熔化合金浸润或润湿。此过程可用物理定律来表示,即

$$\Delta F = \Delta U - T\Delta S \tag{7.1}$$

式中　F——自由能;

　　　U——内能;

　　　T——温床;

　　　S——熵(物理学上指热能除以温度所得的商,标志热量转化为功的程度)。

ΔF 与 U 和 S 两种因素有关,即与内能和熵的改变有关。当固体与液体接触时,如果自由能 F 减少,即 ΔF 是负值,则表明整个系统将发生反应,即焊料的原子与固体的原子接触,引起了位能的变化。如果固体原子吸引焊料,热量被释放出来,ΔU 是负值。ΔF 的符号最终决定于 ΔU 的大小和符号,它控制着浸润是否能够发生。若在基体金属和焊料之间产生反应,这就表明有良好的浸润性和黏附性。如果固体金属不吸引焊料,ΔU 是正值。这时,增加 $T\Delta S$ 值的外部热能,能对浸润起诱发作用。在焊接加温时,表面可能被浸润,在冷却时,焊料趋于凝固。

由上面的焊接机理可知,若要焊接成功,需满足以下 3 点:

①要实现焊料的钎料焊接,首先要产生漫流,漫流又称为铺展,通常低表面能的材料在高表面能的材料上漫流。漫流过程就是整个系统的表面自由能减少的过程。一个系统两个元

件自由能相同时,不会产生漫流。在电子组装中采用锡铅焊,一般都是液相的锡铅焊料在固体表面上的漫流。

②其次要产生浸润,软钎焊的第一个条件,就是已熔化的焊料在要连接的固体金属的表面上充分漫流以后,使之熔合一体,即润湿。粗看起来,金属表面是很光滑的。但是,若用显微镜放大看,就能看到无数凹凸不平,晶粒界面和划痕等,熔化的焊料没着这种凹凸与伤痕,就产生毛细作用,引起漫流浸润。

③扩散:在软钎焊中与浸润现象同时产生的,还有焊料对固体金属的扩散现象。由于这种扩散,在固体金属和焊料的边界层,往往形成金属化合物层(即合金层)。由于金属原子在晶格点阵中呈热振动状态,因此在温度升高时,它会从一个晶格点阵自由地移动到其他晶格点阵,这种现象称为扩散现象。扩散速度和扩散量取决于温度和时间。扩散的程度因焊料的成分和母材金属的种类及不同的加热温度而异。通过扩散而形成的中间层,会使结合部分的物理特性和化学特性发生变化,尤其是机械特性和耐腐蚀性等变化更大。

7.1.2 焊接方法

焊接技术是金属加工中的基本技术,一般可分为熔焊、压焊和钎焊3大类。其不同之处在于焊件与焊料是否发生熔化,是否发生加热挤压。下面对这3类焊接方法进行简要介绍。

(1)熔焊

熔焊是焊接过程中,将焊件接头加热至熔化状态,不加压完成焊接的方法,如图7.1(a)所示。在加热的条件下增强了金属的原子动能,促进原子间的相互扩散,当被焊金属加热至熔化状态形成液体熔池时,原子之间可充分扩散和紧密接触,因此冷却凝固后,即形成牢固的焊接接头(可用冰作比喻)。常见的有气焊、电弧焊、电渣焊、气体保护焊等熔焊方法。

(a)熔焊示意图　　　　　　(b)压焊示意图

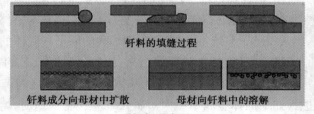

钎料的填缝过程

钎料成分向母材中扩散　　　母材向钎料中的溶解

(c)钎焊示意图

图7.1　焊接技术分类

1)气焊

利用氧乙炔或其他气体火焰加热母材和填充金属,达到焊接目的。火焰温度为3 000 ℃

左右。适用于较薄工件、小口径管道、有色金属铸铁、钎焊。

2)手工电弧焊

手工电弧焊是利用电弧作为热源熔化焊条与母材形成焊缝的手工操作焊接方法。电弧温度为 6 000 ~ 8 000 ℃。它适用于黑色金属及某些有色金属焊接,应用范围广,尤其适用于短焊缝,不规则焊缝。

3)埋弧焊

埋弧焊(分自动、半制动)电弧在焊剂区下燃烧,利用颗粒状焊剂,作为金属熔池的覆盖层,将空气隔绝使其不得进入熔池。焊丝由送丝机构连续送入电弧区,电弧的焊接方向、移动速度用手工或机械完成。它适用于中厚板材料的碳钢、低合金钢、不锈钢、铜等直焊缝及规则焊缝的焊接。

4)气电焊

气电焊(气体保护焊)利用保护气体来保护焊接区的电弧焊。保护气体作为金属熔池的保护层把空气隔绝。采用的气体有惰性气体、还原性气体、氧化性气体。它适用于碳钢、合金钢、铜、铝等有色金属及其合金的焊接。氧化性气体适用于碳钢及合金钢的合金。

5)离子弧焊

离子弧焊是利用气体在电弧中电离后,再经过热收缩效应、机械收缩效应、磁收缩效应而产生的一种超高温热源进行焊接。温度可达 20 000 ℃左右。

(2)压焊

压焊是焊接过程中必须对焊件施加压力(加热或不加热),以完成的焊接方法,如图 8.1(b)所示。这类焊接有两种形式:一是将被焊金属接触部分加热至塑性状态或局部熔化状态,然后施加一定的压力,以使金属原子间相互结合形成牢固的焊接接头,如锻焊、接触焊、摩擦焊和气压焊等就是这种压焊方法;二是不进行加热,仅在被焊金属的接触面上施加足够的压力,借助于压力所引起的塑性变形,以使原子间相互接近而获得牢固的接头,这种方法有冷压焊、爆炸焊等(主要用于复合钢板)。

1)摩擦焊

利用焊件间相互摩擦,接触端面旋转产生的热能,施加一定的压力而形成焊接接头。它适用于铝、铜、钢及异种金属材料的焊接。

2)电阻焊

利用电流通过焊件产生的电阻热,加热焊件(或母材)至塑性状态,或局部熔化状态,然后施加压力使焊件连接在一起。它适用于可焊接薄板、管材、棒料。

(3)钎焊

钎焊是采用比母材熔点低的金属材料,将焊件和钎料加热到高于钎料熔点,低于母材熔点的温度,利用液态钎料润湿母材,填充接头之间间隙并与母材相互扩散实现连接焊件的方法,如图 7.1(c)所示。常见的钎焊方法有烙铁焊、火焰钎焊。

1)烙铁钎焊

利用电烙铁或火焰加热烙铁的热量。加热母材局部,并使填充金属熔入间隙,达到连接的目的。它适用于熔点 300 ℃的钎料。一般用于导线,线路板及原件的焊接。

2）火焰钎焊

利用气体火焰为加热源，加热母材，并使填充金属材料熔入间隙，达到连接目的。它适用于、不锈钢、硬质合金、有色金属等一般尺寸较小的焊件。

7.2 焊接工具与设备

7.2.1 常用焊接工具

电子元器件焊接过程中使用到的工具主要有电烙铁、海绵、尖嘴钳、斜口钳、剥线钳及螺丝刀等。

（1）电烙铁

电烙铁是手工焊接时用到的主要工具，如图7.2（a）所示。其主要作用是给元器件管脚和焊盘加热，使锡材熔化。它的温度可根据生产工艺要求由 ME 部测温员校正调节，校正后不允许私自调温。

由于用途、结构的不同，有各种分类方法。根据加热方式，可将电烙铁分为直热式、感应式和恒温式，还有吸锡式电烙铁。其结构组成一般包括手柄、发热丝、烙铁头、电源线、恒温控制器及烙铁头清洗架，如图7.2（b）所示。

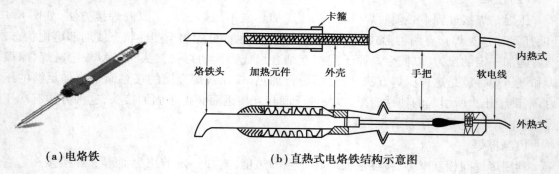

（a）电烙铁　　　　　　　　　（b）直热式电烙铁结构示意图

图7.2　电烙铁及其结构示意图

电烙铁使用选型可依据表7.1的工作范围进行合理选择。

烙铁头是电烙铁主要工作部件，其选择的是否合适，对焊接质量有很大的影响。可根据以下要求进行选择：

表7.1　电烙铁选择依据

序号	焊件与工作性质	烙铁头温度 （220 V，室温）	烙铁选型
1	一般印刷电路板、安装导线		恒温型、20 W 内热型、30 W 外热
2	集成电路	250～400	恒温型、20 W 内热型、储能型
3	焊片、电位器、2～8 W 电阻、大功率三极管、大电解电容	350～450	30-55 W 内热型、50-75 W 外热型、调型温

续表

序号	焊件与工作性质	烙铁头温度（220 V,室温）	烙铁选型
4	8 W 以上大功率电阻、粗导线等	400～550	100 W2 内热型、150-200 W 外热型
5	汇流排,金属板	550～630	300 W 以上或火焰焊接
6	维修、调试一般电子产品与装置		20 W 内热型、恒温型、调温型、储能型

1)烙铁头的形状要适合被焊物面的要求和产品的装配密度

烙铁头应用纯紫铜制成。因为纯紫铜传热快,易上锡和不易腐蚀。烙铁头的体积因电烙铁的瓦数而异,瓦数大的电烙铁,其体积也大。常用烙铁头的形状如图 7.3(a)—(g)所示。其中,前 3 种为錾式,类似钳工用的錾子,常用于直热式电烙铁。为图 7.3(a)所示为宽錾式,为图 7.3(b)所示为窄錾式。在焊接密度较大的产品时,为避免烫伤周围元件及导线,可使用如图 7.3(c)所示的加长錾式烙铁头。如图 7.3(d)所示为锥式烙铁所采用,适用于焊接精密电子元器件的小型焊接点。如图 7.3(e)所示为圆斜面式烙铁头,为内热式电烙铁所采用,适合焊接印制电路板及小型接线端子、开关、插座等。如图 7.3(f)所示为凹口式烙铁头,如图 7.3(g)所示为空心式烙铁头。还有一些专用烙铁头,为特殊焊接时所用。

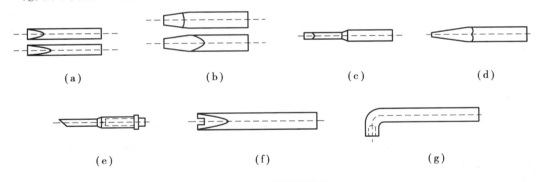

（a）　　　　　　（b）　　　　　　（c）　　　　　　（d）

（e）　　　　　　（f）　　　　　　（g）

图 7.3　烙铁头形状

2)烙铁头的顶端温度要适合焊料的熔点

烙铁头顶端的温度,在没有接触焊接点应当比焊料的熔点高出 30～80 ℃。温度太低,焊锡不易溶化,焊接时间长,会损坏元器件(如晶体管、绝级导线外皮等),而且由于温度不够高会使焊接点强度降低,焊点表面发暗,不光亮,或者形成假焊。温度太高时,既容易损坏元器件和导线绝缘,又会使烙铁头加速氧化,浪费电能,同时还会使焊料在液化时流动太快,不能暂留在烙铁头上好控制。

3)烙铁头的温度恢复时间要适合被焊物面的热要求

温度恢复时间是指在焊接周期内,烙铁头顶端温度因散热而降低后,再恢复到最高温度所需要的时间。这个时间太长,对于一些精密电子器件和导线是不利的,容易使它们造成伤害。这个时间一般与烙铁的功率、热容量及烙铁头的形状、长短和粗细有关。

①烙铁头温度判断方法

通常采用目测法对其进行温度调整与判断,首先根据助焊剂的发烟状态判别,即在烙铁头上熔化一点松香芯焊料,依据助焊剂的烟量大小判断其温度是否合适。温度低时,发烟量小,持续时间长;温度高时,烟气量大,消散快;在中等发烟状态,6~8 s 消散时,温度约为300 ℃,这时是焊接的合适温度,如图7.4 所示。

| (a)发烟量小 | (b)中等发烟 | (c)烟气量大 |

图7.4　电烙铁头部温度判断

②电烙铁的一般使用方法

首先检查烙铁头是否松动,电源插头是否损坏。确认无误的条件下,接通电源,打开烙铁加热开关,预热烙铁。预热一段时间后,烙铁头蘸上松香和焊锡即可进行焊接。实际使用中还需要注意:

①电烙铁使用前应检查使用电压是否与电烙铁标称电压相符。

②电烙铁使用前要上锡,防止烙铁头氧化。

③电烙铁通电后不能任意敲击,以防止烙铁芯损坏。

④长时间不用时要切断电源,以防止烙铁头烧结。

⑤焊接时烙铁不要对着有人的地方以免伤人。

(2)海绵

海绵主要用于在焊接过程中,擦去剩余的焊锡及氧化物。海绵应当用水浸湿,浸水量用手轻轻捏一下,不滴水程度即可。若水分过多,烙铁头擦锡温度下降,直接导致虚焊和包焊,一天用水的量不能一次加足,一天要分成早、中、晚 3 次加水,4 h 加一次水。加水时,必须要把海绵清洗干净。

7.2.2　焊接材料

(1)焊料

焊接两种或两种以上金属面并使之成为一个整体的金属或合金,称为焊料。电子元器件焊接过程主要使用的是锡铅合金锡焊料,也称为焊锡,如图7.5 所示。

图7.5　焊料

按焊料成分,有锡铅焊料、银焊料、铜焊料等。在一般电子产品装配中,主要使用锡铅焊料。因为锡铅焊料有铅和锡不具备的优点:

①熔点低,各种不同成分的铅锡合金熔点均低于铅和锡金熔点,有利于焊接。

②机械强度高,各种机械强度均优于纯锡和铅。

③表面张力小,黏度下降,增大了液态流动性,有利于焊接时形成可靠接头。

④抗氧化性好,铅具有的抗氧化性优点在合金中继续保持,使焊料在熔化时减少氧化量。

（2）焊剂

焊剂就是用于清除氧化膜的一种专用材料,又称助焊剂。助焊剂具有清除氧化膜、防止氧化、减小表面张力、增加焊锡流动性、有助于焊锡润湿焊件等功效。

助焊剂根据成分性质的不同,可分为无机系列、有机系列和松香系列等。

助焊剂中以无机焊剂活性最强,常温下即能除去金属表面的氧化膜,但这种强腐蚀作用很容易损伤金属及焊点,电子焊接中不能使用。松香系列活性弱,但无腐蚀性,适合电子装配锡焊。

手工焊接时,常将松香熔入酒精制成所谓的"松香水"。如在松香水中加入三乙醇胺可增强活性。氢化松香是专为锡焊产生的一种高活性松香,助焊作用优于普通松香。

7.3　手工焊接工艺

手工焊接是锡铅焊接技术的基础。当前,虽然绝大多数企业的生产过程已实现自动插装、自动焊接等现代化生产,但在产品试制、小批量产品生产、具有特殊要求的高可靠性产品的生产过程仍以手工焊接为主。即使像印制电路板这样的小型化、大批量,主要采用自动焊接的产品,也仍有一定数量的焊接点需要手工焊接。

7.3.1　焊接要求

焊接是电子产品组装过程中非常关键的一个环节。若没有相应的焊接工艺质量保证,再完美的设计也难以实现其既定功能。因此,在焊接过程中,要做到以下要求:

（1）焊件表面处理

手工烙铁焊接中遇到的焊件是各种各样的电子零件和导线。除非在规模生产条件下使用"保鲜期"内的电子元件,一般情况下遇到的焊件往往都需要进行表面清理工作,去除焊接面上的锈迹、油污、灰尘等影响焊接质量的杂质。手工操作中常应用科学机械刮磨和酒精、丙酮擦洗等简单易行的方法。

（2）预焊

预焊就是将要锡焊的元器件引线或导线的焊接部位预先用焊锡润湿,一般也称为镀锡、上锡、搪锡等。预焊并非锡焊不可缺少的操作,但对手工烙铁焊接特别是维修、调试、研制工作几乎可以说是必不可少的。

（3）不要用过量的焊剂

合适的焊剂量应该是松香水仅能浸湿将要形成的焊点,不要让松香水透过印刷板流到元件面或孔里（IC座）。对使用松香芯的焊丝来说,基本不需要再涂焊剂。

（4）保持烙铁头的清洁

因为焊接时烙铁减少工期处于高温状态,又接触焊剂等受热分解的物质,其表面很容易氧化而形成一层黑色杂质,这些地杂质几乎形成隔热层,使烙铁头失去加热闹作用。因此,要随时在烙铁架上中间去杂质用一块湿布或湿海绵随时擦烙铁头,也是常用的方法。

（5）加热要靠焊锡桥

所谓焊锡桥,就是靠烙铁上保留少量焊锡作为加热时烙铁头与焊件之间传热的桥梁。其作用是提高焊铁头加热的效率,形成热量传递。

（6）焊锡量要合适

过量的焊锡不但毫无必要地消耗了较贵的锡,而且增加了焊接时间,相应降低了工作速度。更为严重的是在高密度的电路中,过量的锡很容易造成不易觉察的短路。但是焊锡过少不能形成牢固地结合,降低焊点强度,特别是在板上焊导线时,焊锡不足往往造成导线脱落。

（7）焊件要固定

在焊锡凝固之前,不要使焊件移动或振动,特别是镊子夹住焊件时一定要等焊锡凝固再移去镊子。这是因为焊锡凝固过程是结晶过程,根据结晶理论,在结晶期间受到外力会期改变结晶条件,导致晶体粗大,造成所谓的"冷焊"。外观现象是表面无光泽呈豆渣状;焊点内部结构疏松,容易有气隙和裂缝,造成焊点强度降低,导电性能差。因此,在焊锡凝固前一定要保持焊件静止。实际操作时,可用各种适宜的方法将焊件固定,或使用可靠的夹持措施。

（8）**烙铁撤离有讲究**

烙铁撤离要及时,而且撤离时的角度和方向对焊点形成有一定关系。撤烙铁时轻轻旋转一下,可保持焊点适当的焊料,这需要在实际操作体会。

7.3.2　焊点质量检查

焊点质量的好坏,直接影响整机产品的质量。一台无线电整机,多的有成千上万个焊点,由于一个两个或几个焊点的质量问题造成整个产品不能正常工作的现象是经常发生的。由此而造成严重事故,造成人身安全和国家财产损失的例子也是屡见不鲜的。

造成焊接缺陷的原因很多,在材料（焊料与焊剂）与工具（烙铁、夹具）一定的情况下,采用什么样的方式方法以及操作者是否有责任心,就是决定性的因素了。在接线端子上焊接导线时常见的缺陷见表7.2,供检查焊点时参考。表7.2列出了各种焊点缺陷的外观、特点及危害,并分析了产生原因。

表7.2给出的锡焊缺陷类型及其原因,在电子元件焊接过程中对焊点的基本质量要求有以下7个方面:

（1）**防止假焊、虚焊和漏焊**

假焊是指焊锡与被焊金属之间被氧化层或焊剂的未挥发物及污物隔离,没有真正焊接在一起;虚焊是指焊锡只是简单地依附于被焊金属表面,没有形成金属合金。假焊和虚焊没有严格的区分界线,也可统称为虚焊,也有的统称为假焊。防止虚焊往往是考核工人焊接技术的重要内容之一。因为虚焊往往难以发现,有时刚焊接时正常,但过了一段时间由于氧化的加剧致使机器发生故障。至于漏焊,由于它是应焊的焊接点未经焊接,比较直观,故容易发现。

表 7.2　锡焊常见缺陷与分析

缺　陷	缺陷示意图	表现特征	产生原因	危　害	实物图
虚焊		焊锡与铜箔之间有明显的黑色界线焊锡向界线凹陷	①使用的助焊剂质量不好 ②焊盘氧化 ③焊接时间短	造成电气接触不良	
焊料堆积		焊点结构松散,白色无光泽	①焊料质量不好 ②焊接温度不够 ③焊接未凝固时,元器件作引线松动	机械强度不足,可能虚焊	
焊料过多		焊料面呈凸形	①焊丝撤离过迟 ②上锡过多	浪费焊料,且可能包藏缺陷	
焊料过少		焊接面积小于焊盘的 80%,焊料未形成平滑的过渡面	①焊锡流动性差或焊丝撤离过早 ②助焊剂不足 ③焊接时间太短	机械强度不足	
松香焊		焊缝中夹有松香渣	①焊剂过多或已失效 ②焊接时间不足,加热不足 ③表面氧化膜未去除	强度不足,导通不良,有可能时通时断	
过热		焊点发白,无金属光泽,表面较粗糙	①烙铁功率过大 ②加热时间过长	焊盘容易脱落,强度降低	

续表

缺陷	缺陷示意图	表现特征	产生原因	危害	实物图
冷焊		表面呈豆腐渣状颗粒,有大于0.2 mm²锡珠附在机板上	①焊料未凝固前焊件抖动 ②焊接时间过低	强度低,导电性不好	
浸润不良		焊料与焊件交界面接触过大,不平滑	①焊件清理不干净 ②助焊剂不足或质量差 ③焊件未充分加热	强度低,不通或时通时断	
不对称		焊锡未流满焊盘	①焊料流动性差 ②焊剂不足或质量差 ③加热不足	强度不足	
松动		导线或元器件引线可移动	①焊锡未凝固前引线移动造成空隙 ②引线未处理好(浸润差或不浸润)加热不足	导通不良或不导通	
锡尖		锡点呈圆锥状,高度超过2 mm	①助焊剂过少,而加热时间过长 ②上锡方向不当 ③烙铁温度不够	外观不佳,容易造成桥接现象	
针孔		目测或低倍放大镜可见有孔	①引线与焊盘孔的间隙过大 ②焊丝不纯 ③PCB板有水汽	强度不足,焊点容易腐蚀	

缺陷名称	示意图	现象	原因	后果	照片
气孔		引线根部有喷火式焊料隆起，内部藏有空洞	①引线与焊盘孔的间隙过大 ②引线浸润性不够或烙铁温度不够 ③双面板堵通孔焊接时间长，孔内空气膨胀 ④助焊剂中含有水分 ⑤焊接温度高	暂时导通，但长时间容易引起导通不良	
铜箔翘起		铜箔从印制板上脱离	①焊接时间太长，温度过高 ②元件受到较大力挤压	印制板已被损坏	
脱焊		焊点从铜箔上脱落（不是铜箔与印制板脱落）	①焊盘上金属镀层氧化 ②焊接温度低	断路或导通不良	
元件脚高		元件脚高度高于 2 mm	①切脚机距离未调正 ②焊锡太高	装配不宜，潜伏性短路	
短路		不同的两条线路焊点相连	①线路设计不良，铜箔距离太近 ②元件引脚太长 ③焊接温度太低 ④板面可焊性不佳	不能正常工作	
包焊		焊点大而不光泽	①上锡过多 ②焊接时间太短，加热不足	导通不良	

续表

缺陷	缺陷示意图	表现特征	产生原因	危害	实物图
焊点裂痕		焊点上有明显的裂痕	①机板重叠，碰撞 ②切脚不当	导通不良，外观不佳	
空焊		焊点未吃锡	①板面污染 ②机板可焊性差	不能正常工作	
焊点呈黑色		焊点有明显的黑色	焊接温度过高	元件易坏	

（2）焊点不应有毛刺、砂眼和气泡

这对于高频、高压设备极为重要。因为高频电子设备中高压电路的焊点，如果有毛刺，交会发生尖端放电。同时，毛刺、砂眼和气泡的存在，除影响导电性能外，还影响美观。

（3）焊点的焊锡要适量

焊锡太多，易造成接点相碰或掩盖焊接缺陷，而且浪费焊料；焊锡太少，不仅机械强度低，而且由于表面氧化层随时间逐渐加深，容易导致焊点失效。

（4）焊点要有足够的强度

由于焊锡主要由锡和铅为主要成分，它们的强度较弱。为了使焊点有足够的强度。除了应适当增大焊接面积外，还可将被焊接的元器件引线、导线先进行网绕、绞合、钩接在接点上进行焊接。

（5）焊点表面要光

良好的焊点有特殊光泽和良好的颜色，不应有凹凸不平和波纹状以及光泽不均的现象。这主要与焊接温度和焊剂的使用有关。

（6）引线头必须包围在焊点内部

有的人喜欢将元器件引线插入印制电路板焊孔中后，先进行焊接，然后剪掉多余的引线。这样被剪的线头裸露在空气中，一是影响美观，二是时间长久之后，易氧化侵蚀焊点内部，影响焊接质量，造成隐患。

（7）焊点表面要清洗

焊接过程中用的焊剂，其残留物会腐蚀被焊件，特别是酸性较强的焊剂，危害性更大。绝缘性能差的焊剂会影响导电性能。焊接后焊剂残留物还能黏附一些灰尘或污染物，吸收潮气。因此，焊接后一定要对焊点进行清洗。如果使用的是无腐蚀性焊剂，且焊点的要求不高，也可不进行清洗。

7.3.3　锡焊操作

（1）元器件引线成形工艺

元器件在印制板上的排列和安装有两种方式：一种是立式，另一种是卧式，如图 7.6 所示。元器件引线弯成的形状应根据焊盘孔的距离不同而加工成形。加工时，注意不要将引线齐根弯折，一般应留 1.5 mm 以上，弯曲不要成死角，圆弧半径应大于引线直径的 1~2 倍。并用工具保护好引线的根部，以免损坏元器件。同类元件要保持高度一致。各元器件的符号标志向上（卧式）或向外（立式），以便于检查。

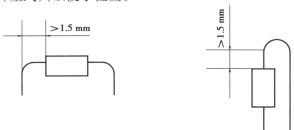

图 7.6　元器件引线与安装方式

（2）元器件的插装

①卧式插装

卧式插装是将元器件紧贴印制电路板插装，元器件与印制电路板的间距应大于 1 mm。卧式插装法元件的稳定性好、比较牢固、受震动动时不易脱落，如图 7.7 所示。

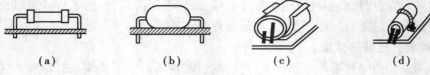

图 7.7　卧式插装

②立式插装

立式插装的特点是密度较大、占用印制板的面积少、拆卸方便。电容、三极管、DIP 系列集成电路多采用这种方法，如图 7.8 所示。

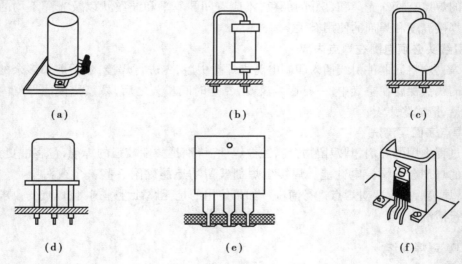

图 7.8　立式插装

（3）电烙铁的使用

为了人体安全一般烙铁离开鼻子的距离通常以 30 cm 为宜。电烙铁拿法有 3 种，如图 7.9 所示。反握法动作稳定，长时间操作不宜疲劳，适合于大功率烙铁的操作。正握法适合于中等功率烙铁或带弯头电烙铁的操作。一般在工作台上焊印制板等焊件时，多采用握笔法。

图 7.9　电烙铁握法

1）烙铁头与焊件的接触

烙铁头的热量传给被焊件时，与其接触面积、接触压力等因素有关。焊接印制电路板时，

由于接触角度 Φ 不同,热的传导速度或是导线侧快,或是铅箔侧快。不论哪种方法都要达到一个目的,即必须在几秒钟内将热容量、比热、热传导系数都不同的金属件加热到相同的温度。接线柱焊接时,原则上烙铁头是置于导线裸头一侧,在将接线柱与绕接导线同时加热到相同温度的位置上加热。

2)烙铁头的撤离

烙铁头何进撤离焊接点,其时机也是极为重要的。如果停送焊料后,还继续加热,将使已形成的焊料流淌,从而造成拉尖,并继续进行合金化反应,使焊点表面粗糙,失去金属光泽,颜色发白。如加热时间过短,则会造成虚焊。因此,撤离电烙铁时,要掌握时机,动作要迅速,以免形成拉尖。撤烙铁的同时,轻轻旋转一下,这时可吸除多余焊料的技巧。

3)烙铁头的保养

在使用电烙铁之前,要用干净的刷子来刷烙铁头。这会把烙铁头上的锈坏及多余的锡渣刷掉。将烙铁加热到 315 ℃,再将热的烙铁头在湿的耐高温海绵上轻轻地,快速地擦两下,去除残留的氧化物。不用烙铁时,将其放在烙铁架上,且烙铁头干净并涂有薄薄的锡层。每天结束工作后,在烙铁头上涂薄薄的一层锡以防烙铁的氧化保证烙铁头的热传导功能可靠并避免将杂质遗留在烙铁头上,然后将其从烙铁上取下,防止大量的氧化物堆聚在加热单元与烙铁头及安装螺钉之间。

(4)焊锡的使用

1)焊锡的拿法

焊接时,一般左手拿焊锡,右手拿电烙铁。进行连续焊接时采用如图 7.10(a)所示的拿法,这种拿法可连续向前送焊锡丝。如图 7.10(b)所示的拿法在只焊接几个焊点或断续焊接时适用,不适合连续焊接。

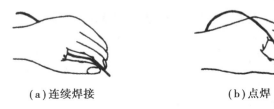

(a)连续焊接　　　　　　　　　(b)点焊

图 7.10　焊锡的拿法

2)焊料的填充

当被焊金属的温度在烙铁头的作用下达到足以使焊料溶化的温度时,应不失时机地充填焊料。因为这时焊剂容易在金属表面扩散,并且起净化效果。充填焊料,应先在与烙铁头工作面相接的被焊金属侧给予水量焊料,使热传导性能不同的金属的温度保持一致,然后在距烙铁头加热部位的最远处,也是焊料必须达到的接线柱的另一侧填加焊料。这时,因为焊料有从低温处向高温处流动的特性。最后从里外焊接。当卷绕的导线充分吸收焊料形成一层薄薄的焊料层后,立即停止送料,拿走电烙铁。

(5)焊接方法

锡焊 5 步法是电子元器件焊接过程中最常用的方法。其工作流程如图 7.11 所示。

①准备施焊,烙铁头和焊锡靠近被焊工件并认准位置,处于随时可焊接的状态,此时保持

| 准备 | 预热 | 送焊锡 | 移焊 | 移烙铁 |

图 7.11　五步法焊接示意图

烙铁头干净可沾上焊锡。

②加热焊件,将烙铁头放在工件上进行加热,烙铁头接触热容量较大的焊件。

③熔化焊锡,将焊锡丝放在工件上,熔化适量的焊锡,在送焊锡过程中,可先将焊锡接触烙铁头,然后移动焊锡至与烙铁头相对的位置,这样做有利于焊锡的熔化和热量的传导。此时注意焊锡一定要润湿被焊工件表面和整个焊盘。

④移开焊锡丝:待焊锡充满焊盘后,迅速拿开焊锡丝,待焊锡用量达到要求后,应立即将焊锡丝沿着元件引线的方向向上提起焊锡。

⑤移开烙铁:焊锡的扩展范围达到要求后,拿开烙铁,注意撤烙铁的速度要快,撤离方向要沿着元件引线的方向向上提起。

上述过程,对一般焊点而言 2 ~ 3 s。对于热容量较小的焊点,如印制电路板上的小焊盘,有时用 3 步法概括操作方法,即可将上述步骤②、③合为一步,④、⑤合为一步。实际上细微区分还是 5 步,所以 5 步法有普遍性,是掌握手工烙铁焊接的基本方法。特别是各步骤之间停留的时间,对保证焊接质量至关重要,只有通过实践才能逐步掌握。

(6)焊接质量的检查

焊接结束后,要对产品进行质量检查,检查方法主要有以下 3 种:

1)目视检查

就是从外观上检查焊接质量是否合格,有条件的情况下,建议用 3 ~ 10 倍放大镜进行目检。目视检查的主要内容如下:

①是否有错焊、漏焊、虚焊。

②有没有连焊、焊点是否有拉尖现象。

③焊盘有没有脱落、焊点有没有裂纹。

④焊点外形润湿应良好,焊点表面是不是光亮、圆润。

⑤焊点周围是无有残留的焊剂。

⑥焊接部位有无热损伤和机械损伤现象。

2)手触检查

在外观检查中发现有可疑现象时,采用手触检查。主要是用手指触摸元器件有无松动、焊接不牢的现象,用镊子轻轻拨动焊接部或夹住元器件引线,轻轻拉动观察有无松动现象。

3)通电检查

通电检查必须在目视检查和手触检查无错误的情况之后进行,这是检验电路性能的关键步骤,见表 7.3。

表 7.3　通电检查及原因分析

通电检查结果		原因分析
元器件损坏	失效	过热损坏、烙铁漏电
	性能变坏	烙铁漏电
导电不良	短路	桥接、错焊、金属渣(焊料、剪下的元器件引脚或导线引线等)短接等
	断路	焊锡开裂、松香夹渣、虚焊、漏焊、焊盘脱落、印制导线断、插座接触不良等
	接触不良、时通时断	虚焊、松香焊、多股导线断丝、焊盘松脱等

7.3.4　拆焊(解焊)

在电路检修时,经常需要从印刷电路板上拆卸集成电路,由于集成电路引脚多又密集,拆卸起来很困难,有时还会损害集成电路及电路板。拆焊要求做到:

①不损坏拆除的元器件、导线、原焊接部位的结构件。

②拆焊是不可损坏印制电路板上的焊盘与印制导线。

③对已判断为损坏的元器件,可先行将引线剪断,再行拆除,这样可减少其他损伤的可能性。

④在拆焊过程中,应尽量避免拆动其他元器件或变动其他元器件的位置,如确实需要,要做好复原工作。

(1)拆焊方法

一般情况下,当电阻等元器件的引脚较少时,且每个引线可相对活动的元器件可用烙铁直接拆焊时,应一边用烙铁加热元器件的焊点,一边用镊子或尖嘴钳夹住其引脚,轻轻地拔出来,如图 7.12(a)所示。

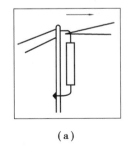
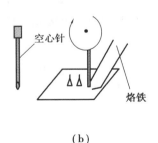
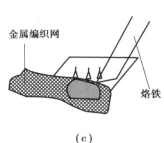

(a)　　　　　　　　　　　(b)　　　　　　　　　　　(c)

图 7.12　不同拆焊方法

当拆解多个引脚的集成电路或多管脚元器件时,一般可采用以下方法进行:

1)电烙铁毛刷配合拆卸法

该方法简单易行,只要有一把电烙铁和一把小毛刷即可。拆卸集成块时先把电烙铁加热,待达到熔锡温度将引脚上的焊锡融化后,趁机用毛刷扫掉熔化的焊锡。这样就可使集成块的引脚与印制板分离。该方法可分脚进行也可分列进行。最后用尖镊子或小"一"字螺丝刀撬下集成块即可。

2）刮胡刀片拆卸法

有一些贴片元件和贴片集成块都可利用这个方法来拆卸,一般贴片的集成块都是密密麻麻的很多引脚,一般人看到就怕是不敢拆卸的,先给集成块引脚加锡(要带松香的,加得要适量),然后刀片就可从底下推进去了,等几秒钟再拿出来,这样集成块就和电路板脱离了,但是集成块上剩余那么多的锡怎么办呢?用镊子夹住集成块,然后加锡,越多越好,并用电烙贴一点点的拖掉,就干净了。

3）医用空心针头拆卸法

在无专用工具的情况下,可使用注射针头。取医用 8—12 号空心针头几个。其方法是:用烙铁将焊点焊锡熔化,迅速用空心针管套在元件引脚上,扎入焊盘的引线孔内,并快速旋转一周,同时撤去烙铁。可使元件引脚与焊盘剥离。如图 7.12(b)所示。

4）多股铜线吸锡拆卸法

就是利用多股铜芯塑胶线,去除塑胶外皮,使用多股铜芯丝(可利用短线头)。使用前先将多股铜芯丝 上松香酒精溶液,待电烙铁烧热后将多股铜芯丝放到集成块引脚上加热,这样引脚上的锡焊就会被铜丝吸附,吸上焊锡的部分可剪去,重复进行几次就可将引脚上的焊锡全部吸走。有条件也可使用屏蔽线内的编织线,如图 7.12(c)所示。

5）增加焊锡融化拆卸法

该方法是一种省事的方法,只要给待拆卸的集成块引脚上再增加一些焊锡,使每列引脚的焊点连接起来,这样以利于传热,便于拆卸。拆卸时用电烙铁每加热一列引脚就用尖镊子或小"一"字螺丝刀撬一撬,两列引脚轮换加热,直到拆下为止。一般情况下,每列引脚加热两次即可拆下。

6）吸锡器吸锡拆卸法

使用吸锡器拆卸集成块,这是一种常用的专业方法,使用工具为普通吸、焊两用电烙铁,功率在 35 W 以上。拆卸集成块时,只要将加热后的两用电烙铁头放在要拆卸的集成块引脚上,待焊点锡融化后被吸入细锡器内,全部引脚的焊锡吸完后集成块即可拿掉。

训练 7.1　手工焊接与拆焊训练

(1)训练目标

①掌握手工焊接要素。

②掌握无源与有源器件手工焊接、拆除的方法。

③掌握 SMT 常见缺陷分析与改善。

(2)理论准备

1）无源器件

无源器件主要包括有电阻器、电容器、电感器及一些复合器件,复合器件主要就是排电阻等。这些元件的共同特点,就是封装都是两端的。因此,无源器件的焊接与拆卸基本是相同的。

贴片式元器件的拆卸、焊接宜选用200~280 ℃调温式尖头烙铁。

贴片式电阻器、电容器的基片大多采用陶瓷材料制作,这种材料受碰撞易破裂,因此在拆卸、焊接时应掌握控温、预热、轻触等技巧。

控温是指焊接温度应控制为200~250 ℃。预热指将待焊接的元件先放在100 ℃左右的环境里预热1~2 min,防止元件突然受热膨胀损坏。轻触是指操作时烙铁头应先对印制板的焊点或导带加热,尽量不要碰到元件。另外,还要控制每次焊接时间在3 s左右,焊接完毕后让电路板在常温下自然冷却。

①表面贴装元器件手工焊接工艺要求

a. 操作人员应带防静电腕带。

b. 采用防静电恒温烙铁,烙铁头温度控制在265 ℃以下。

c. 焊接时不允许直接加热Chip元件的焊端和元器件引脚的脚跟以上部位,焊接时间不超过3 s/次,同一焊点不超过2次。以免受热冲击损坏元器件。

d. 烙铁头始终保持光滑,无钩、无刺。

e. 烙铁头不得重触焊盘,不要反复长时间在一焊点加热,对同一焊点,如第一次未焊妥,要稍许停留,再进行焊接,不得划破焊盘及导线。

②两端贴片器件的焊接摘除

两端贴片器件一般选用逐个焊点焊接的方法。其操作步骤基本相同。

a. 用镊子夹持元件,居中贴放在相应的焊盘上,对准后用镊子按住不要移动。

b. 用细毛笔蘸助焊剂或用助焊笔在两端焊盘上涂少量助焊剂。

c. 用凿子形(扁铲形)烙铁头加少许 ϕ0.5 mm的焊锡丝,焊锡丝碰到烙铁头时应迅速离开,否则焊料会加得太多。

d. 先用烙铁头加热一端焊盘大约2 s,撤离烙铁。

e. 然后用同样的方法加热另一端焊盘大约2 s,撤离烙铁。

注意:焊接过程中保持元件始终紧贴焊盘,避免元件一端浮起。

2)有源器件

有源器件根据封装形式的不同,可分为分立组件(包括二极管、三极管晶体振荡器等)和集成电路(包括片式集成电路、大规模集成电路等)。其中,分立组件在前面已经介绍了,这里就不再重复了。下面重点介绍贴片集成电路和大规模集成电路的手工焊接及拆除的方法和技巧。

集成电路的焊接同样可采用逐个焊点焊接的方法。这种焊接的方法对于SOP封装的引脚不大于14引脚的集成电路还是可以采用的,但是对电烙铁的要求比较高,要求选用尖烙铁头的恒温电烙铁,焊锡丝最好选用 ϕ0.5 mm以下的。

逐个焊点焊接的操作步骤如下:

①用镊子夹持器件,对准极性和方向,使引脚与焊盘对齐,居中贴放在相应的焊盘上,用烙铁头先焊牢器件斜对角1~2个引脚。

②根据器件引脚间距,选用尖头电烙铁头。

③从第1条引脚开始顺序逐个焊点焊接,同时加少许 ϕ0.5 mm 焊锡丝,将器件两侧引脚全部焊牢。

注意:由于焊锡丝中有助焊剂,因此此种焊接方法不需要松香水或其他助焊剂。其焊接的方法与二端或三端的表贴器件的焊接大同小异,可在实际工作中领会掌握。

(3)**训练工具与材料**

训练工具与材料见表7.4。

表7.4　训练7.1的训练工具与材料

训练工具	数字万用表,电烙铁,6 mm、3 mm"＋""－"起子,镊子,尖嘴钳、斜口钳,吸锡枪
训练材料	各种电子元器件,焊锡、松香、吸锡带

(4)**训练内容**

训练项目1:无源器件手工焊接、拆卸的方法

1)训练内容

①手工焊接、拆除贴片电阻、电容的操作。

②手工焊接、拆除贴片二极管和三极管的操作。

2)操作步骤与要求

①贴片电阻、电容焊接

如图7.13所示,贴片电阻、电容焊接步骤如下:

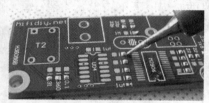
在焊盘上镀上少量焊锡

粘贴元器件

加热焊接

检查焊接效果

图7.13　贴片元件的焊接过程

a.在一个焊盘上镀适量的焊锡(只需非常少的量)。

b.将电烙铁顶压在镀锡的焊盘上,使焊锡保持熔融状态。然后用镊子夹着元器件紧贴着PCB板推到焊盘上,电烙铁离开。

c.待焊锡凝固后,松开镊子,待贴片固定后仔细焊接器件另外一端。检查焊接结果,若焊锡太多,用吸锡带去除,若焊锡太少,则加一点焊锡。

d. 焊接效果。

②贴片电阻、电容拆卸

二端表贴器件的拆除根据所使用的工具的不同,可有不同的拆除方法。一种是利用电烙铁直接拆除表贴器件,另一种是利用热风焊枪直接拆除表贴器件。本部分主要介绍第 1 种方法。对于大多数两端表贴器件,利用电烙铁直接拆除有以下两种方法:快速手动法和吸锡带法。前者要求操作人员对手工焊接技术要相当熟练,动作必须要快。操作步骤如下:

a. 加热表贴器件的一端,直到其焊锡熔化。

b. 非常快速地加热另一端,在第一端冷却之前熔化焊锡。

c. 使用电烙铁移开欲拆卸的表贴器件。

d. 在焊盘处滴一些松香水,用吸锡带去除焊盘上的焊锡。

吸锡带法非常简单,对操作人员的要求不是很高。其操作步骤如下:

a. 在表贴器件的一端滴一些松香水,然后利用吸锡带吸除焊锡。

b. 利用相同的方法,去除表贴器件的另一端的焊锡。

c. 用吸锡带清除焊盘残留的焊锡。值得注意的是,在利用镊子移除表贴器件时,不要用力过大,以免损坏 PCB 板。

③三端表面贴片器件的手工焊接

三端表面贴片器件常见的主要是三极管、电位器、场效应管和其他一些组合器件、机电器件等。其焊接步骤如下:

a. 在将要焊接三极管的 PCB 焊盘的其中一个焊盘上镀上少许的焊锡,用镊子夹住三极管放在欲焊接的 PCB 板处,注意要将三极管的 3 个引脚对齐,如图 7.14(a)所示。

b. 然后用电烙铁将三极管的其中一个引脚焊接固定,如图 7.14(b)所示。

c. 移开电烙铁,待焊点固定后用同样的方法将其他焊点焊接,如图 7.14(c)所示。

d. 焊接完毕,效果如图 7.14(d)所示。

④三极管的拆除工艺

a. 将热风枪的风力和温度旋钮按照前面讲的方法调到合适的位置,然后循环对三极管的引脚加热,如图 7.15(a)所示。

b. 用镊子夹紧欲摘除的三极管,稍微用力,待焊盘焊锡熔化后,即可摘除三极管,如图 7.15(b)所示。

c. 三极管摘除完毕,在焊盘上滴入少许的松香水,利用吸锡带清除,以免残留的助焊剂腐蚀 PCB 板,如图 7.15(c)所示。

其他三端表贴器件的摘除与三极管摘除的操作方法基本相同。这里不再赘述,同学们可在今后的应用中去体会总结。

训练项目 2:有源器件的焊接与摘除

1)训练内容

掌握有源器件手工焊接、拆除的方法。

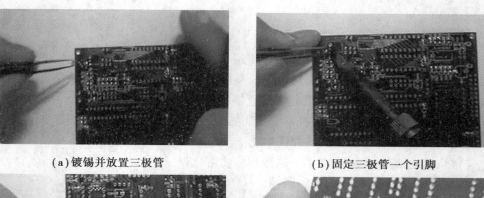

（a）镀锡并放置三极管　　　　　　　　　（b）固定三极管一个引脚

（c）固定三极管其他引脚　　　　　　　　　（d）焊接后效果

图 7.14　三端贴片元件的焊接过程

（a）加热欲摘除元件引脚　　　　　　　　　（b）拆除三极管

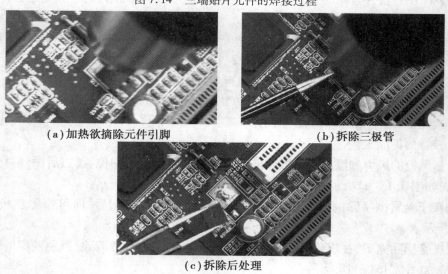

（c）拆除后处理

图 7.15　三极管的拆除工艺过程

2）操作步骤与要求

①有源器件焊接

a.先将集成电路固定在 PCB 板上，使集成电路引脚与焊盘对齐，用烙铁先焊牢器件斜对角 1~2 个引脚，如图 7.16（a）所示。

b.准备焊接：将电烙铁和焊锡丝同时送入欲焊接的焊盘，如图 7.16（b）所示。

c.焊锡熔化：电烙铁沿集成电路的引脚向下移动，同时送入焊锡丝，如图 7.16（c）所示。

（a）焊前准备

（b）将烙铁与焊丝送入焊盘

（c）电烙铁沿芯片引脚下移

（d）电烙铁芯片引脚继续下移

（e）电烙铁继续沿引脚下移

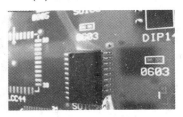
（f）焊接完成

（g）采用同样方法焊接芯片另一面

（h）焊接完成

（i）最终效果

图 7.16　有源器件焊接流程

d.电烙铁沿集成电路的引脚继续向下移动,同时送入焊锡丝,如图 7.16(d)所示。

e.重复 d 的操作,如图 7.16(e)所示。

f.电烙铁至集成电路的引脚末端,移去焊锡丝,如图 7.16(f)所示。

g.用同样的方法焊接集成电路的另一面,如图 7.16(g)所示。

h.这是焊接完毕的最后效果,如图 7.16(h)所示。

i.焊接完毕,检查引脚之间是否有连焊现象。如果有,可用吸锡带清楚多余的焊锡。最后用酒精将残留的助焊剂清除,如图 7.16(i)所示。

②有源器件拆焊步骤

SOP 封装形式的表贴器件是小外形封装,其引脚数目在 28 之下,引脚分布在两边,是属于两边引脚扁平封装的。其摘除的方法有专用工具摘除的方法,利用热风枪摘除的方法和直接利用电烙铁摘除的方法。这里只简单介绍专用工具摘除的方法,另两种方法只需要参考 QFP 封装形式的器件的摘除方法即可。

专用工具摘除的方法为:SOP 封装形式的表贴器件的专用摘除工具主要指的是镊子形电烙铁。在摘除器件时,应根据被摘除器件引脚数目的不同,选用不同的镊子头。

操作步骤如下:

a.涂助焊剂于欲拆除元件两边终端。

b.用湿海绵清洁镊烙铁头的残渣。

c. 于烙铁头的底部及内侧边缘上锡,如图7.17(a)所示。

(a)拆除前准备　　　　　　(b)烙铁头接触　　　　　　(c)拆除成功
被拆器件引脚

图7.17　拆除工艺

d. 置放烙铁头跨过器件,压紧手柄,烙铁头接触所有焊接点的脚,如图7.17(b)所示。

e. 确认两端的接合点完全熔锡后,提起器件离开板面,如图7.17(c)所示。

3)问题与训练总结

记录训练过程中存在的问题,写出焊接过程的总结体会。

训练7.2　波峰焊接与再流焊设备运用训练

(1)训练目标

①掌握波峰焊接工艺的原理与设备运用。

②掌握再流焊工艺的工作原理与设备运用。

(2)理论准备

1)波峰焊接工艺与设备

①波峰焊与波峰焊接工艺

波峰焊是将熔融的液态焊料,借助与泵的作用,在焊料槽液面形成特定形状的焊料波,插装了元器件的PCB置于传送链上,经过某一特定的角度以及一定的浸入深度穿过焊料波峰而实现焊点焊接的过程。其工作过程如图7.18所示。波峰焊是用来预热的,预热能将焊剂中

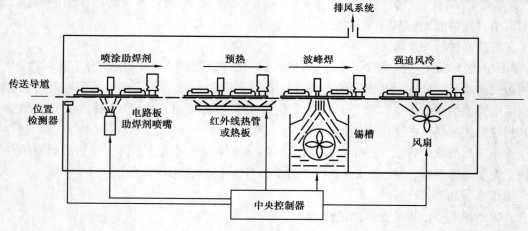

图7.18　波峰焊接工作过程

的溶剂挥发掉,这样可减少焊接时产生气体;具有提高助焊的活性、增加焊盘的湿润性能、去除有害杂质、减低焊料的内聚力,以利于两焊点之间的焊料分开。

波峰焊基本流程为:首先将元件插入相应的元件孔中→预涂助焊剂→预热(温度 90 ~ 100 ℃,长度 1 ~ 1.2 m)→波峰焊(220 ~ 240 ℃)冷却→切除多余插件脚→检查。实际工作中典型的工艺流程如下:

A. 单机式波峰焊工艺流程

a. 元器件引线成形→印制板贴阻焊胶带(视需要)→插装元器件→印制板装入焊机夹具→涂覆助焊剂→预热→波峰焊→冷却→取下印制板→撕掉阻焊胶带→检验→辛 L 焊→清洗→检验→放入专用运输箱。

b. 印制板贴阻焊胶带→装入模板→插装元器件→吸塑→切脚→从模板上取下印制板→印制板装焊机夹具→涂覆助焊剂→预热→波峰焊(精焊平波和冲击波)→冷却→取下印制板→撕掉吸塑薄膜和阻焊胶带→检验→补焊→清洗→检验→放入专用运输箱。

B. 联机式波峰焊工艺流程

将印制板装在焊机的夹具上→人工插装元器件→涂覆助焊剂→预热→浸焊→冷去口→切脚→刷切脚屑→喷涂助焊剂→预热→波峰焊(精焊平波和冲击波)→冷却→清洗→印制板脱离焊机→检验→补焊→清洗→检验→放入专用运输箱。

②波峰焊设备

常见的波峰焊接机有大型、电脑型、无铅型等具体类型。按照经济方式划分有大型、中型、经济型规格,以利用不同生产任务的需求。常见的焊接机外形如图 7.19(a)、(b)所示。

(a)电脑触摸型双波峰焊接机　　　　　(b)全自动无铅波峰焊接机

图 7.19　波峰焊接外形

a. 环行联动型波峰焊接机:该结构适用于长插、二次焊接方式,一般用于焊接通孔插装方式的消费类产品的单面印制电路板组件。

b. 直线型波峰焊接机:适用于短插、一次焊接方式,适用于通孔插装及表面安装的各种类型的印制电路板组件的生产,这种运行方式可与插件线连成一体。

2)再流焊接工艺与设备

再流焊是表面组装技术的关键核心技术之一,再流焊又被称为:"回流焊"或"重熔群焊"。它是适应 SMT 而研制的一种新型的焊接方法,适用于焊接全表面安装的电子组件。回流焊英文为 Reflow,是通过重新熔化预先分配到印制板焊盘上的膏装软钎焊料,实现表面组装元器件焊端或引脚与印制板焊盘之间机械与电气连接的软钎焊。回流焊是靠热气流对焊点的作用,胶状的焊剂在一定的高温气流下进行物理反应达到 SMD 的焊接;之所以叫"回流焊"是因为气体在焊机内循环流动产生高温达到焊接目的。

再流焊的主要技术优点如下:

a. 再流焊技术进行焊接时,不需要将印刷电路板浸入熔融的焊料中,而是采用局部加热的方式完成焊接任务的;因而被焊接的元器件受到热冲击小,不会因过热造成元器件的损坏。

b. 由于在焊接技术仅需要在焊接部位施放焊料,并局部加热完成焊接,因而避免了桥接等焊接缺陷。

c. 再流焊技术中,焊料只是一次性使用,不存在再次利用的情况,因而焊料很纯净,没有杂质,保证了焊点的质量。

①回流焊工艺要求与焊接质量影响因素

为保证焊接质量,对回流焊焊接机的工艺设置基本要求应满足以下条件:

a. 要设置合理的再流焊温度曲线并定期做温度曲线的实时测试。

b. 要按照 PCB 设计时的焊接方向进行焊接。

c. 焊接过程中严防传送带振动。

d. 必须对首块印制板的焊接效果进行检查。

e. 焊接是否充分,焊点表面是否光滑,焊点形状是否呈半月状,锡球和残留物的情况、连焊和虚焊的情况。还要检查 PCB 表面颜色变化等情况。并根据检查结果调整温度曲线。在整批生产过程中,要定时检查焊接质量。

回流焊接设备使用中,常见的影响工艺质量的主要要素如下:

a. 通常 PLCC、QFP 与一个分立片状元件相比热容量要大,焊接大面积元件就比小元件更困难些。

b. 在回流焊炉中传送带在周而复始传送产品进行回流焊的同时,也成为一个散热系统。此外,在加热部分的边缘与中心散热条件不同,边缘一般温度偏低,炉内除各温区温度要求不同外,同一截面的温度也差异。

c. 产品装载量不同的影响。回流焊的温度曲线的调整要考虑在空载。负载及不同负载因子情况下能得到良好的重复性。负载因子定义为

$$L_F = \frac{L}{L + S}$$

式中　L——组装基板的长度;

　　　S——组装基板的间隔。

回流焊工艺要得到重复性好的结果,负载因子越大越困难。通常回流焊炉的最大负载因子的范围为 $0.5 \sim 0.9$。这要根据产品情况(元件焊接密度、不同基板)和再流炉的不同型号来决定。要得到良好的焊接效果和重复性,实践经验很重要的。

②回流焊接原理与工艺

回流焊的原理是靠热气流对焊点的作用,胶状的焊剂在一定的高温气流下进行物理反应达到 SMD 的焊接目的。如图 7.20 所示为回流焊温度曲线。其焊接工艺过程需要经过以下阶段:

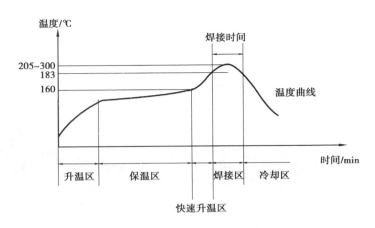

图 7.20 回流焊温度曲线

a. 当 PCB 进入升温区时,焊膏中的溶剂、气体蒸发掉,同时,焊膏中的助焊剂润湿焊盘、元器件端头和引脚,焊膏软化、塌落、覆盖了焊盘,将焊盘、元器件引脚与氧气隔离。

b. PCB 进入保温区时,使 PCB 和元器件得到充分的预热,以防 PCB 突然进入焊接高温区而损坏 PCB 和元器件。

c. 当 PCB 进入焊接区时,温度迅速上升使焊膏达到熔化状态,液态焊锡对 PCB 的焊盘、元器件端头和引脚润湿、扩散、漫流或回流混合形成焊锡接点。

d. PCB 进入冷却区,使焊点凝固此;时完成了回流焊。

回流焊机焊接工艺流程:回流焊加工的为表面贴装的板,其流程比较复杂,可分为两种,即单面贴装和双面贴装。回流焊最简单的流程是:丝印焊膏→贴片→回流焊,其核心是丝印的准确,对贴片是由机器的 PPM 来定良率,回流焊是要控制温度上升和最高温度及下降温度曲线。

a. 单面贴装:预涂锡膏→贴片(分为手工贴装和机器自动贴装)→回流焊→检查及电测试。

b. 双面贴装:A 面预涂锡膏→贴片(分为手工贴装和机器自动贴装)→回流焊→B 面预涂锡膏→贴片(分为手工贴装和机器自动贴装)→回流焊→检查及电测试。

其典型的双面板工艺流程如图 7.21 所示。

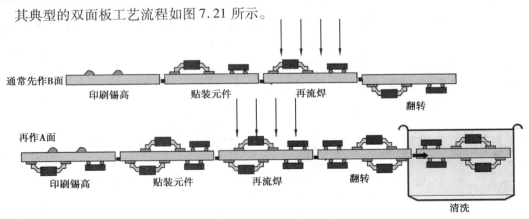

图 7.21 再流焊工艺流程

③回流焊接设备

如图 7.22 所示为先进的电脑控制全自动焊接装备,再流焊接设备从诞生到现在经历了以下 3 代:

(a)8温区回流焊接机　　　　　　　(b)全自动回流焊接机

图 7.22　再流焊设备

第一代:热板式再流焊炉,是利用热板的传导热来加热的再流焊,是最早应用的再流焊方法。该设备结构简单,价格便宜,初始投资和操作费用低;可以采用惰性气体保护;能迅速改变温度和温度曲线;传到元器件上的热量相当小;焊接过程中易于目测检查;产量适中。其缺点:热板表面温度限制在小于 300 ℃;只适用于单面组装,不能用于双面组装,也不能用于底面不平的 PCB 或由易翘曲材料制成的 PCB 组装;温度分布不均匀。

第二代:红外再流焊炉,一般采用隧道加热炉,热源以红外线辐射为主,适用于流水线大批量生产。红外线有远红外线和近红外线两种,前者多用于预热,后者多用于再流加热。该设备的优点:能使焊膏中的助焊剂以及有机酸、卤化物迅速活化,焊剂的性能和作用得到充分的发挥,从而使得焊膏润湿能力提高;红外加热的辐射波长与 PCB 和元器件的吸收波长相近,因此基板升温快,温差小;温度曲线控制方便,弹性好;加热效率高,成本低。其缺点:元器件的形状和表面颜色的不同,对红外线的吸收系数也不同,会产生"阴影效应",使得被焊件受热不均匀。

第三代:红外 + 热风再流焊炉,是热能依靠媒介的运动而发生传递,在红外热风再流焊炉中,媒介是空气或氮气,对流传热的快慢取决于热风的速度。通常风速控制为 1.0 ~ 1.8 m/s,热风传热能起到热的均衡作用。在红外热风再流焊炉中,热量的传递是以辐射导热为主。焊接温度曲线的可调性大大增强,缩小了设定的温度曲线与实际控制温度之间的差异,使再流焊能有效地按设定的温度曲线进行;温度均匀稳定,克服吸热差异及"阴影效应"等不良影响。因此是 SMT 大批量生产中的主要焊接方式

(3)**训练工具与材料**

训练工具与材料见表 7.5。

表 7.5　训练 7.2 的训练工具与材料

训练工具	波峰焊接机、再流焊接机
训练材料	锡焊条、助焊剂(H-01 型松香助焊剂)、台车、不锈钢勺(片、尺)、塑料桶、铁箱、比重计、温度计、酒精及棉纱

（4）**训练内容**

训练项目 1：波峰焊接机操作训练

1）训练内容

涂胶、贴片、焊接机参数设置、焊接机控制、焊接质量检验、连续生产。

2）操作步骤与要求

①焊前操作：

a. 在待焊 PCB（该 PCB 已经过涂敷贴片胶、SMC/SMD 贴片、胶固并完成 THC 插装工序）后附元器件插孔的焊接面涂阻焊剂或粘贴耐温粘带，以防波峰焊后插孔被焊料堵塞。如有较大尺寸的槽和孔应用耐高温粘带贴住，以防波峰焊时焊锡流到 PCB 的上表面（如溶性助焊剂只能采用阻焊剂，涂敷后放置 30 min 或在烘灯下烘 15 min 再插装元器件，焊接后可直接水清洗）。

b. 用比重计测量助焊剂比重，若比重大，用稀释剂稀释。

c. 将助焊剂倒入助焊剂槽。

②开炉：

a. 打开波峰焊机和排风机电源。

b. 根据 PCB 宽度调整波峰焊机传送带（或夹具）的宽度。

③设置焊接参数：

a. 发泡风量或助焊剂喷射压力：根据助焊剂接触 PCB 底面的情况而定。

b. 预热温度：根据波峰焊机预热区的实际情况设定。

c. 传送带速度：根据不同的波峰焊机和待焊接 PCB 的情况设定为 0.8～1.92 m/min。

d. 焊锡温度：必须是打上来的实际波峰温度，一般为 250±5 ℃。

④首件焊接并检验（待所有焊接参数达到设定值后进行）：

a. 把 PCB 轻轻地放在传送带（夹具）上，机器自动进行喷涂助焊、干燥、预热、波峰焊、冷却。

b. 在波峰焊出口处接住 PCB。

c. 进行首件焊接质量检验。

⑤根据首件焊接结果调整焊接参数。

⑥连续焊接生产：

a. 方法同首件焊接。

b. 在波峰焊出口处接住 PCB，检查后将 PCB 装入防静电周转箱送修后附工序（或直接送连线式清洗机进行清洗）。

c. 连续焊接过程中每块印制板都应检查质量，有严重焊接缺陷的制板，应立即重复焊接一遍。如重复焊接后还存在问题，应检查原对工艺参数作相应调整后才能继续焊接。

⑦焊接质量检验。

检验方法：目视或用 2～5 倍放大镜观察。

检验标准如下：

a. 焊接点表面应完整、连续平滑、焊料量适中,无大气孔、砂眼。

b. 焊点的润湿性好,呈弯月形状,插装元件的润湿角 θ 应小于90°,以 15～45°为最好。

c. 片式元件的润湿角 θ 小于90°,焊料应在片式元件金属化端头处全面铺开,形成连续均匀的覆盖层。

d. 虚焊和桥接等缺陷应降至最少。

e. 焊接后贴装元件无损坏、无丢失、端头电极无脱落。

f. 要求插装元器件的元件面上锡好(包括元件引脚和金属化)。

g. 焊接后印制板表面允许有微小变色,但不允许严重变色,不允阻焊膜起泡和脱落。

训练项目2:再流焊接机操作训练

1)训练内容

涂胶、贴片、焊接机参数设置、焊接机控制、焊接质量检验、连续生产。

2)操作步骤与要求

①焊前操作准备

锡膏以 1～4 ℃/s 升温,保温区 140～170 ℃、时间在 60～120 s,焊接在 200 ℃以上,时间在 20～60 s。产品在焊接再流时,PCB 实际温度最高受温不能超过 230 ℃。炉温数据应以炉温测试仪测量为准。

②全自动再流焊接机器操作步骤

a. 检查电源是否接入,应急开关是否复位。

b. 把电源开关拨到"ON"位置,此时设备会自动启动,关机要保存头一天的参数文件。

c. 参数文件要根据 PCBA 的 Solder 成分规格设定相应的参数文件。

d. 待机器加热温度达到设定值时,10 min 后装配好的 PCB 才能过炉焊接或固化。

e. 关机步骤:手动状态下,关闭加热,20 min 后关闭运输风机,退出主界面,关闭电源;自动状态下,关闭自动运行,20 min 后关闭冷却指示,退出主界面,关闭电源。

③焊接质量检验

(同上)。

3)问题与训练总结

记录训练过程焊接机设置、使用、焊接质量检验存在的问题,写出焊接机使用要点。

第**8**章

电路板设计与制作训练

印制电路板(Printed Circuit Board,PCB),也称印制线路板、印制板,是指以绝缘基板为基础材料加工成一定尺寸的板,在其上面至少有一个导电图形及所有设计好的孔(如元件孔、机械安装孔及金属化孔等),以实现元器件之间的电气互连。

几乎每种电子设备,小到电子手表、计算器,大到计算机、通信电子设备、军用武器系统,只要有集成电路等电子元器件,为了它们之间的电气互连都要使用印制板。在较大型的电子产品研究过程中,最基本的成功因素是该产品的印制板的设计、文件编制和制造。印制板的设计和制造质量直接影响到整个产品的质量和成本,甚至决定商业竞争的成败。

8.1　电路板基础知识

8.1.1　电路板的分类

(1)根据 PCB 导电板层划分

1)单面印制板

单面印制板指仅一面有导电图形的印制板,板的厚度为 0.2~5.0 mm。它是在一面敷有铜箔的绝缘基板上,通过印制和腐蚀的方法在基板上形成印制电路。它适用于一般要求的电子设备,如收音机、电视机等,如图 8.1(a)所示。

2)双面印制板

双面印制板指两面都有导电图形的印制板,板的厚度为 0.2~5.0 mm。它是在两面敷有铜箔的绝缘基板上,通过印制和腐蚀的方法在基板上形成印制电路,两面的电气互连通过金属化孔实现,如图 8.1(b)所示。它适用于要求较高的电子设备,如计算机、电子仪表等。由于双面印制板的布线密度较高,所以能缩小设备的体积。

3)多层印制板

多层印制板是由交替的导电图形层及绝缘材料层层压黏合而成的一块印制板,导电图形

（a）单面板

（b）双面板

图8.1　单双面电路板

的层数在两层以上，层间电气互连通过金属化孔实现。多层印制板的连接线短而直，便于屏蔽，但印制板的工艺复杂，由于使用金属化孔，可靠性下降，如图8.2(a)、(b)所示。它常用于计算机的板卡中。

（a）多层板实物图

（b）多层板示意图

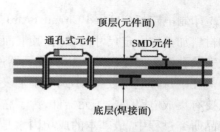

（c）四层板剖面图

图8.2　多面电路板

如图8.2(c)所示为四层板剖面图。通常在电路板上，元件放在顶层(元件面)，而底层(焊接面)一般是焊接用的。对于SMD元件，顶层和底层都可以放元件。

元件也分为两大类：传统的元件是通孔式元件，通常这种元件体积较大，且电路板上必须钻孔才能插装；较新的设计一般采用体积小的表面贴片式元件(SMD)，这种元件不必钻孔，利用钢模将半熔状锡膏倒入电路板上，再把SMD元件放上去，即可焊接在电路板上。

（2）根据PCB所用基板材料划分

1）刚性印制板

刚性印制板是指以刚性基材制成的PCB，常见的PCB一般是刚性PCB，如计算机中的板卡、家电中的印制板等，如图8.2所示；常用刚性PCB有以下3类：

①纸基板：价格低廉，性能较差，一般用于低频电路和要求不高的场合。

②玻璃布板：价格较贵，性能较好，常用作高频电路和高档家电产品中。

③合成纤维板：价格较贵，性能较好，常用作高频电路和高档家电产品中。

当频率高于数百兆赫时，必须用介电常数和介质损耗更小的材料，如聚四氟乙烯和高频陶瓷作基板。

2）挠性印制板

挠性印制板也称柔性印制板、软印制板，是以软性绝缘材料为基材的PCB，如图8.3(a)所示。由于它能进行折叠、弯曲和卷绕，因此可节约60%～90%的空间，为电子产品小型化、

220

薄型化创造了条件。它在计算机、打印机、自动化仪表及通信设备中得到广泛应用。

3)刚-挠性印制板

刚-挠性印制板指利用软性基材,并在不同区域与刚性基材结合制成的 PCB,主要用于印制电路的接口部分,如图 8.3(b)所示。

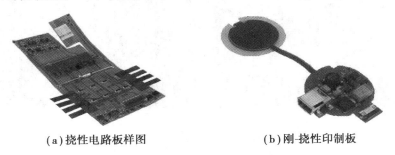

（a）挠性电路板样图　　　　　　　　（b）刚-挠性印制板

图 8.3　常用 PCB 板

8.1.2　电路板设计中的基本组件

（1）板层（Layer）

板层分为敷铜层和非敷铜层。平常所说的几层板是指敷铜层的层面数,如图 8.4 所示。一般在敷铜层上放置焊盘、线条等完成电气连接;在非敷铜层上放置元件描述字符或注释字符等;还有一些层面(如禁止布线层)用来放置一些特殊的图形来完成一些特殊的作用或指导生产。

敷铜层一般包括顶层(又称元件面)、底层(又称焊接面)、中间层、电源层及地线层等;非敷铜层包括印记层(又称丝网层、丝印层)、板面层、禁止布线层、阻焊层、助焊层及钻孔层等。

对于一个批量生产的电路板而言,通常在印制板上铺设一层阻焊剂,阻焊剂一般是绿色或棕色,除了要焊接的地方外,其他地方根据电路设计软件所产生的阻焊图来覆盖一层阻焊剂,这样可快速焊接,并防止焊锡溢出引起短路;对于要焊接的地方,通常是焊盘,则要涂上助焊剂。

（2）焊盘（Pad）

焊盘用于固定元器件管脚或用于引出连线、测试线等。它有圆形、方形等多种形状。焊盘的参数有焊盘编号、X 方向尺寸、Y 方向尺寸、钻孔孔径尺寸等,如图 8.5 所示。

焊盘分为插针式及表面贴片式两大类,其中插针式焊盘必须钻孔,表面贴片式焊盘无须钻孔。

焊盘自行编辑的原则如下:

①形状上长短不一致时,要考虑连线宽度与焊盘特定边长的大小差异不能过大。

②需要在元件引脚之间走线时,选用长短不对称的焊盘往往事半功倍。

③各元件焊盘孔的大小要按元件引脚的粗细分别编辑确定,原则上是孔的尺寸比引脚直径大 0.2 ~ 0.4 mm。

（3）金属化孔（Via）

金属化孔也称过孔,在双面板和多层板中,为连通各层之间的印制导线,通常在各层需要

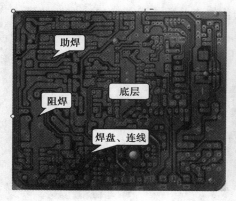

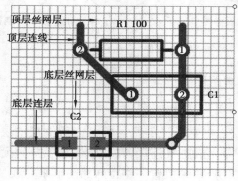

图 8.4　板层及其示意图

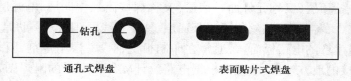

图 8.5　不同形状焊盘

连通的导线的交汇处钻上一个公共孔，即过孔，用以连通中间各层需要连通的铜箔，而过孔的上下两面做成圆形焊盘形状，过孔的参数主要有孔的外径和钻孔尺寸，如图 8.6 所示。

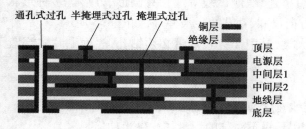

图 8.6　电路板过孔结构图与示意图

过孔可分通孔式和掩埋式。通孔式是指穿通所有敷铜层的过孔；掩埋式过孔则仅穿通中间几个敷铜层面，仿佛被其他敷铜层掩埋起来。

过孔处理的基本原则如下：

①尽量少用过孔,一旦选用过孔,务必处理好它与周边各实体的间隙,特别是容易被忽视的中间各层与过孔不相连的线与过孔的间隙。

②需要的载流量越大,所需的过孔尺寸越大。

(4)**连线**(Track、Line)

连线是指有宽度、有位置方向(起点和终点)、有形状(直线或弧线)的线条。在敷铜面上的线条一般用来完成电气连接,称为印制导线或铜膜导线;在非敷铜面上的连线一般用作元件描述或其他特殊用途,如图 8.7 所示。

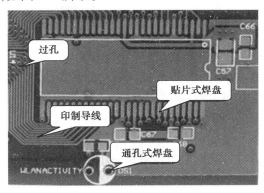

图 8.7　电路板连线示意图

印制导线用于印制板上的线路连接,通常印制导线是两个焊盘(或过孔)间的连线,而大部分的焊盘就是元件的管脚,当无法顺利连接两个焊盘时,往往通过跳线或过孔实现连接。

(5)**元件的封装**(Component Package)

元件的封装是指实际元件焊接到电路板时所指示的元件外形轮廓和引脚焊盘的间距。不同的元件可使用同一个元件封装,同种元件也可有不同的封装形式,如图 8.8 所示。印制元件的封装是显示元件在 PCB 上的布局信息,为装配、调试及检修提供方便。在 Protel 2004中,元件的图形符号被设置在丝印层(也称丝网层)上。

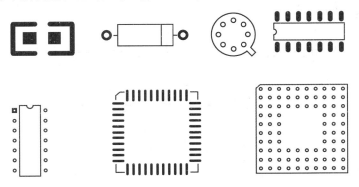

图 8.8　常见元器件封装

元件的封装形式可分成两大类,即针脚式元件封装(直插式)和 SMT(表面贴片技术)元件封装。

元件封装的命名一般与管脚间距和管脚数有关,如电阻的封装 AXIAL-0.3 中的 0.3 表示

223

管脚间距为 0.3 in 或 300 mil(1 in = 1 000 mil = 2.54 cm);双列直插式 IC 的封装 DIP-8 中的 8 表示集成块的管脚数为 8。元件封装中数值的含义如图 8.9 所示。

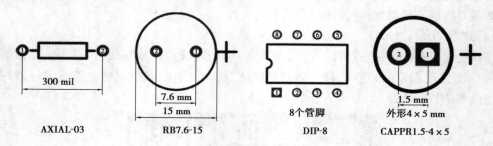

图 8.9　元件封装中数值的含义

（6）网络(Net)和网络表(Netlist)

从一个元器件的某一个管脚上到其他管脚或其他元器件的管脚上的电气连接关系,称为网络。每一个网络均有唯一的网络名称,有的网络名是人为添加的,有的是系统自动生成的。系统自动生成的网络名由该网络内两个连接点的管脚名称构成。

网络表描述电路中元器件特征和电气连接关系,一般可从原理图中获取。它是原理图设计和 PCB 设计之间的纽带。

（7）飞线(Connection)

飞线是在电路进行自动布线时供观察用的类似橡皮筋的网络连线,网络飞线不是实际连线。通过网络表调入元件并进行布局后,可看到网络飞线,不断调整元件的位置,使网络飞线的交叉最少,以提高自动布线的布通率。

自动布线结束,未布通的网络上仍然保留网络飞线,此时可用手工连接的方式连通这些网络。

（8）安全间距(Clearance)

在进行印制板设计时,为了避免导线、过孔、焊盘及元件的相互干扰,必须在它们之间留出一定的间距,这个间距称为安全间距。

（9）栅格(Grid)

栅格用于 PCB 设计时的位置参考和光标定位。栅格有公制和英制两种。

8.2　电路板的设计

8.2.1　PCB 设计流程

PCB 板不但包含所需的电路,还应具有合适的元件选择、元件的信号速度、材料、温度范围、电源的电压范围等。因此,PCB 的设计要遵循一定的设计过程和规范。

（1）产生设计要求和规范

通常一个新的设计要从新的系统规范和功能要求开始。产生了设计的系统规范和功能

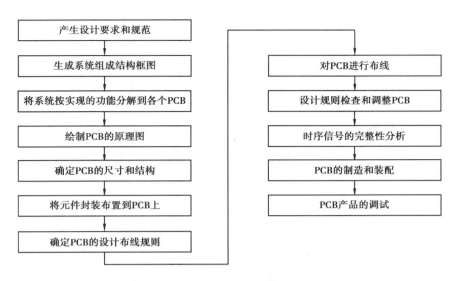

图 8.10　PCB 设计流程图

要求等说明后,就可进行功能分析,并且产生成本目标、开发计划、开发成本、需要应用的相关技术以及各种必需的要求。例如,一个电机控制系统的开发项目,它的设计要求和规范可能包括控制电机的类型(永磁同步电机,PMSM)、电机的功率(100 W)、电压和电流的要求(24 V、5 A)、控制精度要求、平均无故障时间(MTBF)、通信接口的要求、应用环境等。这些设计规范将是整个设计的起点,后续的设计过程将要严格满足这些规范要求。

（2）**生成系统组成结构框图**

一旦获得了系统的设计规范,就可产生为实现该系统所要求的主要功能的结构框图。这个系统组成的结构框图描述了所设计的系统如何进行功能分解,各个功能模块之间的关系如何。

（3）**将系统按实现的功能分解到各个 PCB**

主要功能确定后,就可按照可应用的技术,将实现的电路分解到 PCB 模块中,在一个 PCB 中的功能必须可以有效地实现。各个 PCB 之间可通过数据总线或其他通信模式进行连接。多数情况下,是通过背板上的总线将各个子 PCB 连接起来,如 LabView 的背板和数据采集子卡之间的连接,以及计算机的主板和内存条、显示驱动、硬盘控制器以及 PCMCIA 卡的接口。

（4）**绘制 PCB 的原理图**

根据各个 PCB 的功能模块,绘制 PCB 实现的原理图电路图,从而在原理上实现其功能。在这个过程中,需要 PCB 实现所需要的合适元件以及元件之间的连接方式。

（5）**确定 PCB 的尺寸和结构**

确定了原理后,就可规划 PCB。可根据电路的复杂度和成本要求,确定 PCB 板的大小。PCB 板的大小和层数也有关系。增加板层可更容易地实现复杂电路的布线,从而减小 PCB 板的尺寸。但是,板层的增加会增加板的成本。因此,设计人员要折中考虑,如果板的信号要求比较高,而且线路复杂,可使用多层板。如果线路不复杂,则可使用双面板。具体设计应该综合考虑双面板、多层板的尺寸和制造成本。

（6）**将元件封装布置到 PCB 上**

在确定了 PCB 的尺寸和结构后，就可将元件封装布置到 PCB 上。在放置元件封装时，应该尽可能将具有相互关系的元件靠近；数字电路和模拟电路应该分放在不同的区域；对发热的元件应该进行散热处理；敏感信号应该避免产生干扰或被干扰，如时钟信号，引线要尽可能短，所以要靠近其连接的芯片。

（7）**确定 PCB 的设计布线规则**

在 PCB 布线前，应该确定布线的规则，如信号线之间的距离、走线宽度、信号线的拐角、走线的最长长度等规则的要求。

（8）**对 PCB 进行布线**

通常的做法是首先对重要信号进行布线，其次为特殊元器件的布线，然后才是普通元器件的布线，最后对电源和地进行走线。

（9）**设计规则检查和调整 PCB**

在完成了布线后，还需要对布线后的 PCB 进行设计规则检查，看布线是否符合定义的设计规则的电气要求。根据检查的结果，再调整 PCB 的走线。

（10）**时序和信号完整性分析**

一个优秀的 PCB 设计，其时序应该满足设计要求。为了检查信号的时序以及信号的完整性，需要对布线后的 PCB 进行时序和信号完整性分析。对于时序分析，通常对一个关键信号的时序和信号完整性进行分析，如总线、时钟等信号。

（11）**PCB 的制造和装配**

PCB 的制造是将设计完整表现在一块实际的 PCB 板上，包括所有的信号连线、封装及层等。然后就可将芯片焊接装配到 PCB 上，这样就完成了 PCB 的设计和制造。

（12）**PCB 产品的测试**

根据设计规范，对 PCB 进行现场测试，以便评估设计是否达到设计规范的要求。

以上是 PCB 设计的一般过程。在通常的设计中，都可遵循这个设计流程。同时，随着 EDA 软件的快速发展，虚拟的设计环境已在软件平台中实现，它能有效地实现设计的仿真以及信号的虚拟分析，有助于设计的成功实现以及产品的快速开发，降低产品的开发成本。

8.2.2　PCB 设计的基本原则

PCB 设计的好坏对电路板抗干扰能力影响很大。因此，在进行 PCB 设计时，必须遵守 PCB 设计的一般原则，并应符合抗干扰设计的要求。要使电子线路获得最佳性能，元件的布局及导线的布设是很重要的。为了设计出质量好、造价低的 PCB，应遵循以下一般原则：

（1）**布局**

首先要考虑 PCB 的尺寸大小，PCB 尺寸过大，印刷电路长，阻抗增加，抗噪声能力下降，成本也增加；尺寸过小时，则散热不好，且邻近线易受干扰。

1）在确定特殊元件的位置时要遵循的原则

①尽可能缩短高频元件之间的连线，设法减小它们的分布参数和相互间的电磁干扰。易受干扰的元器件不能相互挨得太近，输入和输出元器件应尽量远离。

②某些元件或导线之间可能有较高的电位差,应加大它们之间的距离,以免放电引发意外短路。带强电的元器件应尽量布置在调试时手不易触及的地方。

③质量超过 15 g 的元件,应当用支架固定,然后焊接。那些又大又重、发热量多的元器件,不宜装在印制电路板上,而应装在整机的机箱底板上,且应考虑散热问题。热敏元件应远离发热元件。

④对于电位器、可调电感线圈、可变电容器、微动开关等可调元件的布局应考虑整机的结构要求。若是机内调节,应放在印制电路板上方便于调节的地方;若是机外调节,其位置要与调节旋钮在机箱面板上的位置相适应。

⑤应留出 PCB 的定位孔和固定支架所占的位置。

2)根据电路的功能单元对电路的全部元件进行布局时要遵循的原则

①按照电路的流程安排各个功能电路单元的位置,使布局便于信号流通。

②以每个功能电路的核心元件为中心,围绕它进行布局。元器件要均匀、整齐、紧凑地排列在 PCB 上,尽量减少和缩短各元器件之间的引线和连接。

③在高频下工作的电路,要考虑元件之间的分布参数。一般电路应尽可能使元器件平行排列。这样,不但美观,而且焊接容易,易于批量生产。

④位于 PCB 边缘的元件,离电路板边缘一般不小于 2 mm。电路板的最佳形状为矩形,长宽比为 3:2 或 4:3。电路板面尺寸大于 200 mm × 150 mm 时,应考虑电路板所受的机械强度。

（2）布线

一般布线要遵循以下 4 个原则(见表8.1、表8.2):

表8.1　线宽和流过电流大小之间的关系

电流/A	1oz 铜线宽/mil	2oz 铜线宽/mil	电阻率/(mΩ·in)
1	10	5	52
2	30	15	17.2
3	50	25	10.3
4	80	40	6.4
5	110	55	4.7
6	150	75	3.4
7	180	90	2.9
8	220	110	2.3
9	260	130	2.0
10	300	150	1.7

表8.2 推荐的导线双及导体间的间距/mm

电压(DC 或 AC 峰值)/V	PCB 内部	PCB 外部(<3 050 m)	PCB 外部(>3 050 m)
0 ~ 15	0.05	0.1	0.1
16 ~ 30	0.05	0.1	0.1
31 ~ 50	0.1	0.6	0.6
51 ~ 100	0.1	0.6	1.5
101 ~ 150	0.2	0.6	3.2
151 ~ 170	0.2	1.25	3.2
171 ~ 250	0.2	1.25	6.4
251 ~ 300	0.2	1.25	12.5
301 ~ 500	0.25	1.25	12.5

①输入和输出的导线应避免相邻平行,最好添加线间地线,以免发生反馈耦合。

②PCB 的导线的最小宽度主要由导线与绝缘基板间的黏附强度和流过它们的电流值决定。对于集成电路,尤其是数字电路,通常选 0.2 ~ 0.3 mm 导线宽度。当然,只要允许,还是尽可能用较宽的线,特别是电源线和地线。导线的最小间距主要由最坏情况下的线间绝缘电阻和击穿电压决定。对于集成电路。尤其是数字电路,只要工艺允许,可使间距小于0.6 mm。

③对于 PCB 导线拐弯,一般取圆弧形或 45° 拐角,而直角或夹角在高频电路中会影响电气性能。此外,尽量避免使用大面积铜箔;否则,长时间受热时,易发生铜箔膨胀和脱落现象。必须用大面积铜箔时,最好用栅格状。这样有利于排除铜箔与基板间黏合剂受热产生的挥发性气体。

④PCB 导线间距,相邻导线必须满足电气安全要求。

(3)焊盘大小

焊盘内孔直径选择通常以金属引脚直径加 0.2 mm 作为依据。而焊盘直径的选择则一般遵循:当焊盘直径为 1.5 mm 时,为了增加焊盘的抗剥强度,可采用长小于 1.5 mm、宽为 1.5 mm 和长圆形焊盘。直径小于 0.4 mm 的孔:$D/d = 0.5 ~ 3$;直径大于 2 mm 的孔:$D/d = 1.5 ~ 2$。其中,D 为焊盘直径,d 为内孔直径。

实际设计过程中焊盘设计需要注意的其他事项如下:

①焊盘内孔边缘到 PCB 边的距离要大于 1 mm。

②焊盘开口问题。

③焊盘补泪滴,当与焊盘链接的走线较细时,要将焊盘与走线之间的链接设计成泪滴状。

④相邻的焊盘要避免成锐角或大面积的铜箔,成锐角会造成波峰焊困难,而且有桥连的危险,大面积的铜箔因散热过快导致不易焊接。

（4）PCB 电路的抗干扰措施

①电源线设计

根据 PCB 电流大小，尽量加粗电源线宽度，减小环路电阻，同时，使电源线、地线的走向和数据传递的方向一致，这样有助于增强抗噪声能力。

②地线抗干扰设计

a. 数字地与模拟地分开。若电路板上既有逻辑电路也有线性电路，应使它们尽量分开。低频电路的地线应尽量采用单点并联接地，实际布线有困难时可部分串联后再并联接地。高频电路宜采用多点串联接地，地线应短而粗，高频元件周围尽量用栅格状的大面积铜箔。

b. 接地线应尽量加粗。若接地线用很细的线条，则接地电位随电流的变化而变化，使抗噪声性能降低。因此应将接地线加粗，使它能通过 3 倍于印制电路板上的允许电流。如有可能，接地线的宽度应在 2 mm 以上。

c. 接地线构成闭环路。只由数字电路组成的印制电路板，其接地电路构成闭环能提高抗噪声能力。

③采用大面积覆铜技术。

（5）**去耦电容配置**

PCB 设计的常规做法之一是在印刷电路板的各个关键部位配置适当的去耦电容。去耦电容配置的基本原则如下：

①电源输入端跨接一个 $10 \sim 100$ μF 的点解电容。如有可能，接 100 μF 以上的则更好。

②原则上每一个集成电路芯片都应布置一个 0.01 pF 的瓷片电容。如遇 PCB 空间不够，可每 $4 \sim 8$ 个芯片布置一个 $1 \sim 10$ pF 的钽电容。

③对于抗噪能力弱、关断时电源变化大的元件，如 RAM、ROM 存储元件，应在芯片的电源和地之间直接接入去耦电容。

④电容引线不能太长，尤其是高频旁路电容不能有引线。

⑤在 PCB 中有接触器、继电器、按钮等元器件时，操作它们时均会产生较大火花放电，必须采用 RC 电路来吸收放电电流。一般 R 取 $1 \sim 2$ kΩ，C 取 $2.2 \sim 47$ μF。

⑥CMOS 的输入阻抗很高，且易受感应，因此，对不使用的输入端口要接地或接正电源。

（6）**各元件之间的连线**

首先按照原理图将各元器件位置初步确定下来，然后经过不断调整使布局更加合理，最后就需要对 PCB 中各元器件进行接线。元器件之间的接线安排方式如下：

①印刷电路板中不允许有交叉电路，对于肯能交叉的线路。可以用钻、绕来解决，即让某引线从别的电阻、电容、晶体管脚下的空隙处"钻"过去，或从可能交叉的某条引线的一端"绕"过去。

②电阻、二极管、管装电容等元件一般有立式和卧式两种安装方式。立式指的是元器件体垂直于电路板安装、焊接，其优点是节省空间；卧式指的是元件体平均并紧贴于电路板安装、焊接，其优点是元器件安装的机械强度较好。这两种不同的安装元器件，PCB 上的元器件孔距是不一样的。

③同一级电路的接地点应尽量靠近，并且本级电路的电源滤波电容也应接在该级接地点

上。特别是本级晶体管基极、发射极的接地不能离得太远;否则因两个接地间的铜箔太长会引起干扰与自激,采用这样"一点接地法"电路,工作较稳定,不易自激。

④总线必须严格按"高频—中频—低频"逐级按弱电到强电的顺序排列原则,切不可随便翻来覆去乱接,级间宁可接线长点,也要遵守这一规定。特别是变频头、再生头、调频头的接地线安排要求更为严格,如有不当就会产生自激以致无法工作。调频头等高频电路常采用大面积包围式地线,以保证有良好的屏蔽效果。

⑤强电流引线(公共地线、功放电源引线等)应尽可能宽些,以降低布线电阻及其电压降,可减小寄生耦合而产生的自激。

⑥阻抗高的走线尽量短,阻抗低的走线可以长一些,因为阻抗高的走线容易发射和吸收信号,引起电路不稳定。电源线、地线、无反馈元器件的基极走线、发射极等均属低阻抗走线。

⑦电位器安装位置应当满足整机结构安装及面板布局的要求,尽可能放在 PCB 的边缘。

⑧设计 PCB 图样时,在使用 IC 座的场合下,一定特别注意 IC 座上定位槽的放置的方位是否正确,并注意各个 IC 脚位置是否正确。例如,第 1 脚下位于 IC 座的右下角或者左上角,而且紧靠定位槽(从焊接面看)。

⑨在对进出接线端布置时,相关联的两条引线端的距离不要太大,一般为 5～8 mm 较合适。进出接线端尽可能集中在 1～2 个板上,不要过于分散。

⑩在保证电路性能要求的前提下,设计时应力求合理走线,并按一定顺序要求走线,力求直观,便于安装和检修。设计应按一定顺序方向进行,如可按由左往右和由上而下的顺序进行。

8.2.3 电路板元器件的装配

元器件的安装方法主要有 3 种,即过孔安装、表面安装和微组装技术。

(1)过孔安装

①元器件的布局与排列

元器件布局、排列是按照电子产品电路原理图,将各元器件、连接导线等有机的连接起来,并保证电子产品可靠稳定的工作。如果布局、排列的不合理,产品的电气性能、机械性能都将下降,也给装配和维修带来不便。元器件布局应保证电路性能指标的实现,应有利于布线,方便于布线,应满足结构工艺的要求,有利于设备的装配、调试和维修。

②元器件排列的方法及要求

元器件的标志方向应按照图纸规定的要求,安装后能看清元件上的标志。若装配图上没有指明方向,则应使标记向外易于辨认,并按照从左到右、从下到上的顺序读出。安装元件的极性不得装错,安装前应套上相应的套管。安装高度应符合规定要求,同一规格的元器件应尽量安装在同一高度上。安装顺序一般为先低后高,先轻后重,先易后难,先一般元器件后特殊元器件。元器件在印刷板上的分布应尽量均匀、疏密一致,排列整齐美观。不允许斜排、立体交叉和重叠排列。元器件的引线直径与印刷焊盘孔径应有 0.2～0.4 mm 的合理间隙。一些特殊元器件的安装处理。MOS 集成电路的安装应在等电位工作台上进行,以免静电损坏器件。发热元件要与印刷板面保持一定距离,不允许贴面安装,较大元器件的安装应采取固定(绑扎、粘、支架固定等)措施。

在产品的样机试制阶段或小批量试生产时,印制板装配主要靠手工操作,即操作者把散装的元器件逐个装接到印制基板上。元件的手工安装的基本操作顺序是:待装元件→引线整形→插件→调整位置→剪切引线→固定位置→焊接→检验。

③元件引脚的成形

弯曲点到元器件端面的最小距离 A 应不小于 2 mm,弯曲半径 R 应大于或等于引线直径的 2 倍,如图 8.11(a)所示。其中,$A \geqslant 2$ mm;$R \geqslant 2d$(d 为引线直径);在垂直安装时,h 大于等于 2 mm,在水平安装时为 0~2 mm。半导体三极管和圆形外壳集成电路的引线成形要求如图 8.11(b)所示。其中除了角度外,单位均为 mm。

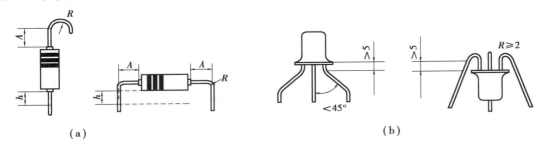

图 8.11　元件引脚成形示意图

④元件的安装

元件的安装方法可分为立式插装、卧式插装、倒立插装、横向插装及嵌入插装。卧式插装是将元器件紧贴印制电路板的板面水平放置,如图 8.12(a)所示;立式插装是将元器件垂直插入印制电路板,如图 8.12(b)所示。横向插装将元器件先垂直插入印制电路板,然后将其朝水平方向弯曲,如图 8.13 所示。

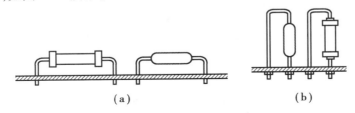

图 8.12　元件立式安装示意图

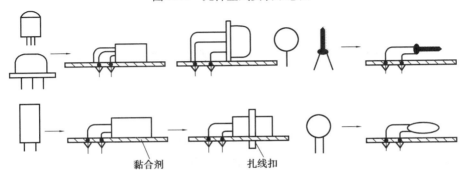

图 8.13　元件横向安装示意图

过孔安装方式下元器件安装需要注意以下 4 点：

①元器件插好后，其引线的外形有弯头的，所有弯脚的弯折方向都应与铜箔走线方向相同。

②安装二极管时，除注意极性外，还要注意外壳封装，特别是玻璃壳体易碎，引线弯曲时易爆裂；对于大电流二极管，有的则将引线体当作散热器，故必须根据二极管规格中的要求决定引线长度。

③为了区分晶体管的电极和电解电容的正负端，一般在安装时，加带有颜色的套管区别。

④大功率三极管一般不宜装在印制板上。因为它发热量大，易使印制板受热变形。

（2）表面安装

表面安装技术（STM）又称表面贴装技术、表面组装技术，是将电子元器件直接安装在印制电路板或其他基板导电表面的装接技术。在电子工业生产中，SMT 实际是包括表面安装元件（SMC）、表面安装器件（SMD）、表面安装印制电路板（SMB）、普通混装印制电路板（PCB）、点黏合剂、涂焊锡膏、元器件安装设备、焊接以及测试等技术在内的一整套完整的工艺技术的统称。SMT 涉及材料、化工、机械电子等多学科、多领域，是一种综合性高新技术。

1）SMT 技术的主要特点

①高密度

SMC,SMD 的体积只有传统元器件的 $1/10 \sim 1/3$，可装在 PCB 的两面，有效利用了印制板的面积，减轻了电路板的质量。一般采用 SMT 后可使电子产品的体积缩小 $40\% \sim 60\%$，质量减轻 $60\% \sim 80\%$。

②高可靠性

SMC 和 SMD 无引线或引线很短，质量轻，因而抗震能力强，焊点失效率可比 THT 至少降低一个数量级。大大提高产品可靠性。SMT 密集安装减小了电磁干扰和射频干扰。尤其高频电路中减小了分布参数的影响，提高了信号传输速度，改善了高频特性，提高了整个产品的性能。

③高效率

SMT 更适合自动化大规模生产，采用自动控制系统可使整个生产过程实现高度自动化，大大提高了生产效率。

④低成本

SMT 使 PCB 面积减小，成本降低；无引线和短引线使 SMD、SMC 成本降低，安装中省去引线成形、打弯、剪线的工序；频率特性提高，减少调试费用；焊点可靠性提高，减小调试和维修成本。一般情况下，采用 SMT 后可使产品总成本下降 30% 以上。

2）SMT 存在的主要问题

①元器件不统一

表面安装元器件目前尚无统一标准，给使用带来不便。品种不齐全，价格高于普通器件也是发展中的问题。

②技术要求高

如元器件吸湿引起装配时元器件裂损，结构件热膨胀系数差异导致焊接开裂，组装密度大而产生的散热问题复杂等。

③初始投资大

生产设备结构复杂,涉及技术面宽,费用昂贵。

3)表面贴装技术的装配过程

表面贴装包括印刷、点胶、贴装、固化、回流焊接、清洗、检测、返修等步骤。

①印刷

其作用是将焊膏或贴片胶漏印到PCB的焊盘上,为元器件的焊接做准备。所用设备为印刷机(锡膏印刷机),位于SMT生产线的最前端。

②点胶

因现在所用的电路板大多是双面贴片,为防止二次回炉时投入面的元件因锡膏再次熔化而脱落,故在投入面加装点胶机。它是将胶水滴到PCB的固定位置上,其主要作用是将元器件固定到PCB板上。所用设备为点胶机,位于SMT生产线的最前端或检测设备的后面。有时,由于客户要求产出面也需要点胶,而现在很多小工厂都不用点胶机,若投入面元件较大时用人工点胶。

③贴装

其作用是将表面组装元器件准确安装到PCB的固定位置上。所用设备为贴片机,位于SMT生产线中印刷机的后面。

④固化

其作用是将贴片胶融化,从而使表面组装元器件与PCB板牢固黏结在一起。所用设备为固化炉,位于SMT生产线中贴片机的后面。

⑤回流焊接

其作用是将焊膏融化,使表面组装元器件与PCB板牢固黏结在一起。所用设备为回流焊炉,位于SMT生产线中贴片机的后面。

⑥清洗

其作用是将组装好的PCB板上对人体有害的焊接残留物如助焊剂等去除。所用设备为清洗机,位置可不固定,可在线,也可不在线。

⑦检测

其作用是对组装好的PCB板进行焊接质量和装配质量的检测。所用设备有放大镜、显微镜、在线测试仪(ICT)、飞针测试仪、自动光学检测(AOI)、X-RAY检测系统、功能测试仪等。位置根据检测的需要,可以配置在生产线合适的地方。

⑧返修

其作用是对检测出现故障的PCB板进行返工。所用工具为烙铁、返修工作站等。配置在生产线中任意位置。

(3)微组装技术

微组装技术(Microelectronics Packaging Technology,MPT,又称MAT)和集成电路技术的不断发展是实现电子产品微型化的两大支柱。微组装技术被称为第五代组装技术,它是基于微电子学,半导体技术特别是集成电路技术,以及计算机辅助系统发展起来的当代最先进组装技术,微组装技术,也称裸片组装技术,即将若干裸片组装到多层高性能基片上形成电路功能块乃至一件电子产品。

8.3 电路板的制作

随着技术的不断发展,当前电路板的制作已从开始的单面板发展到多面板,其制作工艺和设备也为断得到更新,许多生产厂家都可生产出 0.2 mm 以下的板子,但实际工作中使用最多的仍是单面板和多面板,其具有制作简单、成本较低等优点,深受工程人员、高校学生等群体的喜爱。下面简要介绍单双面电路板的手工制作。

8.3.1 电路板手工制作工序

制作电路板的技术虽然在不断进步,但其主要的制作环节仍是大体相同的,主要包括以下 6 个工序:

(1)敷铜板的表面处理

由于加工、储存等原因,在敷铜板的表面会形成一层氧化层,氧化层将影响底图的复印,为此在复印底图前应将敷铜板表面清洗干净。清洗的具体方法是:用水砂纸蘸水打磨,或用去污粉擦洗,直至将板面擦亮为止,然后用水冲洗干净,再用干布擦干即可使用。

(2)转印 PCB 图

把已绘制完毕的印制电路板草图,用复写纸复印在敷铜板的铜箔上。复印时,最好把复写纸与印制电路图用胶布固定在敷铜板上。复印完毕后,要认真复查是否有错误和漏掉的线条,如没有错误时,便可把草图和复写纸取下。

(3)描涂防腐蚀层

为能把敷铜板上需要的哪部分保留下来,就要涂防腐层予以保护,也就是说在需要保留的线条上涂一层防酸涂料。防酸涂料的种类很多,常用的有青漆、调和漆、快干漆等。本次实习统一使用指导教师提供的油性笔。描绘时,按复印好的线条,从上到下,或从左至右依次描绘,并将空心线条填实。如发现有描绘的错误时,可等油膜干燥后用小刀铲除干净重新描绘。

(4)腐蚀

准备好三氯化铁溶液和能放入印制板的搪瓷盘。把印制板放入盒中,将三氯化铁溶液倒入盒内,液面以刚超过板面即可。当印制板腐蚀好后,用竹镊子夹住印制板,然后放入清水中清洗干净,并仔细检查有无漏蚀处,尤其是连两印制导线间的边缘处是否有短接处,如有的话应很好地清除。最好用棉纱蘸稀料或酒精擦洗防腐蚀层,直至露出光亮为止。

(5)钻孔

用台钻打孔,既快又省力,并且能保证孔的质量。打孔完毕后,将孔稍加整理,并用干布或餐巾质擦去粉末。

(6)涂助焊剂

当印制电路板腐蚀、打孔的工序完成后,为提高焊接质量均需在铜箔上涂覆助焊剂。助焊剂除采用成品外,还可自己配制。将 1 份松香放入两份酒精中,待溶解后用棉球蘸此溶液涂在铜箔表面,然后放在通风处,让其酒精挥发,等干燥后便可使用。

8.3.2　电路板手工制作步骤

在产品研制和实验阶段或在调试和设计中,需要很快得到 PCB。如果采用正常的步骤,制作周期长,不经济,这时要以使用简易的方法手工自制 PCB。

根据所采用图形转移的方法不同,手工制板可用漆图法、贴图法、雕刻法、感光法及热转印法等多种方式实现。目前,由于感光法和热转印法制板质量高、无毛刺而被广泛采用。

不论使用热印法还是感光法制作 PCB,都需要先设计并在 PC 上绘制好 PCB 图。绘制 PCB 的软件很多,常用的如 Protel、OrCAD、Proteus 和 Altium Designer 等。企业中往往使用专用的 PowerPCB、PADS 等。

（1）绘制出电路原理图

应用制图软件绘制电路图,如8.14 所示。

（2）在软件中绘制或生成 PCB 图

在软件中绘制或生成 PCB 图,如图 8.15 所示。

（3）热转印法制作步骤

①用激光打印机打印到热转印纸上,效果如图 8.16 所示。

②用热转印机转印到覆铜板上,用细砂纸擦干净覆铜板,磨平四周,将打印好的热转印纸覆盖在覆铜板上,送入照片过塑机(温度调到 180～220 ℃)来回压几次,使熔化的墨粉完全吸附在覆铜板上(如果覆铜板足够平整,可用电熨斗熨烫几次,也能实现图形转移)。其效果如图 8.17 所示。

③将敷铜板放入三氯化铁腐蚀液进行腐蚀,腐蚀后原来裸露的铜敷被溶解掉,如图 8.18 所示。

④用汽油清洗掉电路板上的黑色碳粉,即可得到做工精细的 PCB。

⑤在需要插接元件处钻孔。将钻好孔的电路板放入 5%～10% 硫酸溶液中浸泡 3～5 min。取出后用清水冲洗并擦净。最后,将电路板烧烤至烫手时取出并刷涂助焊剂,助焊剂选用松香酒精溶液,晒干后即得到所需要的电路板。其效果如图 8.20 所示。

（4）激光法

①与热转印法不同,用感光板做 PCB,需要将电脑画的图打印到透明硫酸纸或胶片上。其效果如图 8.21 所示。

②用块玻璃板将打印好的硫酸纸或胶片压在感光板上,然后选用合适的光源感光。光源有太阳光、感光机、或大功率日光灯管,使用太阳光感光速度最快,感光机次之,日光灯最长。感光一般 1 min 为宜。

③把 20 g 显影粉倒入 400 mL 水中,调制显影剂。曝光完毕,拿出覆铜板放进显影液里显影,0.5 min 后感光层被腐蚀掉,并有墨绿色雾状漂浮。显影完毕可看到,线路部分圆滑饱满,清晰可见,非线路部分呈现黄色铜箔。把覆铜板放到清水里,清洗干净后擦干。其效果如图 8.22 所示。

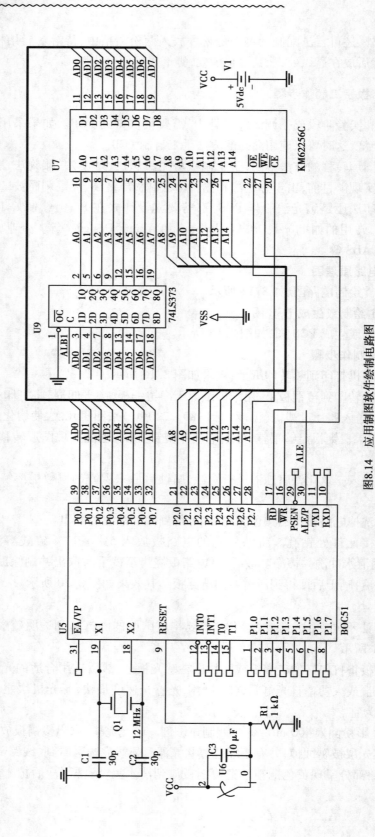

图8.14 应用制图软件绘制电路图

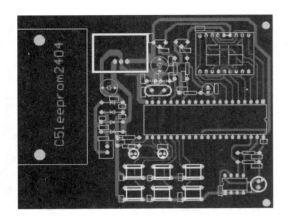

图 8.15　生成 PCB

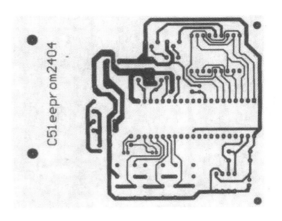

图 8.16　将画好的电路图打印到热转印纸上

图 8.17　将电路图转印到覆铜板上

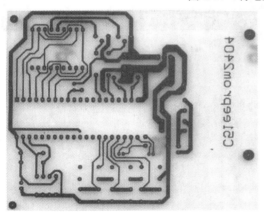

图 8.18　腐蚀操作

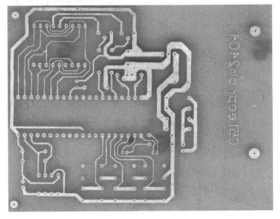

图 8.19　洗去电路板上的碳粉

④把板子放进腐蚀液中腐蚀。如果没有三氯化铁溶液可采用盐酸 + 过氧化氢（双氧水）+ 水（1∶1∶8）作腐蚀液（也可加铁钉）。其腐蚀速度快、质量好，腐蚀过程大约 3 min（千万不要腐蚀过头），如图 8.23 所示。

⑤腐蚀后，可用酒精擦去绿色的感光层。

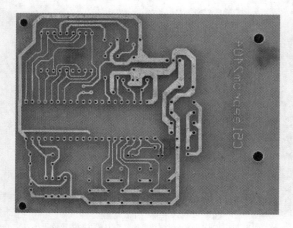

图 8.20　电路板打孔并涂助焊剂

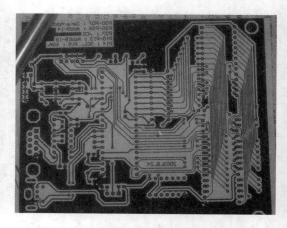

图 8.21　将绘制好的电路图打印到胶片上

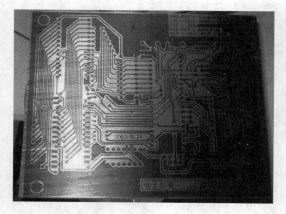

图 8.22　电路板曝光并显影

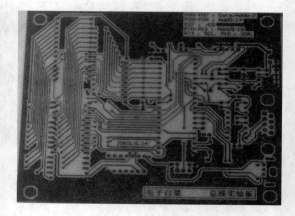

图 8.23　电路板腐蚀操作

训练 8.1　电路板制作技术训练

（1）训练目标

①熟练掌握 PCB 的基本操作。

②基本掌握 PCB 元件库的编辑方法。

③掌握单面板的制作。

（2）理论准备

1）ZY 系列双面线路板制作机

ZY 系列双面线路板制作机包括 ZY2518-B、ZY2518-C、ZY3222、ZY3222-C 双面机和 ZY3220 专业机。该系列产品是根据 PROTEL 生成的 PCB 文件自动、快速、精确地制作单、双面印制电路板。用户只需在计算机上完成 PCB 文件设计并将其通过 RS-232 串行通信口（手提电脑通过 USB 转 232 转换线）传送给制作机，制作机能快速得自动完成雕刻、钻孔、铣边全系列功能。其主要功能包括：ZY 系列双面线路板制作机利用物理雕刻过程，通过计算机控制,在空白的敷铜板上把不必要的铜泊铣去,形成用户定制的线路板。具有使用简单、精度高、省时、省料、直接利用 PROTEL 的 PCB 文件信息等具体特点,可控制制作机自动完成雕刻、钻孔、切边等工作。其外形如图 8.24 所示。

2)单面板工作过程及原理

单面板的制作流程如图 8.25 所示。首先把空白敷铜板安装在工作台上,打开相应的电源,调整好加工原始位置,并在计算机上按"雕刻"命令。计算机根据设计好的 PCB 文件,自动计算刀具运动的最佳路线,转换分解成相应的一条条指令,通过通信接口把指令传送给线路板制作机。

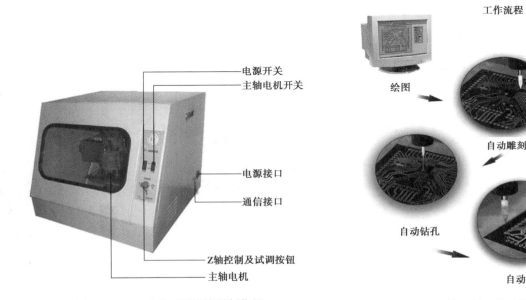

图 8.24　ZY 系列双面线路板制作机　　　　图 8.25　单面板工作过程

线路板制作机主控电路根据计算机指令,通过线路板制作机内主处理器运算,输出精确步进脉冲,协调控制 3 只步进电机相应旋转,通过同步齿带带动主轴、工作台运动使刀具相对线路板运动,完成指令后向计算机发送指令完成信号。主轴电机高速旋转,刀具沿雕刻路线切削线路板表面敷铜,根据所设计的线路板文件的要求,把多余的铜雕去,余下部分再经过机器自动钻孔、切边就形成了成品的线路板。

3)雕刻机的安装与使用

双面线路板制作机的安装包括硬件和软件的安装。其中,硬件的安装需要完成双面线路板制作机与 PC 机之间数据线(DB9 串口线)的连接及双面线路板制作机电源线的连接。

①硬件的安装

为方便操作制作机,最好将制作机放在与计算机工作平台高度相同的稳固工作台面上,然后将附带的串口线一头连接到制作机的串口,另一头连接到 PC 机的串口(计算机的串口 1 与串口 2 可选,但需在操作软件的设置项中设置对应的通信端口号),再将制作机的电源线连接好,这样就完成了制作机硬件安装。

②软件的安装

将双面线路板制作机软件光盘插入 CD-ROM 中,打开光盘,出现如图 8.26 所示的窗口。

图 8.26　安装文件夹界面

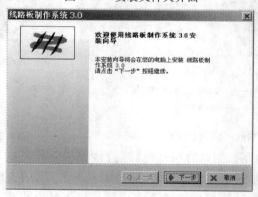

图 8.27　安装界面

单击"中月电子",进入安装界面,如图 8.27 所示。单击"下一步"继续,直到完成安装。

③制作机的使用准备

a. 连线。把机器平放在工作平台上,取出串口连接线(DB9 电缆线),连接机箱右侧通信接口与计算机 COM1 口上,连接好电源线。

b. 设定参数。根据线路板设计要求,在 DK 操作界面中设定合适的刀具选择参数。建议选择略小于 PROTELPCB 文件设计中的安全距离(如选择 0.38 mm 的刀具,刀具参数宜选择 0.36 mm,软件的刀具选择应略小于实际刀具 0.01 ~ 0.05 mm)。必须在打开文件后观察有没有因刀具选择错误而造成的线路板线粘连,直到选择正确为止。根据线路板厚度设定 DK 操作的板厚参数,此操作为执行钻孔和割边时提供准确数据,如果输入 2 mm,再按钻孔或割边,机器将在调节的高度再往下钻孔或割边 2 mm 深度。

c. 装刀具。根据设定的刀具选择参数,在刀具盒中选取相应刀具。由于刀具相当锐利,操作不当极易割伤手指,请特别小心。

d. 固定电路板。确认制作机硬件与软件安装完成以后,将待雕刻的覆铜板一面贴上双面胶,贴胶要注意贴匀,不能有空气泡,然后将覆铜板的较长一边紧靠制作机底面平台的平行边框贴好,并用两大拇指均匀压紧、压平(覆铜板的边沿一定要与平行边沿靠紧,并保证覆铜板边沿整齐,这样才能确保电路板换边时能准确定位)。

注意:主电源打开状态下,严禁用手推拉主轴电机和底部平台。

④制作机的软件功能键

以双面板制作为例,将待雕刻的 PCB 板图导入制作机操作软件窗口,如图 8.28 所示。

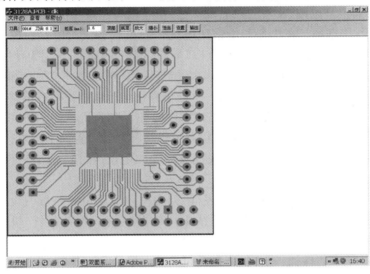

图 8.28　PCB 板图导入制作机操作软件窗口

单击工具栏的"设置"按钮,选择相对应的机器型号和计算机串行端口号,如图 8.29 所示。设置好板材厚度和雕刻刀规格后,单击工具栏"输出"按钮,出现如图 8.30 所示的操作面板。

图 8.29　机器型号和计算机
串行端口号设置

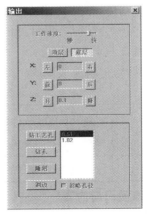

图 8.30　雕刻操作对话框

操作面板各个操作功能模块描述如下：

a.工作速度：中月电子双面板制作机提供 5 级雕刻和钻孔速度，钻孔时建议选择中等速度；雕刻时可根据线路最小线隙、最小线径选择合适的雕刻速度，当线路线径、线隙较大时，可选择较快的速度，当线路线径、线隙较小时，应该选择较慢的速度（由于电机工作速度默认为中速，请在每次钻孔或雕刻线路时，注意调节好工作速度，以免工作速度影响线路板钻孔或雕刻的时间和质量）。

b.底层、顶层：点按"顶层"或"底层"为制作线路板提供了准确的雕刻层面。

c.X 左、X 右：该选择是在机器通电情况下处于静止状态供调整左右偏移量。如果在输入框内输入2（单位 mm 已经是默认），再点按"X 左"按钮，那么，机器主轴将在原始位置向左边再移动 2 mm；如果是点按"X 右"按钮，那么，机器主轴将在原始位置向右边再移动 2 mm。

d.Y 前、Y 后：该选择是在机器通电情况下处于静止状态供调整左右偏移量。如果在输入框内输入2（单位 mm 已经是默认），再点按"Y 前"按钮，那么，机器主轴将在原始位置向前面再移动 2 mm；如果是点按"Y 后"按钮，那么，机器主轴将在原始位置向后面再移动 2 mm。

e.Z 升、Z 降：该选择是在机器通电情况下处于静止状态供调整左右偏移量。如果在输入框内输入2（单位 mm 已经是默认），再点按"Z 升"按钮，那么，机器主轴将在原始位置向上再移动 2 mm；如果是点按"Z 降"按钮，那么，机器主轴将在原始位置向下边再移动 2 mm。

f.钻工艺孔：钻工艺孔是为制作双面板提供准确的定位，点按"钻工艺孔"机器会在线路板左上角和右上角钻两个孔。

g.钻孔：在"钻孔"按钮旁边有一个列表框，列表框内显示出线路板图设计好的各种孔径规格，选择其中一种规格的孔径（装上合适钻头），单击"钻孔"按钮，制作机会自动钻完该规格的所有孔。

h.雕刻：单击"雕刻"按钮，制作机将自动完成对应层的线路雕刻。

i.割边：割边是在线路板两面线路都雕刻完成之后，根据用户设计好的外形边框切割下来，由于割边对雕刻刀磨损较大。建议在割边时，选用刀尖较粗或较钝的雕刻刀。

j.忽略孔径：该选项如果被选中，那么，机器在钻孔的时候将不会按照原先设计好的孔的规格来钻，也就是说点按"钻孔"按钮，机器将一次性钻完所有的孔；如果没选中该选项，机器在钻孔的时候将会按原先设计好的孔径来钻（用户只需更换合适的钻头）。

（3）**训练工具与材料**

训练工具与材料见表8.3。

表8.3　训练8.1的训练工具与材料

训练工具	PC 机、PCB 软件、雕刻机、钻孔机、打印机、曝光机、抛光机、烘干机、显影机、脱模机、丝网、刮刀、腐蚀机、洗网机、裁板器
训练材料	覆铜板、毛刷、钻头、刻刀

（4）**训练项目与内容**

训练项目：单级放大电路单面电路板制作

1）训练内容

①设计项目的 PCB 文件设计。

②设计文件到 PCB 雕刻文件的导出与雕刻效果观察。

③PCB 板的制作。

2）操作步骤与要求

①PCB 文件设计

A. 设置电路板层

PCB 工作层面在板层管理器中设置，执行操作后得到如图 8.31 所示的板层管理器对话框。在对话框中，可进行电路板层的设置。操作步骤为在主菜单中选择"design"→"Layer Stack Manager"菜单项即可。

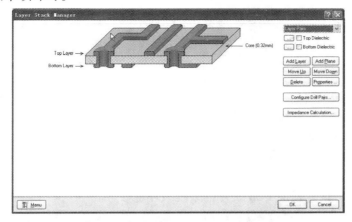

图 8.31　在 protel 软件中设置电路板层数

B. 板层显示/颜色设置

选择"design"→"board layers"后启动如图 8.32 所示的对话框。在对话框中，进行颜色的设置。

图 8.32　板层显示及颜色设置

C. 电路板的环境设置

电路板设计中的工作环境设置对话框如图 8.33 所示。启动方法是在主菜单中选择"design"→"Board Options"命令。

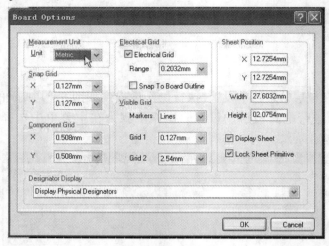

图 8.33　电路板的环境设置

D. 设置系统环境参数

其方法为:选择菜单命令"Tools"→"Preferences"或右击鼠标,在弹出的环境菜单中选择"Options"→"Preferences"命令。执行命令后,系统弹出如图 8.34 所示的系统级环境参数设置对话框。在其中可设置当前 PCB 文件的系统级环境参数。

图 8.34　设置系统环境参数

E. 单面电路板布线设置

选择菜单"Design Rules"→"routing"→"routing Layers",弹出如图 8.35 所示的对话框。对于单面电路板,顶层只放置元件不布线,因此设置为不布线(Not Used)。

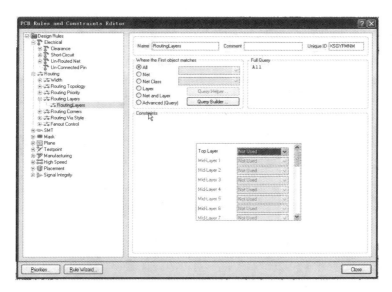

图 8.35　单面电路板布线设置

a. 导线宽度设置：选择菜单"Design Rules"→"routing"→"width"，弹出如图 8.36 所示的对话框。可在其中修改导线宽度数据。

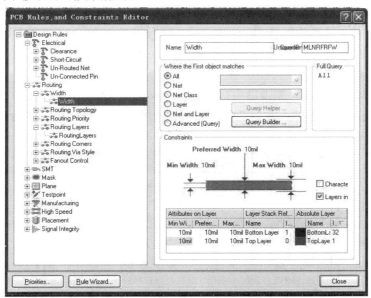

图 8.36　导线宽度设置

b. 修改电源/地线宽度：选择菜单"Design Rules"→"routing"→"width"，弹出如图 8.37 所示的对话框。右击"width"，然后单击"new rule"，在"Name"栏中输入 VCC 或 GND，最后再修改导线宽度数据。

F. 规划电路板

在机械层上设置物理尺寸，选择菜单"Design"→"Board shape"命令即可。设置电路板的

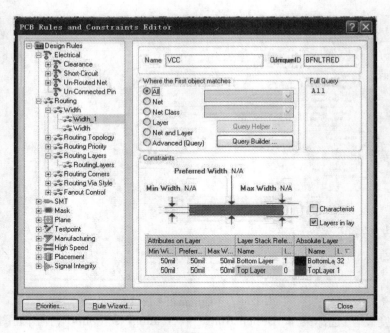

图 8.37　修改电源/地线宽度

电气边界。

G. 载入网络表和元器件封装

在原理图编辑器中,选择菜单"Design"→"Update PCB"命令。

H. 元器件布局

可先自动布局,即在 PCB 编辑器中选择菜单"Tools"→"Auto Placement"→"Auto Placer",弹出如图 8.38 所示的对话框。在对话框中进行相应的操作即可完成。然后通过手动布局调整,如图 8.39 所示。

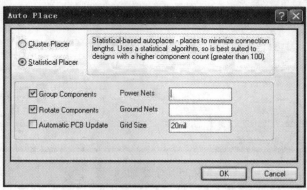

图 8.38　自动布局设置

①自动布线与调整,完成后的结果如图 8.40 所示。

②导出雕刻机需要的 ASCII2.8 文件。

③安装固定 PCB 板。

④调整雕刻机,进行 PCB 制作。

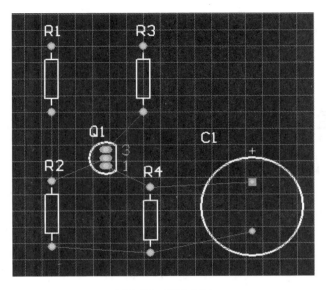

图 8.39　手动布局

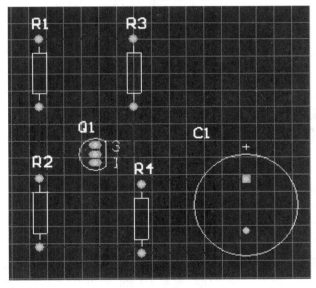

图 8.40　自动布线

⑤通过光学检验完成检制作效果检验。

3)问题与训练总结

记录训练过程中存在的问题,写出 PCB 文件设计与雕刻机使用总结体会。

第**9**章

整机装配工艺训练

9.1 电子产品的技术文件

电子产品的技术文件是在产品的设计、加工、生产以及使用和维修过程中依据的资料,同时反映产品设计的功能指标、性能要求、结构特性以及维修测试说明的技术资料,也是企业管理者和工程师们进行生产加工和行业交流的通用语言与依据。技术文件可分为设计文件和工艺文件。为了提高生产质量和装配效率,技术文件的编写应当符合有关规定,所用图表的设计应符合规范,方便阅览交流,同时条理清晰、说明简洁、内容完整,项目的编号、格式、符号、编制等前后连贯一致。

9.1.1 设计文件

设计文件是在电子产品的研究、设计、研制和生产实践过程中,逐步积累形成的文字、图样和技术资料。它规定了所开发研制的产品的构成部分和形式、尺寸结构、原理,以及在生产制造、验收、使用、维护和修理过程中所需要的技术资料、参数和说明,是组织生产、产品研制和使用维护的基本依据。根据设计文件管理制度标准 SJ/T 207.1—1999,编写设计文件时应注意以下问题:

①设计文件应当全面表述产品的组成、结构形式、硬件接口、原理等设计信息,以及在制造、验收、使用、维护和修理时所必需的技术数据和说明。

②根据产品的复杂程度、继承关系、生产批量、生产组织方式等特点,确定设计文件的内容和形式。在满足组织生产和使用要求的前提下,按照少而精的原则编制设计文件。

③产品的设计文件应内容准确、条目清晰,各设计文件之间的编制、格式应协调一致,同时规范设计文件的编写,应符合相关的标准与规定。

④用不同平台和媒体记录同一产品设计文件应标识相同的设计文件的编号和更改标记,其记录的技术内容应一致,所有产品设计文件应按照相应标准给出编号。

每个产品都有一套自己的设计文件,其记录了不同阶段的零件、部件、整机和成套设备的技术信息。产品设计文件通常包括原理图(包括机械原理和电原理图)、方框图、零件图、装配图、逻辑图、接线图,以及相应的技术说明书与使用手册等。各级产品的基本设计文件主要可分类为零件级的零件图、部件级的装配图或者媒体程序图、整件级的明细表和成套设备或成套软件级的明细表等产品设计文件。其中,产品设计文件的成套性,是以产品为对象所编制的一系列设计文件的总和,也是产品进行研发制作时,应具备的技术性文件。对于软件而言,主要是指从软件设计、开发、研制、调试等一整套流程。表9.1 根据设计文件管理制度标准SJ/T 207.1—1999,列出了一般电子产品设计文件的成套性。

表9.1　电子产品设计文件的成套性

序号	文件名称	文件间号	产品		产品的组成部分		
			成套设备	整机	整件	部件	零件
			1 级	2、3、4 级	2、3、4 级	5、6 级	7、8 级
1	产品标准	—	●	●	—	—	—
2	零件图	—	—	—	—	—	●
3	装配图	—	—	●	●	●	—
4	安装图	AZ	○	○	—	—	—
5	电路图	DL	○	○	○	—	—
6	接线图	JX	—	○	○	○	—
7	技术说明书	JS	●	●	○	—	—
8	使用说明书	SS	○	○	—	—	—
9	明细表	MX	●	●	●■	—	—
10	整件汇总表	ZH	○	○	—	—	—
11	备附件及工具汇总表	BH	○	○	—	—	—
12	成套运用文件清单	YQ	○	○	—	—	—
13	外形图	WX	—	○	○	○	○
14	总布置图	BL	○	—	—	—	—
15	框图	FL	○	—	○	—	—
16	接线图	JL	○	—	○	○	—
17	媒体程序图	—	—	—	■	■	—
18	信息处理流程图	XL	—	—	□	—	—
19	线缆连接图	LL	○	○	—	—	—

续表

序号	文件名称	文件间号	产品		产品的组成部分		
			成套设备	整机	整件	部件	零件
			1 级	2、3、4 级	2、3、4 级	5、6 级	7、8 级
20	机械传动图	CL	○	○	○	○	—
21	程序	CX	—	—	■	—	—
22	软件规范文本	RB	—	—	□	—	—
23	其他文件	W	○		○	○	—

注:①表中"●""■"分别表示硬件、软件必须编制的文件;"○""□"分别表示硬件、软件应根据产品的生产和使用的需要而编制的文件;"—"表示不需编制的文件。

②产品较简单时,可只编制使用说明书,而不编制技术说明书。

一般根据设计文件管理制度标准,电子产品的设计文件可进行以下归类:

①设计文件按其表达形式可分为图样、简图、文字内容及表格形式 4 种。

②设计文件根据生成过程和使用特征可分如下:

a. 手工编制。包括草图、原图、底图及复制图 4 种;

b. 计算机编制。包括初始设计文件、基准设计文件和工作设计文件 3 种。

③设计文件按记录信息的媒体可分如下:

a. 纸质。如打印纸、扫描纸、复印纸等。

b. 非纸质。如磁盘(软盘、硬盘)等。

④设计文件依据产品研制阶段可分为试制设计文件、设计定型设计文件和生产定型设计文件 3 种。

9.1.2　工艺文件

工艺文件是根据产品设计文件要求,同时结合企业生产的硬性条件(生产设备、生产流水线规划等)和职工技能等实际情况制订出的,用于企业组织生产、指导职工操作、进行工艺管理和保证产品质量的技术文件。工艺文件是企业生产中进行计划管理、物料储备、人员管理、成本核算、生产规划等的主要依据。一个清晰完整、科学合理且行之有效的工艺文件将会极大提高企业的生产效率、产品的质量和工人的劳动技能水平。

工艺文件作为企业日常生产中带有法律性质的生产文件,不仅说明了企业加工生产产品的流程步骤和内容,实现由原材料到零部件、整件和成套设备的生产过程,同时也是现代企业管理的一项基本制度。通常有工艺文件目录、工艺路线表、工艺过程卡、元器件工艺表、各类明细表、装配工艺过程卡、工艺说明及简图、调试工艺、检验规范及测试工艺等文件。在产品的试制设计阶段、设计定型阶段和生产定型阶段分别完成不同的检验、验证和指导功能。工艺文件大致可分为工艺管理文件和工艺规程两大类。其中,工艺管理文件是企业组织产品生产和保证产品工艺的相应技术文件;工艺规程是指零件、部件、整件和产品的制造工艺过程及操作方法等的技术说明文件。

9.2　整机装配工艺要求

电子产品的装配工艺是否合理、调试以及检验技术是否科学有效,这直接关系到其研发的成本与周期,并最终决定产品的质量与性能,进而影响到新产品、新技术在电子市场中的前景与寿命。因此,为了得到更好、更优的电子产品,很有必要将产品研发过程的结构安排、工艺流程与调试检测全过程进行系统分析与介绍。本章将分别介绍电子产品的装配、调试与检测技术工艺。

9.2.1　整机装配工艺概述

根据电子元器件的发展历程,相应电子整机装配工艺依次经历了 5 个不同阶段。从最早的用于电子管装配的底座框架式时代,到晶体管和集成电路的通孔插装时期,再到大规模集成电路和后来的超大规模集成电路采用的表面组装与多层复合贴装时期。其中,电子电路表面组装技术(Surface Mount Technology,SMT)又称为表面贴装或表面安装技术,是一种将无引脚或短引线表面组装元器件(简称 SMC/SMD)安装在印制电路板(Printed Circuit Board,PCB)的表面或其他基板的表面上,通过回流焊或浸焊等方法加以焊接组装的电路装连技术,具有组装密度高、可靠性好、质量轻、电子产品体积小和易于实现自动化,提高生产效率的特点。如图 9.1 所示印制电路板上的电子元器件就是通过表面贴装技术实现装连。所谓电子整机装配,就是根据既定的技术文件和设计要求,按照规定的工艺文件与流程,将所需的元器件、零部件、整件等有序装配在印制电路板、机壳、面板等部位,构成具有一定功能的电子产品的

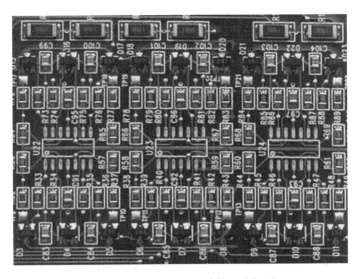

图 9.1　电子电路表面贴装电路板图

过程。总的来说,电子整机装配工艺过程包括机械装配工艺过程和电气装配工艺过程两大部分。

实际具体的装配过程与产品的复杂程度、装配工艺要求,元器件特点等密切相关。一个优秀的装配工艺既可确保产品的质量,也是用最经济有效的策略实现产品各项功能的前提条件。实际操作过程中,虽然产品、功能、类型等不尽相同,所需要的装机元器件、原材料、部件等规模与种类也不尽相同,但具体电子产品装配过程中的加工、操作工序等都可概括为装配前的准备、装配联接、整机调试、整机检验和入库或出库等几个阶段,在电子产品的各个装配阶段,对于装配内容和要求的不同,其相应的装配方式、方法也有区别。如图9.2所示为电子产品装配工艺流程示意图。在其整机装配的过程中,一般需要注意在元器件、零部件的处理、装配顺序上的要求,进而遵循一定的原则得到有效的装配策略。

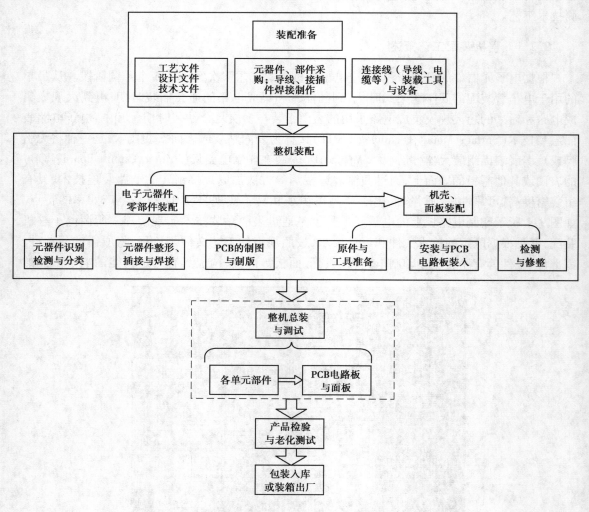

图9.2　电子产品生产工艺流程图

在电子产品的生产过程中,按照既定的装配原则,确定相应的装配顺序和步骤,设计出清晰、简洁、合理的系统装配图,装配步骤表示明确,元器件和零部件操作规范,能够全面反映装配单元划分和装配工艺的实施过程。通常在装配准备阶段,需要完成零部件的预处理,如元器件、零件的倒角、去毛刺、清洗、防锈、防腐和干燥处理、涂装等操作。在整机装配过程中,要先进行基础零部件的装配,使得整机装配过程中重心平稳,先进行复杂件、精密件的装配。同时,在相应的装配基准件上要留有一定的安装空间,方便装配、调整和检测维修,先进行容易损坏后续装配的工序,如冲击、打击、压力性质的装配等,而那些易燃、易爆和易破碎的组件,尽可能放在后面,减少安全防护工作量,从而保证装配工作顺利进行。

①装配准备

装配前完成所需开关、导线、接插件等的加工制造,所需元器件和零部件的采购与识别分类工作,并检查相应原材料的质量与数量。

②整机装配

根据装配的工艺文件和技术要求,完成元器件的整形、手动和自动插接、焊接等,有序的完成各单元模块的连接与装配,同时完成各模块规定技术指标和参数的调试与测试。

③整机总装

将上述装配完成后,所得各印制电路板、面板等,其他所需部件,利用总装的工艺流程和要求,通过总装工具和连接、接插件、所需零部件等有序装入整机架构内。最后,对整机进行最终的布局调整与电气特性测试。最终实现产品达到规定的技术文件指标和参数。

④产品检验与老化测试

最终产品的检验,应按照产品标准和技术文件要求严格执行,一次完成各项指标和性能的检验。通过对产品进行老化测试的标准和测试项目要求,对橡胶、塑料产品、电器绝缘材料、电子零配件的老化试验,从而完成整机检测,并根据其是方便于装箱入库还是快递运输,对整机进行包装。

9.2.2 整机装配工艺要求

(1)整机装配特点

根据装配阶段和对象的不同,电子产品的整机装配过程可概括为元器件级的装配、零部件级的装配和系统级整件的装配。根据具体产品的工作原理和结构特点,通常电子整机的装配方法有以下3种:

1)功能法

按照组件实现的各功能单元,进行个性化模块装配的方法和顺序,该方法虽然得到的各单元功能、结构清晰,便于生产和维修,但也因此降低了整个产品的组装密度。

2)组件法

按照统一的外形尺寸和安装标准进行设计安装的方法。具体应用中,又可分为平面组件法和分层组件法。

3)功能组件法

兼顾上述两种方法的各自优点,使得各产品单元既功能、结构完整,又外形尺寸安装标准统一、规范。

在此过程中,将分别完成各种电子、电路元器件的插接、焊接、连线等操作过程,大的组件、部件之间的组装和互联过程,从而完成产品的电气连接和机械结构连接,得到最终产品的整机互联与调试检验。按照装配的共性原则和具体要求,将装配所需的各器件和工具进行有序的分工操作,最终经过这些装配和整机总装得到完整产品。根据图9.3 电子产品的装配内容,可得到以下产品装配特点:

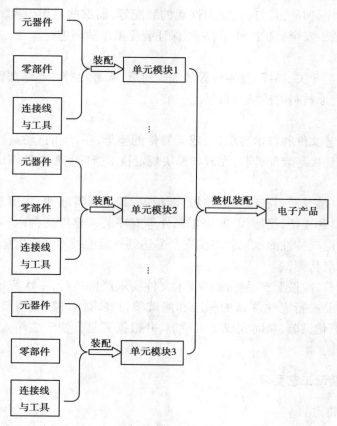

图9.3 产品装配主要内容

①电子产品的装配主要是完成了电气结构的装配和机械结构的装配,以此实现产品的各项功能。在电气特性方面,主要是通过印制电路板作为载体,完成电子元器件的电路焊接;在机械结构方面,利用组成整机的面板和机壳等,通过各种机械连接和紧固工艺,从里及表的完成各单元模板(包括印制电路板、零部件和整件等)的有序装配。

②装配之前,需要对所需元器件和工具进行生产分配和管理。同时,要求操作人员经过专门的业务培训和岗前锻炼,具备一定的专业知识、操作技能和业务素质,能够熟练操作各种仪器和工具、对元器件的特性和形态结构熟悉。

③在总装之前,需要将装配所得各单元模板、整机配件等进行调试、检验,保证各模块的功能正常和结构完整,然后通过总机装配将以上所得各部件进行电气和机械连接完成总装。

④不同产品的装配过程和流程也不尽相同,应根据整机特点,设计高效、合理的安装工艺。如图9.4 所示,对于大批量生产的产品,其流水线作业分别在不同工位完成相应部件

和工艺装配。与此同时,各工位的操作人员,要按规定完成各阶段、各配件的装配、调试和质量检验,去除不合格产品,从而最终保证总装时,产品的质量和性能。

图 9.4　电子产品装配流水线

(2)整机装配要求

整机装配就是要按照规定的文件要求,通过装配、总装、调试和检验,得到合格的电子产品。在不同的装配阶段、操作对象和装配材料,具体的装配要求不尽相同,具体的各配件的电气和机械性能指标、参数也不尽相同。只有当配件和整机最终都达到设计的性能指标和外观结构时,产品才合格。按照设计文件、工艺文件等要求,有以下相应装配要求:

①总体要求

a.完成产品装配,达到设计的各项功能需求,实现功能技术指标,经过测试,性能稳定可靠,可满足市场和工作需求。

b.产品外观结构和功能完整,牢固可靠,方便零部件、接插件、组件的安装与调试,满足设计、工艺文件要求,检验合格。

c.产品的一致性较好,方便进行批量和自动化生产。

d.在满足性能指标的同时,可做到外形美观,体积小,操作便捷,结构合理方便装配和后期调试、维修等,尤其对于需要批量生产的,考虑其实际加工生产线设计和操作的合理性与现实性。

e.产品满足各国家、行业的安全规范与标准等(电气绝缘规范、安全认证、老化测试等要求)。

②基本要求

A.电子元器件的选择与布局要求

电子元器件的选择主要根据电路设计文件和产品性能的要求,选择相应参数、型号和规格的器件。

a.在元器件的选择上:首先,要保证所选器件最终能够实现所得产品的各项功能,且性能稳定可靠,结构合理,经过测试(耐压测试、老化与环境测试等)是安全合格的等;其次,根据不同设计要求和便于印制电路板布线方便等综合考虑,做到方便焊接、调试、装配与维修等;最后,在满足性能的同时,兼顾性价比高,从经济成本角度考虑,一方面元器件的精度满足要求即可,无须采用特别高的精度,除非特别说明或特殊用途;另一方面,可采用市面上技术成熟稳定、被大量采用的元器件,这既有利于缩短产品的研发周期、便于与同行之间开展技术交流与讨论,了解最新进展、获得新产品和新技术,方便技术的更新,同时也有利于后期进行批量生产和降低长期维修的成本。

b. 在元器件的布局安装上:首先,电子元器件排列方式方法:考虑到不同产品其电路结构的设计、功能要求、元器件选择使用的类型、设计文件的要求都不尽相同,排列方式也不尽相同。主要有按照电路原理图的组成顺序(信号的传递方向)进行布局,按照电路的性能及特点进行布局和按照电子元器件的性能与特点进行布局。为此对于不同的布局方式,相应的元器件装配也有不同要求和方式方法。其次,对于按照电路原理图的组成顺序的布局,整个电路结构清晰,便于分析、调试、安装,尤其是当电路出现故障的时候,非常便于分析确定故障位置,并进行排除。如图9.5(b)所示为产生 DDS 信号源的部分电路原理图。它经过数模转换、信号放大、滤波等环节得到最终需要的 DDS 信号。

所谓按照电路性能布局元器件,如对于高频、射频电路,由于信号件容易产生干扰与辐射,故在排列时注意元器件间的距离关系、连接线要短且直等;对于按照元器件的特性进行布局,如热敏元件要放置于原理发热较大的元器件,而对于发热量较大的元件,应根据需要配置散热器且均匀分布利于散热,放置于通风口;IC 去耦电容的布局要尽量靠近芯片的管脚,并使其和电源与地之间的回路最短等,保证所有元器件正常工作,最终实现全电路的功能要求。

B. 印制电路板的设计与装配要求

印制电路板要满足设计规范和元器件安装要求,为了保证产品的质量和效果应分别满足以下要求。

a. 在电路板的设计上:首先,元器件尽量做到按照各个单元模块进行排列设计且做到连线最短,而且小的元器件尽量不要布置于大的元器件周围,更新替代或调试较频繁的器件要保证其周围有足够的空间,这样对于各模块的调试将非常方便。如可按照电源模块、信号采集模块、信号放大和滤波模块等进行单元的设计,整个电路流程清晰、电路原理明确,后期调试时就可分别对个单元进行调试,缩短了调试难度。同时,在出现故障时也会很方便进行故障定位和检修。其次,电源层和地层之间的电磁兼容性比较差,所以应尽量避免布置对干扰敏感的信号。如图9.6所示,元器件间的连线应尽可能短,做到关键信号线最短,以减少由于传输距离过长带来的干扰等问题。

高电压、大电流的电路部分最好与低电压、小电流的弱电信号部分分开设计布线;对于信号源的输入端尽量采用差分输入法,以此抑制共模信号的引入和干扰;模拟信号和数字信号分开设计;高频信号与相应的低频信号也应分开设计;高频元器件间的间隔要足够,以此保证电路与电路之间以及元器件之间的干扰与影响降为最低,提高电路的可靠性;如图9.7所示,按照走线的谐振规则,为了防止线路中的高频信号发生由于线路设计带来的谐振问题,注意布线的长度避免与信号的波长成整数倍关系。

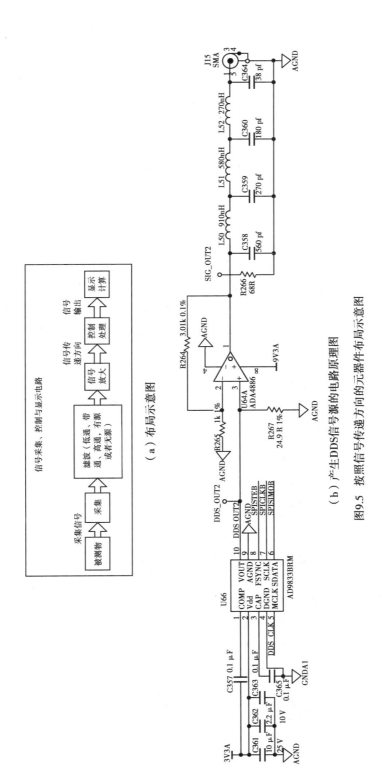

（a）布局示意图

（b）产生DDS信号源的电路原理图

图9.5　按照信号传递方向的元器件布局示意图

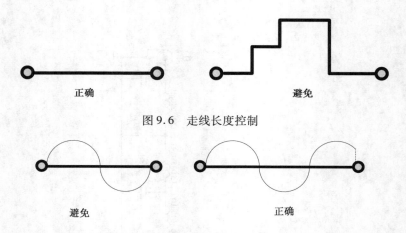

图 9.6　走线长度控制

图 9.7　布线长度与信号波长的关系

布局中在兼顾各方面要求的同时,尽量按照电路原理图的信号走向进行元器件布局设计,方便后期焊接调试。如果有相同结构的电路部分,则最后采用"对称式"的标准布局;按照信号线与其回路构成的环面积最小规则,以减少辐射,如图 9.8 所示。为此,应尽量为电路的时钟信号、高频电信号、敏感信号等重要信号设置专门的布线层,保证最小的回路面积,确保电路的各项性能和线路传递的稳定性。

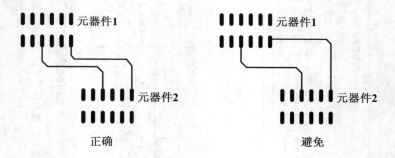

图 9.8　地线回路规则

采用扩大平行布线的间距或者加入接地的隔离线,按照"3W"原则,即保证线间足够大的距离,当满足线间距离不小于线宽的 3 倍时,可保证 70% 的电场不相互干扰,防止发生串扰;对于同一网络中的布线一般应满足阻抗匹配的原则,即线宽应保持一致,因为线宽的变化会导致线路特性阻抗的不一致,高速传输时信号会在不匹配接口处发生发射,造成信号传输损失,如图 9.9 所示。

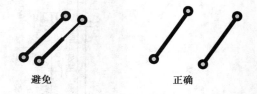

图 9.9　阻抗匹配示意图

走线的方向控制规则如图 9.10 所示。对于相邻层的走线方向应成正交结构,避免将不同层的信号串扰。必要时,可考虑利于地平面隔离各布线层等。

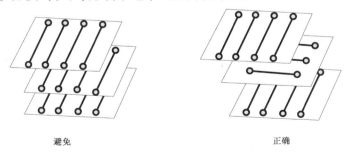

避免　　　　　　　　　　　　　正确

图 9.10　相邻层走线的方向规则

对于发热元器件的热设计要求,一般应尽量均匀分布,设计于风口且不会阻挡风路或利于对流的位置。同时,有散热器的应利于对流,以利于元器件单板和整机的散热;温敏元器件应远离热源区,保证所用器件的可靠稳定。

对于特殊器件、特殊布线要求分别设计其线长、线间距等因素;走线应避免锐角或直角,如图 9.11 所示。一般采用蛇形或蛇形差分走线方式;另外,兼顾电源线、模拟小信号线、高速度信号、时钟信号及同步信号的关键信号信号优先布线的顺序原则;有阻抗控制要求的应设计在阻抗控制层上;PCB 电路板总体上按照均匀布板、重心平衡和结构美观的标准化布局原则。

避免　　　　　　　　　　　　　正确

图 9.11　避免锐角或直角的走线方式

b.在电路板的组装上:印制电路板的组装,就是按照设计文件和工艺要求,将所需的元器件、接插件等通过手工或者机器操作的方式,利用焊接或者紧固件的方式安装到 PCB 对应位置的过程。首先,根据印制电路板的制作材料和导电层面的多少,PCB 可分为刚性印制板和挠性印制板以及单面板、双面板和多层板。印制电路板的板层一般根据电路的电气特性与设计要求、电路板的机械结构与强度要求、准确性与可靠性、加工工艺要求以及成本控制等方面因素。对印制电路板的布局设计,主要考虑所用板材、形状和尺寸的设计,布线、连接、标注以及安装方法的实现与优化,和电路板电磁兼容性与信号完整性等的优化与设计。其次,应按照"先大后小,先难后易"的布局原则,即对于结构上比较大的和焊接上较复杂的元器件以及重要的单元电路,应该优先设计布局。根据印制电路板的性能和加工效率要求,一般按照元件面单面贴装,元件面贴、插混装,双面贴装和元件面贴插混装、焊接面贴装的顺序。最后,当完成电子元器件在电路板上的各种焊接装配、接插件形式的装配以及检测之后,接下来就可以对各印制电路板单元进行装配与调试,为后面的整机装配做好准备。如图 9.12 所示为 PCB 设计装配过程。

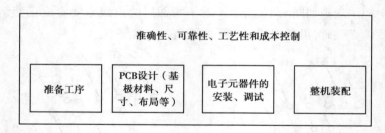

图 9.12　印制电路板的准备与装配

C. 干扰与抗干扰要求

随着对电子产品功能和性能的要求越来越高,其相应的电子线路设计也越来越复杂,尤其是电子电路正在逐步向大规模集成化方向发展,其内部的集成度越来越高,对电磁干扰(Electromagnetic Interference,EMI)和电磁兼容性(Electromagnetic Compatibility,EMC)问题的解决已成为工程师越来越关注和棘手的问题。由于印制电路板上不可避免地存在干扰源、干扰的传播路径、相应的敏感元件等,势必会不同程度的影响设计的电路板的可靠性,并最终影响到产品的质量和性能。

为了保证电子产品稳定、可靠的工作,很有必要在设备的电磁兼容性方面采取必要的抗干扰措施。电子产品的干扰一般可分为射频信号带来的干扰、静电放电干扰、电力干扰及自兼容干扰等。其中,自兼容干扰又可分为 PCB 干扰、电源干扰、高频干扰及交叉干扰。PCB 设计中,存在的干扰主要有布线类干扰、布局干扰和传导辐射干扰。除了上文中提到的抗干扰措施和采取的方法之外,在设计中还应考虑采取以下措施:一是消除或者降低干扰源产生的干扰,以此达到在源头上将干扰杜绝;二是对传播路径和敏感元件等采取隔离、屏蔽、滤波和接地等措施进行有效防护。其中的屏蔽技术可有效抑制通过空间传播的电磁干扰,对于干扰源可有效控制电磁能量的外泄,对于敏感元件和设备,可有效阻止和防护外部电磁场的干扰。按照屏蔽对象的不同,可采用接地的金属壳将干扰源与敏感器件隔离的电屏蔽、采用高磁导率做成的屏蔽盒的磁屏蔽和利用反射和吸收衰减的电磁场屏蔽 3 种方法,以此对干扰源和易受干扰的设备或是传播路径等进行有效的防护。

磁场屏蔽的主要是利用高磁导率材料具有的低磁阻同时增大材料的厚度,其对磁通起分路的作用,使得屏蔽体内部的磁场大大减弱达到抗干扰目的;对于传播线路的屏蔽和防护一般采用带屏蔽层的导线或者金属管等,并对屏蔽层做好接地保护;滤波技术通常可采用 3 种器件来实现:去耦电容、EMI 滤波器和磁性元件。其中,EMI 滤波器通常是由串联电抗器和并联电容器组成的低通滤波电路,其作用是允许设备正常工作时的频率信号进入设备,而对高频的干扰信号有较大的阻碍作用,如图 9.13 所示。它主要有 L 型滤波器、π 型滤波器和 T 型滤波器等。

由图 9.13 可知,L 型滤波器即 LC 和 CL 型滤波器,包括一个电感器 L 和一个电容器 C,L 型滤波器既可提供高的输入阻抗,也可提供低的输入阻抗,取决于电路的安装方向;π 型滤波器即 CLC 型滤波器,包括两个电容器 C 和一个电感器 L,它的输入和输出都呈低阻抗,相对于 L 型滤波器其插入损耗特性更好。注意在使用 π 型滤波器时,当用于开关电路时,可能会出现"振铃"现象;T 型滤波器即 LCL 型滤波器,包括两个电感器和电容器。它的

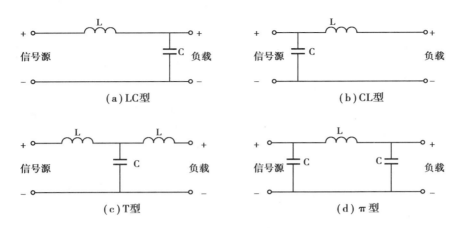

图9.13　常用 EMI 滤波器的结构形式

两端都是高阻抗,其插入损耗性能和 π 型滤波器相似,但其不易出现"振铃"现象,可用于开关电路;磁性元件是由铁磁材料构成的抗电磁干扰的元器件,常见的磁性元件有磁珠,磁环,扁平磁夹子等。如图 9.14 所示为引线型铁氧体磁珠和贴片式铁氧体磁珠(表面贴装)。通过铁磁性材料来抑制 EMI 的磁性材料,其工作原理相当于在传输线上串了一个电感,能够有效抑制高频噪声。

图9.14　磁环和磁珠连接示意图

　　滤波器可采用有源滤波器和无源滤波器设计,根据噪声和干扰的类型和特点以及传播信号的特点,包括频率范围、衰减要求、电路的输入阻抗特性等。合理选择设计滤波器将可有效地去除干扰的传播,特别是 EMI 滤波器的选择与设计,不同频率的信号,其相关电路阻抗中的电抗(感抗和容抗)也是不一样的,所以更应充分考虑电路的干扰特性和阻抗特性。

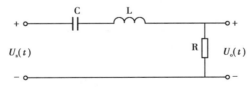

图9.15　信号传递示意图

　　如图9.15 所示,信号传递线路,当信号频率很高时,由感抗表达式 $X_L = L\omega = 2\pi fL$ 可知,将在线圈中产生很大的阻抗,而对于电容: $X_C = \dfrac{1}{\omega C} = \dfrac{1}{2\pi fC}$,几乎又不会产生阻抗作用,而当频率变的较低时,情况又会不同。例如,对于电源可在每根电源线和地线之间以及正负极导线之间接入合适的滤波电容,则可很好地抑制高频噪声的干扰,减少纹波、毛刺等,使得电源输出平稳干净,进而保护用电电子器件和设备的寿命和性能;对于传播信号而言,则可很好地抑制高频干扰,提高信噪比。

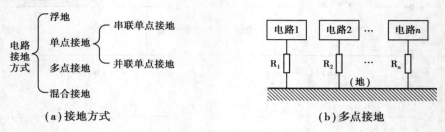

（a）接地方式　　　　　　　　　　（b）多点接地

图 9.16　信号接地

如图 9.16 所示的信号接地方式,在电路的实际应用中,信号有 3 种基本接地方式,分别是浮地、单点接地和多点接地。

浮地是不与共地的接线方式,以此将电路或设备与公共地及其相关线路隔离开来减少相互干扰的目的,但是却容易使电路受寄生电容影响,增加了电路的扰动;单点接地一般用于低频和直流线路,是将电子线路或设备接到整个电路的唯一一个接地参考点处,在线路复杂或有高频信号时,不提倡此种接法。如图 9.17 所示,对于多个电路的接地方式又可分为串联单点接地和并联单点接地。由于串联接地容易产生公共阻抗耦合的问题,因此一般采用并联单点接地方式。

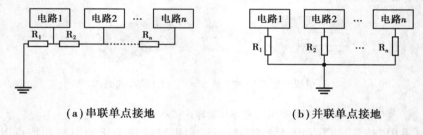

（a）串联单点接地　　　　　　　　（b）并联单点接地

图 9.17　单点接地方式

如图 9.16(b)所示,多点接地是将各设备或线路与其最近的接地点相连接,对于高频电路设计,必须使用多点接地法,而且要求每根接地线的长度小于信号波长的 1/20;在实际应用中,通常采用混合接地方法,既有单点接地,也有多点接地,如图 9.18 所示。当线路中为直流低频信号时,电路为单点接地,而当信号为高频时,则又是多点接地。

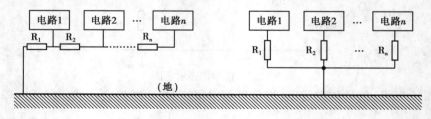

（地）

图 9.18　混合接地示意图

D. 整机总装的要求

通过整机总装工艺与技术,最终得到结构完整的电子产品,为接下来进一步的调试检测作好准备。电子产品的整机总装通常包含调试装配好的各印制电路板单元的装联、零部件装配、连接线、接插件及机壳机箱面板的装配、产品包装等部分。

整机总装的顺序与原则是：电子产品的总装工艺由于工序烦琐、复杂，牵涉的装机对象、步骤、过程等在生产流水线上相应需要多道工序，为此需要考虑整机装配中各工序的流程和顺序。一方面从电气性能角度，完成元器件、部件和单元模块的电气连接；另一方面从产品设计的结构要求，按照零部件的位置精度、表面配合度以及运动精度等进行装配。一个优秀的整机装配顺序和流程，将会极大地提高电子产品的装配与生产效率、产品质量以及员工的工作效率。

按照元件级，零部件级和系统级的安装级别与顺序，合理、有序地设计出个组件的位置和安装序列，其中：

a. 元件级为最低级别，主要完成电子元器件和集成电路的组成装配。

b. 零部件级可分为插件级和底板级或插箱级装配。插件级装配主要完成用于完成元器件的组装与互联，如印制电路板或插件上元器件的组装；底板级或插箱级装配主要完成上一级中装配好的插件或印制电路板等的互联与装配。

c. 系统级装配主要是完成上一级中完成的零部件级的装配，主要通过连接导线和电缆线将上述零部件互联，并通过电源线给各单元零部件供电，形成结构完整并具有一定功能的仪器和设备的过程。

实际装配过程中，一般应注意以下装配原则：先轻后重，先小后大，先铆后装，先装后焊，先里后外，先低后高，易碎易损坏后装，上道工序不得影响下道工序，而下道工序同样不能改变上道工序的装接，灵活运用装配原则，做到具体问题具体设计装配方法，同时注意上下工序之间的衔接，以此更好地完成整机装配工作。

整机总装的基本要求如下：

a. 用于总装的元器件和零部件，必须经过严格的调试无误和检验合格，方可用于装配。

b. 总装过程严格按照总装工艺顺序，各工序应调理有序的进行，切不可颠倒装配的步骤和流程，同时注意前后工序的衔接。

c. 各工序的装配要严格按照工艺文件和设计文件的技术要求，并对照具体的工艺指导卡进行装配操作，比如安装的位置、极性、连线等应正确。

d. 在装配过程中，切不可损坏元器件和零部件，不可损坏整机的绝缘性，像元器件的绝缘层、机箱机壳的绝缘等；保证最终产品的电性能稳定可靠和足够的机械性能和强度。

e. 装配操作技能娴熟，问题解决灵活熟练，同时严格执行自检、互检与专职检验的"三检"原则，保证电子产品质量。

如图 9.19 所示为产品设计、装配、调试和检测过程的一般工艺流程示意图。一般对准备好的电子单元进行调试和电气性能指标的初步测试，合格后再将各组件、机壳等进行总装配，最后进行总体的电气性能、机械性能和外观等的检验，合格后即可进行产品包装和入库。为了得到最终满足要求的产品，需要根据电子产品的设计要求和规范，合理设计执行总装配、各种装联、调试、检验和包装等工艺过程，将所需的各个组成部分按照一定的工艺流程和步骤进行连接、装配与组装等，这些工艺都有其特定的操作方法，应正确运用各种工艺，进行合理有序的装配，从而实现产品预定的各项技术指标与功能。

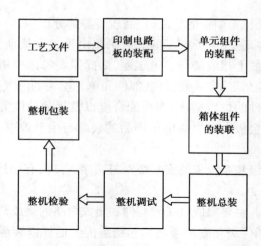

图 9.19　电子产品装配一般工艺流程示意图

9.3　电子产品调试与工艺质量管理

9.3.1　电子产品调试工艺

电子产品的调试工艺包括测试和调整两个部分。其中,测试主要根据设计、技术等文件,对电子整机的各项技术指标和性能进行系统的测试,使得电子产品的各项技术指标符合规定和设计要求;调整主要是指根据设计要求和测试的结果,对相应电路参数的调整和改进,即对影响整机的电气和机械性能的各元器件、部件等部分进行调整,以期达到设计的技术要求和指标。电子产品的检测方法主要有观察法、测量电阻法、测量电压法、替代法、波形观察法、信号注入法;电子产品的调整方法主要有电路静态工作点的调整、电路动态特性调整。

为了准确验证所设计出的产品的各项性能参数满足规定标准或技术文件要求,则根据产品对象的不同,相应的需要功能齐备的、满足测量精度要求的电子检验、测量仪器和设备,从而有效地测得经过装配、调试所得整机的各项参数。根据使用的范围和普遍性,检验仪器一般可以分为两类:一种是属于通用测量仪器,它有较宽的适用范围、较强的通用性,从而可完成对不同电子产品的一项或多项电性能参数的测量,这类仪表像电压表、电流表、万用表、示波器等;另一种是属于专用测量检测仪器,它可实现对一个或几个产品进行专业的一项或多项电性能参数的测试。

①电性能测量仪器和设备:电性能测量仪器和设备主要有电流表、电压表、毫伏表、欧姆表、示波器、低频信号发生器、高频信号发生器、脉冲信号发生器、频率计及频谱分析仪等。

②电气安全性能试验仪器:安全性能测量仪器和设备主要有耐电压测试仪、泄漏电流测试仪、绝缘电阻测试仪及接地电阻测试仪等。

另外考虑到,通常一种电子测量仪器具有有限的测试功能,为了很好地完成电子产品某一项性能指标的测试,有时还需用多台测量仪器配合完成电子产品性能的测试,在进行常规的电子产品调整测试时,可配备像函数发生器、高频和低频信号发生器、万用表、示波器、可调稳压电源、频谱分析仪等仪器。在使用电子仪器和设备前,操作人员应该仔细阅读所用电子仪器的使用说明,明确测量仪器的各项功能及使用方法,严格按照给定的测试范围、测试精度、操作程序和步骤、环境条件等要求使用,同时需要注意以下 5 点:

①在规定的温度、湿度、大气压等环境条件下使用测量仪。

②摆放测量仪器,应该便于操作和观察,并确保其安全和稳定。

③测量仪器的测量范围及精度等,应符合检验标准的要求。

④测量仪器应定期进行计量检定或校准,测量仪器的准确度、误差应符合检定规程及国家对计量溯源的要求。

⑤在检测开始前和完成后,应分别检查测量仪器的工作是否正常,以便当测量仪器失效时,及时追回被测样品并及时维修和校准。

在进行电子产品调试工作时,一般按照分模块进行调整和测试。首先,进行电源单元模块的调试,保证整个电路所需要的不同电源都能正常工作;其次,上电检查各级测试点是否参数正确,进行各级各单元的分级调试;再次,通过对整机性能指标的测试,进行整机电参数和机械参数的调整;最后,进行整机联调,完成参数、性能的最终测试,并进行环境、可靠性测试等操作。

电子产品电路调试一般可分为两个阶段:一是前期电路板的调试,作为板级产品流水线上的工序,安排在电路板装配、焊接的工序后面;二是在整机产品的总体装配流水线上,把各个部件单元连接起来以后,必须通过系统调试才能形成整机。具体来说,调试工作的内容有以下 5 点:

①根据设计、工艺文件,明确电子产品调试的目的和要求。

②根据测试要求,正确合理地选择和使用测试仪器仪表。

③按照设计好的性能指标,对电子产品进行调整和测试。

④运用已有的电子元器件、检测技术等知识和经验,如焊接工艺的问题导致虚焊,造成焊点接触不良的原因,元器件正负极接反,以及电路设计问题导致信号干扰等,并结合断电观察、上电检测和信号替代、性能比较、逐个分级调试等方法进行查找,最终完成分析和排查出调试中出现的故障并解决。

⑤撰写调试工作总结,对调试数据进行分析和处理。

9.3.2　电子产品工艺管理

产品工艺是一项系统工程,贯穿于生产的全过程。它是企业重要的基础管理,电子产品因其种类繁多,且又各具特色,其工艺质量管理正是因此针对电子产品的广泛性、设备使用的可靠性、使用寿命、技术特性等特点,以及为了使得电子产品的生产要求、研发到推广全部生产周期的规范化和指标化,同时也是对生产企业单位的生产能力和设备情况、技术、工艺和管理水平等一系列标准化文件。电子产品生产中运用总结制订的一些标准方法和规范,对生产的内容、流程、质量等进行管理的标准,主要有技术管理标准、生产管理标准、质量管理标准及设备等的管理标准。

电子产品的工艺过程即是利用已有的生产设备和仪器,对设计所需的原材料、元器件等进行加工、处理,经过各种检测、元件的整形、插装、焊接、调试以及总装等之后,得到的具有特点功能的产品的一套工艺、方法或技术流程。其中,元器件和零部件加工工艺和组件的装配工艺是其生产过程中的主要工艺技术,完成包括工艺管理、工艺技术、工艺装备和操作人员培训等内容。所谓工艺管理就是科学地计划、组织和控制各项工艺工作的全过程。工艺管理过程设计到产品和企业的方方面面,一方面企业要做好生产的组织和管理工作,确保产品的合理有序进行,同时也是提高生产效率、保证生产安全、降低消耗和增加经济效益的保障,最终保证产品的质量;另一方面,在生产过程中,对于生产的产品所具备的软硬件技术水平,也是决定最终产品品质优势的重要因素。工艺管理的基本任务是在一定生产条件下,应用现代管理科学理论,对各项工艺工作进行计划、组织和控制,使之按一定的原则、程序和方法协调有效地进行。工艺管理的主要内容如下:

①工艺管理体系。
②生产现场的工艺管理。
③设计工艺文件、工艺方案和路线,编制工艺规程。
④工艺纪律。
⑤质量管理。
⑥生产管理。
⑦职工素质及工艺人员积极性。
⑧编制工艺发展和技术改造规划。
⑨开展新工艺的试验与研究。
⑩编制原材料和工艺材料的技术定额及加工工时定额。
⑪审查产品设计的工艺性。
⑫制订新产品的工艺方案。
⑬开展工艺管理标准化工作等。

作为企业管理的重要内容,通过合理、健全的工艺管理过程,不断提高电子产品的生产质量和效益,提企业经济效益和竞争能力,加强工艺管理也是提高企业管理水平和生产标准化的重要过程。

训练 9.1　收音机的组装与调试

(1)训练目标
①熟悉电路板焊接的相关知识和常用工具,提高元器件的识读和辨别能力。
②提升电路原理图的识图能力,了解收音机的基本原理,完成收音机的组装、焊接和调试。
③加强收音机故障的分析和解决能力,熟悉电子产品的工艺流程,提高实践技能。
④学习提升电路设计软件(Protel、Cadence 等)的使用技能和水平。

（2）理论准备

为了深入、更好地掌握收音机训练内容,学会常用电子产品的安装、调试、使用、检修,并能够排除一些常见故障的目标,必须对常用电子产品的原理进行说明,并初步具备产品电路原理图的读图能力。

1）收音机原理

声频信号经过前端传感器,转化为电信号,并经调制器将声频电信号与高频的振荡信号进行调制,进一步经过高频放大电路得到待发射信号,最后通过发射天线,将其转换为无线电信号发射出去,各接收终端通过天线接收空中的无线电波,经过调谐电路和检波电路,完成所载声波信号的解调和还原,经过相应的放大电路,即可用来驱动相应的负载设备,得到输出声波。

由于声波的传播必须依赖传播媒质传递,且在不同媒质中传播速度有限,且由于传播中的扩散衰减、散射衰减和吸收衰减等因素限制了声波的传播,考虑到电磁波传播的特点,将电磁波作为音频信号的载体,可以通过两种调制方式:调幅制和调频制,完成音频信号的装载。如图9.20所示为根据上述机理得到的简单收音机信号调制、传播与接收和解调等过程图示。其中,调制方式以调幅制为例。

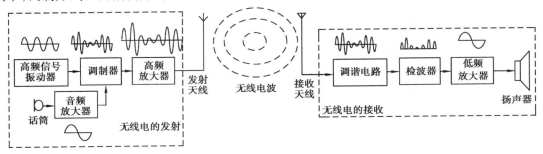

图9.20 无线电广播示意图

2）超外差及超外差收音机的工作原理

由于直放式收音机,其灵敏度较低,选择性差,采用具有以下特点的超外差接收方式代替直放式收音机:

①灵敏度高。

②选择性好。

③接收不同载波频率电台的灵敏度一致性好。

如图9.21为超外差式调幅收音机工作原理方框图。它由输入调谐回路、变频电路、中放级电路、检波电路、自动增益控制电路（Automatic Gain Control,AGC）、音频前置放大电路及功率放大电路等模块组成。高频电路完成无线电信号的接受和音频信号的还原,低频电路完成音频信号的放大和设备的驱动。

a.本机振荡与混频。将本机高频振动信号与调谐输出信号进行混合,得到差频固定的中频信号作为下一级的输入信号。

b.检波电路。就是解调过程,从载波信号中得到音频信号的幅值包络。

c.自动增益控制电路（AGC）。是反馈控制环节,通过将检波所得包络信号中的直流分量反馈至中放级输入端比较输入,从而补偿控制由于信号的强或弱带来的波动,实现对高频电

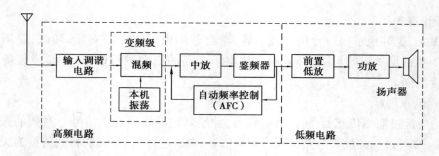

图 9.21　超外差式调幅收音机工作方框图

路的自动调节。

超外差式晶体管 AM 收音机的关键是变频级,也是超外差的特点所在,通过变频级的混频器将输入调谐回路接收得到的高频调制信号与本机振荡产生的高频振荡信号进行混合作用,这样由混频器输出的就是携音频包络的中频载波调制波,且频率固定,如此在经过中频放大电路的一级、二级等的两级放大之后,其中一级放大的输入还受到自动增益控制电路的反馈控制,得到下一级二极管检波器的输入信号,经二极管检波之后还原出低频音频信号,即为中频信号的振幅包络。这样,在经过低放电路的前置放大级和功率放大电路(如可采用 OTL 或 OCL)作用得到所需的驱动输出设备的音频电信号。超外差的实质就是通过混频器将接受到的高频无线电信号与本机振荡产生的高频信号作用,得到频率固定且频率较低的中频载波,且中频信号的振幅包络与高频信号的振幅包络完全相同,保证音频信号能够通过检波器进行还原。与 AM 相类似,如图 9.22 所示为无线电广播调频式超外差接收终端典型原理方框图。它主要区别在鉴频级和自动频率控制电路部分,可能还有限幅级部分和其他附加电路,除此之外与超外差式 AM 接收终端基本相同。

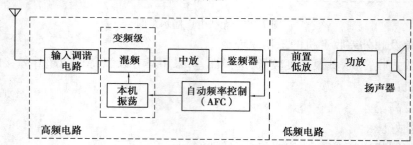

图 9.22　超外差式调频收音机工作方框图

3)六管超外差式调幅收音机的整机电路

本训练采用中夏牌 S66E 型调幅收音机,可实现接收频率范围为 535 kHz 到 1 605 kHz 范围的中波段,如图 9.23 所示为中夏 S66D 型收音机的原理电路图,由输入回路高放混频级、一级中放、二级中放、前置低放兼检波级、功放级等组成。采用典型六管超外差式电路,具有安装调试方便、工作稳定、灵敏度高、选择性好等特点,功放级采用无输出变压器的功率放大器,有效率高、频率特性好、声音洪亮、耗电省等特色。

①输入调谐回路

输入调谐回路主要完成对无线电广播信号的接受,并从中选择出所选电台信号。如图

268

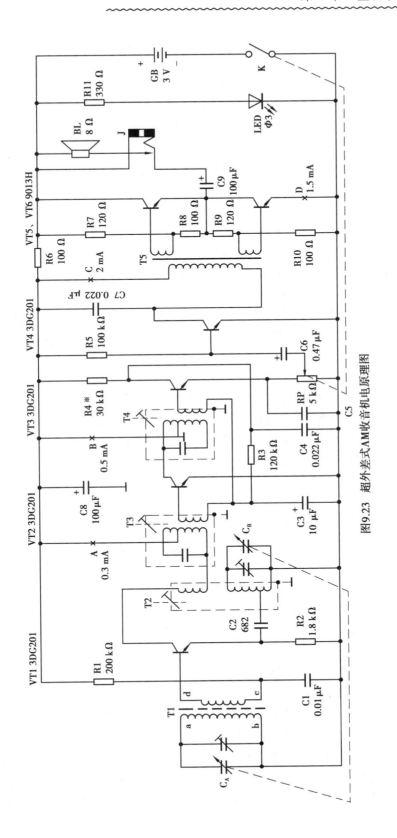

图9.23　超外差式AM收音机电原理图

10.23 所示,调谐电路由磁棒线圈 T1 的初级线圈和可变双联电容 CA 组成的 LC 并联调谐回路,根据谐振电路的谐振频率 $f_0 = \dfrac{1}{2\pi\sqrt{LC}}$ 可知,通过调节可变电容 CA 大小可使 LC 电路的固有频率(谐振频率)发生改变。当发生谐振时,即可选出相应的电台信号,不断调节可变电容即可得到不同频率的电台信号,所选信号通过次级线圈耦合到下一变频级。

②变频电路

变频电路主要完成对接收的不同频率的电台信号进行变频为固定频率的中频信号,方便后续操作,其由混频、本机振荡和选频三部分电路组成。如图 9.23 所示,以 VT1 为中心的变频电路,其实现了将由输入调谐电路收到的不同频率高频电台信号转换为频率固定为 465 kHz 的中频信号。其中的本机振荡电路由 VT1、T2 等组成的共基极放大电路,工作时会产生一个比输入信号高 465 kHz 的等幅高频振荡信号,其振荡频率大小由 T2 和双联电容的另一联 CB 实现,本机振荡的电压由 T2 初级线圈的抽头引出,通过 C2 耦合到 VT1 的发射极上,振荡线圈 T2 的初级和次级线圈绕在同一个磁芯上,它们将晶体管 VT1 集电极输出的放大了的振荡信号以正反馈的形式耦合到振荡电路中。由 VT1、T3 的初级线圈等组成的混频电路,是共发射极电路,由输入调谐电路得到的电台信号,通过磁棒线圈 T1 的次级线圈耦合到晶体管 VT1 的基极,由本机振荡产生的振荡信号通过瓷片电容 C2 引到晶体管 VT1 的发射极,从而完成两者信号在线圈 T1 中的混频,又因为三极管的非线性作用,混频的结果将产生各种频率的信号,其中包含了本机振荡信号与电台信号差频为固定的 465 kHz 的中频信号,又由中频变压器(简称中周)T3 的初级线圈和图示内部电容组成的并联谐振电路,其振荡频率为 465 kHz,从而从上述经混频得到的各种频率信号中选择出固定频率的中频信号,即 465 kHz 的中频信号,由图知混频电路的负载为中频变压器 T3,再经由中频变压器 T3 次级线圈耦合到下一级电路。

③中频放大电路

由变频电路中选频级输出的中频信号经中周 T3 次级线圈耦合后,由晶体管 VT2 的基极输入并进行一级中频放大,晶体管 VT3 完成中频信号的二级放大。其中 T3、T4 分别为第一级和第二级中频放大电路用的中频变压器。作为第一级中放电路中 VT2 的负载的中周 T4 和内部电容,构成如图示并联谐振电路,其谐振频率为 465 kHz,完成信号的进一步选择。可知,通过中频放大环节,使得超外差式收音机不论是在灵敏度还是选择性方面都比直放式收音机改善了很多。差频固定的中频信号(465 kHz)经过中周两级放大之后,输出到检波电路的输入级。

④检波、AGC 回路与低放电路

经过中频放大得到的中频信号,经过检波电路得到音频电信号,同时进一步滤除不需要的信号和噪声。图中的晶体管 VT3 既实现中频信号的二级放大,同时也是检波管,由第一级中频放大电路放大后的中频信号经中周 T4 耦合到晶体管 VT3 完成放大和检波。同时由晶体管 VT3 组成的三极管检波放大电路,不仅检波效率高,还具有较强的自动增益控制(AGC)能力,反馈信号通过电阻 R3 引回到晶体管 VT2 的基极完成自动增益的调节。通过检波级电路实现将中频调幅信号还原为音频电信号的目的,其中电瓷片滤波电容 C4 和 C5 使得所得信号信噪比更好。

⑤前置低放和功率放大电路

由图 9.23 可知,上一级经过检波电路得到的音频电信号,通过电位器 RP 传到前置低放晶体管 VT4 处,并将音频信号放大,为了能驱动负载,还需要经过功率放大电路作用。功率放大电路采用单端推挽式无输出变压器功率放大电路(Output transformerless,OTL),输出较大的电压和电流。采用 NPN 型互补对称电路,通过输出电容与负载连接。一方面避免了采用变压器耦合方式时的体积大、笨重、频率特性不好等缺点,同时另一方面可以消除变压器引起的失真和损耗,使得电路变得更轻便、小巧。即图中的晶体管 VT5 和 VT6 组成互补对称推挽电路,输入变压器 T5 完成倒相耦合,输出电容 C9 完成输出耦合。为了减少失真,电容 C9 应越大越好,则连接扬声器即可发声。

(3)训练工具与材料

训练工具与材料见表 9.2。

表 9.2　训练 9.1 的训练工具与材料

训练工具	电烙铁、焊锡、助焊剂、吸焊器、万用表、剥线钳、尖嘴钳、镊子等
训练材料	见表 9.3

在收音机的训练过程中用到的工具主要有电烙铁、焊锡、助焊剂、吸焊器、万用表、剥线钳、尖嘴钳、镊子等。表 9.3 列出了训练中用到的元器件和参数型号。通过训练进一步掌握常用元器件的使用方法。学习色环电阻的识别(黑 0,粽 1,红 2,橙 3,黄 4,绿 5,蓝 6,紫 7,灰 8,白 9),电解电容的正负极判断,变压器初次级线圈的判断,晶体三极管的选择和使用及不同元器件的焊接装配顺序等。

表 9.3　收音机训练所需元器件

序号	名　称	型号规格	位　号	数　量
1	三极管	3DG201(绿,黄)	VT1	1 支
2	三极管	3DG201(蓝,紫)	VT2、VT3	2 支
3	三极管	3DG201(紫,灰)	VT4	1 支
4	三极管	9013H	VT5、VT6	2 支
5	发光二极管	3 红	LED	1 支
6	磁棒线圈	5 mm × 13 mm × 55 mm	T1	1 套
7	中周	红、白、黑	T2、T3、T4	3 个
8	输入变压器	E 型 6 个引脚	T5	1 个
9	扬声器	58 mm	BL	1 个

续表

序号	名 称	型号规格	位 号	数 量
10	电阻器	100 Ω	R6、R8、R10	3 支
11	电阻器	120 Ω	R7、R9	2 支
12	电阻器	330 Ω 1 800 Ω	R11、R2	各 1 支
13	电阻器	30 000 Ω 100 000 Ω	R4、R5	各 1 支
14	电阻器	120 000 Ω 200 000 Ω	R3、R1	各 1 支
15	电位器	5K(带开关插脚式)	RP	1 支
16	电解电容	0.47、10	C6、C3	各 1 支
17	电解电容	100	C8、C9	2 支
18	瓷片电容	682、103	C2、C1	各 1 支
19	瓷片电容	223	C4、C5、C7	3 支
20	双联电容	CBM-223P	CA	1 支
21	收音机前后盖			各 1 个
23	刻度尺和音窗			各 1 块
24	双联拨盘			1 个
25	电位器拨盘			
26	磁棒支架			1 个
27	印刷电路板			1 块
28	电原理图及说明			1 份
29	耳机插座		J	1 个
30	双联拨盘			1 个
31	电位器拨盘			1 个
32	双联及拨盘螺钉			3 颗
33	电位器拨盘螺钉			1 颗
34	自攻螺钉			1 颗

如图 9.24 所示为收音机装配所需的双联电容、晶体管、中周等部分元器件实物图。其中,电解电容有正负极性之分,长脚端为正极,或者是标有 + 号的一端,另外,电解电容使用时还需要注意应用的电压范围,从而选择合适的额定电压的电容。瓷片电容无极性要求,其上所标的参数的读法,如以 10^4 为例,其表示的大小为 10 的 4 次方,单位 pF,即 10^4 pF。需要注

意的是,在高频电路中,电容在排列、布局时不能太紧凑,防止相互干扰。二极管的重要特性就是单向导电性,被广泛用于整流电路、稳压电路等,根据自身特性有红外的、发光的、光敏的和变容的等。常见的普通二极管像 IN4148,整流二极管有 IN4001-IN4004 和 IN4007 等,大电流二极管有 IN5401 等。对于发光二极管,一般额定耐压为 1.8 ~ 2.2 V,额定电流为 10 ~ 30 mA。使用时,注意限流电阻的添加,实际应用中,发光二极管长脚为正极端。

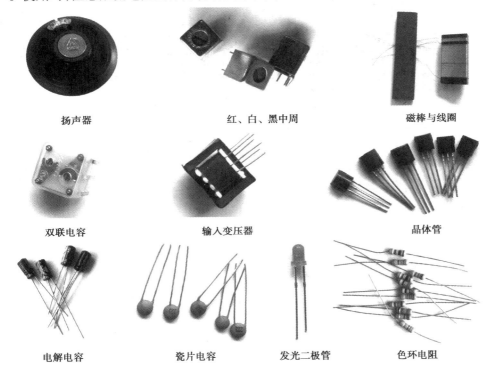

图 9.24　收音机训练部分元器件实物图

(4)训练内容

如图 9.25 所示为收音机的装配工艺流程。在收音机的装配过程中,要完成元器件级的准备和焊接,整机的装配和调试等工作。收音机元器件的装配主要焊接技术,掌握烙铁的正确使用方法和基本焊接技能,同时掌握不同规格、型号、尺寸元器件的组装顺序,优先安装像贴片、小的插件等低矮的元器件(如电阻、电容等),最后安装笨重的(如变压器、中周等)、不耐热的元器件(如三极管等)。为了保证调试工作的顺利进行,在整机调试前,要对照电路图正确完成所有元器件的安装,检查电路板焊点无虚焊、焊点之间无短路,以及元器件无错焊、漏焊等,可按照信号的传递方向进行逐级检测,确保装配完全。最后,掌握整机调试、故障排查的常用方法和技能,按照各组成部分的功能和参数进行相应调试,如根据 A、B、C、D 4 个集电极电流测试点,调整晶体三极管合适的静态工作点以使其正常工作(避免饱和或截止失真等),避免容易接错、混淆的元器件(如色环电阻,电解电容和二极管的极性,像中功率的、高频小功率的不同类型三极管的使用)等的选择和使用,最终顺利完成收音机的全部训练任务和要求。

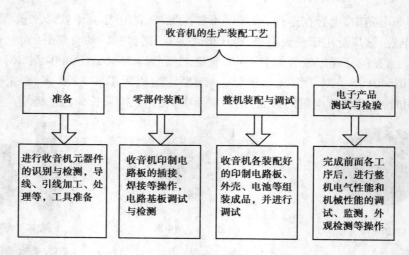

图 9.25　收音机装配工艺图

第**10**章
电工电子技术工程实践综合训练

本章通过4个综合性、设计性训练案例的实施,使学生的电工电子技术工程素质得到系统化、综合化、规模化的训练,从而达到提升学生电工电子技术综合工程素质的目的。

10.1 直流稳压电源设计与制作训练

(1)训练目标

①熟悉直流稳压电源的组成与工作原理。

②提升模拟电子电路的设计能力。

③熟悉集成电路稳压芯片的特点与使用方法。

④掌握直流稳压电源的性能参数及其测试方法。

⑤掌握直流稳压电源故障的特点、分析判断方法与检修技术。

(2)理论准备

1)直流稳压电源的组成

通用的直流稳压电源的组成如图10.1所示。

图10.1(a)是串联型直流稳压电源的系统结构图。其主要组成环节包括电源变压器(降压)、整流电路(AC/DC变换)、滤波电路、稳压电路与辅助电路组成。其中,辅助电路主要包括过流、短路、过压保护以及电源工作状态指示等相关电路。

图10.1(b)是开关稳压电源的组成框图,开关稳压电源主要组成部分包括输入滤波电路、AC/DC整流与滤波电路、开关管(功率型)、高频变压器(开关变压器)、开关电源控制器、DC/DC变换整流与滤波电路以及辅助电路组成。辅助电路是满足电源实际工作需要进行相关保护与工作状态指示的电路。

2)串联型直流稳压电源的工作原理

①工作原理分析

如图10.2所示,来自电网的220 V交流电首先通过电源降压变压器TR1降压,变成适合

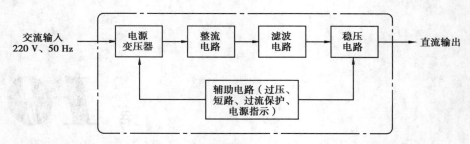

（a）串联型直流稳压电源的组成

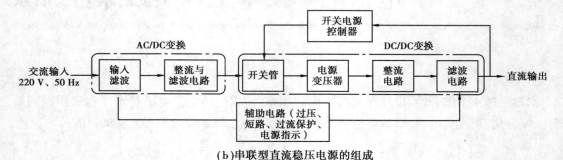

（b）串联型直流稳压电源的组成

图 10.1　直流稳压电源的结构图

低压整流电路所需要的低压交流电，整流二极管 D1、D2、D3、D4 完成全波桥式整流电路、电容 C5 完成电容滤波，集成电路稳压芯片实现对稳压功能。

并联在整流二极管两端的电容 C1、C2、C3、C4 为电源开机瞬间冲击电流提供旁路通道，提高整流二极管的工作可靠性。

电容 C6 为稳压芯片的消振电容、减小引线电感的作用，可以限制脉冲过压的上升速率，保护稳压芯片因放大量过大进入自激状态。C7 为输出消振电容，抑制高频噪声带宽，C6、C7 的引线在电源装配工艺设计上应尽可能的短。

二极管 D5 是稳压芯片输入短路保护二极管，防止因其输入端短路，滤波电容 C7 上的电压对稳压芯片内部调整管的伤害。

电容 C5 是主滤波电容，实现对整流后的单向脉动电压的滤波。电容 C8 是输出缓冲电容，防止因负载的变动瞬间输出电压的波动。

FU1、FU2 分别是电源的交流保险管与直流保险管，分别实现对直流电源的直流环节和交流环节的短路保护。

R1、D6 构成电源的工作指示电路，通过发光二极管的工作状态反映电源的工作状态。

②参数计算

A. 稳压芯片选择

集成电路稳压的芯片的选型依据是根据负载工作电压与负载工作电流的要求进行。一般要求：第一，稳压芯片的额定稳压输出电压 U_o 与负载额定工作电压 U_L 相等；第二，稳压芯片的工作电流 I_o 要大于或等于负载的额定工作电流 I_L，为提高电源的过载能力，工程设计上要求留有余量，即

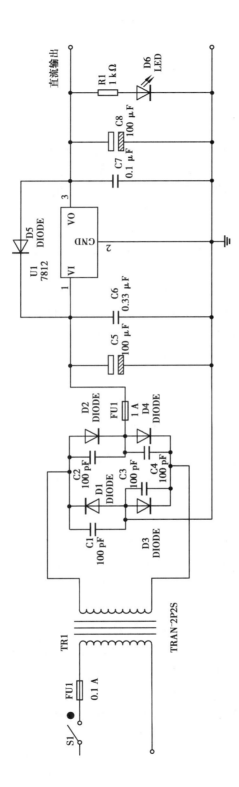

图10.2　直流稳压电源原理图

$$I_{\text{L}} = (70\% \sim 80\%)I_{\text{o}} \tag{10.1}$$

B. 降压变压器的选型

一般的集成电路稳压芯片内部的调整管饱和管压降为 $2 \sim 3$ V,为了使线性集成电路稳压器工作在良好的线性方法区,则输入电压最小不能小于 $(U_{\text{L}} + 3)$ V,同时考虑电容滤波的特点。

变压器次级电压的有效值为

$$(U_2 + 7)\text{V} \geqslant 1.2U_2 \geqslant (U_{\text{L}} + 3)\text{V} \tag{10.2}$$

变压器的功率测算需要以负载的额定功率为计算基础,同时考虑稳压芯片的最大功率损耗 P_{OM} 以及中小型电源变压器的转换效率 η,在考虑功率余量的条件下合理选择,即

$$P_{\text{TR}} \geqslant \frac{U_{\text{L}}I_{\text{L}} + P_{\text{OM}}}{\eta} \tag{10.3}$$

根据以上计算参数,结合市场上的小功率电源变压器的型号合理选型,确定电源变压器的型号与参数。

C. 整流二极管的参数计算与整流二极管选型

整流二极管是直流串联型稳压电源中的关键器件,整流二极管的击穿与开路是电源系统常见的故障类型,电子设备的负载故障以及电源其他器件的故障在一定程度上都会导致整流电路的故障发生。整流二极管的参数计算主要包括整流二极管的工作电流和反向击穿电压的计算。

全波整流电路要求

$$I_{\text{D}} \geqslant \frac{1}{2}I_{\text{L}}$$

半波整流电路要求

$$I_{\text{D}} \geqslant I_{\text{L}}$$

整流二极管承受的反向工作电压为

$$U_{\text{RM}} = \sqrt{2}\,U_2 \tag{10.4}$$

同时,要综合考虑电网波动(电网的正常电压波动范围为 $\pm 10\%$,为保险起见可取30%的波动),一般小功率串联型直流稳压电源的整流二极管可选择额定电流为 1 A,反向耐压为 1 000 V 的整流二极管 IN4007。

D. 滤波电容的选择

当滤波电容偏小时,滤波器输出电压脉动系数大;而偏大时,整流二极管导通角 θ 偏小,整流管峰值电流增大。不仅对整流二极管参数要求高,而且整流电流波形与正弦电压波形偏离大,谐波失真严重,功率因数低。所以电容的取值应有一个范围,一般可根据计算为

$$\tau = RC \geqslant (3 - 5)T \tag{10.5}$$

式中　R——滤波电容放电回路的等效电阻,可根据集成电路稳压器的输入电压 U_{I} 计算为

$$R = \frac{U_{\text{I}}}{I_{\text{L}}} \tag{10.6}$$

一般理论计算的滤波电容的取值可在一定范围内选择,根据工频电路 50 Hz 的实际情

况,可选符合要求的标准电解电容,电容的耐压值要高于电路实际的工作电压值 U_I。

工程设计中,工程师应考虑实际电路往往会产生有害的寄生电感和寄生电容等影响因素,即电路中极有可能产生高频干扰信号,可选择小容量的瓷片电容进行高频寄生干扰的影响。

E. 辅助电路发光二极管的参数计算

发光二极管有单色(红、绿、蓝、黄)和双色等具体类型。根据发光二极管的外形常见的有圆形和方形两种结构形式。通常发光二极管的选型要根据颜色、结构形状以及大小(如直径)进行选型。发光二极管电路的限流电阻 R 为

$$R = \frac{U_o - U_D}{I_D} \tag{10.7}$$

式中　U_D——发光二极管的正常发光时正向压降;

　　　I_D——发光二极管的正常发光时工作电流。

限流电阻的选择要充分考虑长期工作时的功耗要求,即

$$P_R \geq I_D^2 R$$

(3)**训练工具与材料**

训练工具与材料见表 10.1。

表 10.1　10.1 节的训练工具与材料

训练工具	数字万用表、测电笔、6 mm、3 mm" + "" - "起子,电烙铁、晶体管毫伏表、数字示波器,调压变压器,直流电压表,直流电流表,负载
训练材料	万能电路板、保险丝、焊锡丝、电阻元件、发光二极管、整流二极管、集成电路稳压元件、电容元件、连接导线

(4)**训练内容**

训练项目 1:串联型直流稳压电源设计

1)训练内容

已知 $V_o = 12$ V,$I_o = 1\,000$ mA,$S < 0.1$,$S_R < 0.05\%$,$R_o < 0.5$ Ω,试设计一串联型直流稳压电源满足上述技术要求(选用集成电路稳压器作为稳压芯片)。

2)设计步骤与要求

①确定电源设计方案,综合比较方案的优劣。

②设计电路原理图。

③进行参数设计与元器件选型参数计算。

④设计电路 PCB 图,制作串联型直流稳压电源 PCB 板。

训练项目 2:串联型直流稳压电源安装、制作与故障检测、排除

1)训练内容

12 V 串联型直流稳压电源的安装、故障检测、排除。

2）操作步骤与要求

①按照项目要求,准备安装工具。

②按照设计结果,准备元器件。

③进行安装前元器件的性能检测与判别。

④安装制作。

⑤断电测试。

⑥通电测试。

⑦故障分析与排除。

训练项目3:直流稳压电源性能参数测试

1）训练内容

稳压系数 S、直流稳压电源内阻 R_o、纹波系数与纹波抑制比 S_R、最大功耗 P_M 测量。

2）操作步骤与要求

①稳压系数 S 测量

使用调压变压器调节电网电压,使三端集成电路稳压器的输入电压为 19 V,输出电流为 500 mA,测量输出电压,然后调节电网电压使三端集成电路稳压器的输入电压分别为 16 V 和 22 V,调整负载电流维持 500 mA,分别测量对应的输出电压值,并计算为

$$S = \frac{\Delta V_o / V_o}{\Delta V_I / V_I}\bigg|_{\substack{I_o = 500 \text{ mA} \\ T_o = 20 \text{ ℃}}}$$

②测量稳压电源的内阻 R_o

使用调压器调节使三端集成电路稳压器的输入电压为 19 V,保持不变。调节负载电流为 50 mA、100 mA、200 mA、500 mA,分别测量出对应的输出电压值并记录。计算为

$$S = \frac{\Delta V_o}{\Delta I_o}\bigg|_{V_I = \text{con} s \tan t}$$

③测量纹波抑制比 S_R

调节调压器调节使三端集成电路稳压器的输入电压为 19 V,使输出负载电流为 1 000 mA,测量对应的 $\tilde{V}_I$、$\tilde{V}_o$,即输入、输出直流电压上叠加的交流分量的有效值,并计算为

$$S_R = 20 \lg \frac{\tilde{V}_I}{\tilde{V}_o}\bigg|_{V_I = \text{con} s \tan t} \quad \text{dB}$$

④最大功耗 P_M 测量

使用调压器调节使三端集成电路稳压器的输入电压为 22 V,输出电压为 12 V,测量输出负载电流 I_{Lmax}（稳压器工作温度保持在 70 ℃）,则

$$P_M = (V_{I \max} - V_{oL}) I_{L \max}$$

3）注意事项

①调查调压器使用资料,掌握调压器的使用方法,注意安全。

②调试过程注意数据测量的环境与技术要求。

③注意爱护电器材料,增强节约意识。

4)问题与训练总结

记录直流稳压电源参数测试相关数据并进行处理得出结论,系统总结直流稳压电源的性能测试方法与要求。

10.2　数字转速表设计与制作训练

(1)训练目标

①深入学习并运用 MCS-51 系列单片机。

②掌握 LED 数码管的原理及通过单片机控制数码管显示。

③熟练运用 C51 语言进行编程。

④掌握并熟练运用 keil 和 proteus 软件。

(2)理论准备

1)MCS-51 系列单片机

单片机作为嵌入式微控制器在工业测控系统,智能仪器和家用电器中得到广泛应用。虽然单片机的品种很多,MCS-51 系列单片机仍为单片机中的主流机型。本训练采用 MCS-51 系列单片机芯片,其特点是由浅入深,注重接口技术和应用。

本训练中采用 AT89C51。AT89C51 是美国 ATMEL 公司生产的低电压,高性能 CMOS8 位单片机,片内含 4 kB 的可反复擦写的只读程序存储器(PEROM)和 128 B 的随机存取数据存储器(RAM),器件采用 ATMEL 公司的高密度、非易失性存储技术生产,兼容标准 MCS-51 指令系统,片内置通用 8 位中央处理器(CPU)和 Flash 存储单元,功能强大 AT89C51 单片机可提供许多高性价比的应用场合,可灵活应用于各种控制领域。

主要性能参数如下:

- 与 MCS-51 产品指令系统完全兼容。
- 4 kB 字节可重擦写 Flash 闪速存储器。
- 1 000 次擦写周期。
- 全静态操作:0 Hz ~ 24 MHz。
- 三级加密程序存储器。
- 128 ×8 字节内部 RAM。
- 32 个可编程 I/O 口线。
- 2 个 16 位定时/计数器。
- 6 个中断源。
- 可编程串行 UART 通道。
- 低功耗空闲和掉电模式。

2)7 段 LED 数码管

七段数码管是一种常用的数字显示元件,可用来显示数字 0 ~ 9 及相关符号,它具有功耗低、亮度高、寿命长、尺寸小等优点,在家电及工业控制中有着广泛的应用。

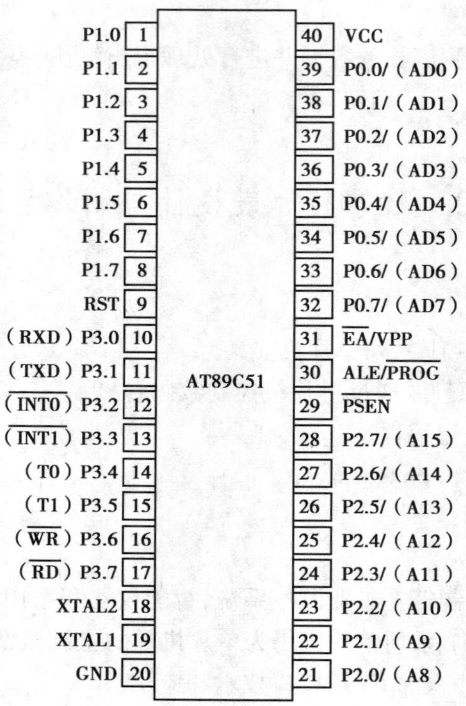

P1.0	1	40	VCC
P1.1	2	39	P0.0/（AD0）
P1.2	3	38	P0.1/（AD1）
P1.3	4	37	P0.2/（AD2）
P1.4	5	36	P0.3/（AD3）
P1.5	6	35	P0.4/（AD4）
P1.6	7	34	P0.5/（AD5）
P1.7	8	33	P0.6/（AD6）
RST	9	32	P0.7/（AD7）
（RXD）P3.0	10	31	$\overline{EA}$/VPP
（TXD）P3.1	11	30	ALE/$\overline{PROG}$
（$\overline{INT0}$）P3.2	12	29	$\overline{PSEN}$
（$\overline{INT1}$）P3.3	13	28	P2.7/（A15）
（T0）P3.4	14	27	P2.6/（A14）
（T1）P3.5	15	26	P2.5/（A13）
（$\overline{WR}$）P3.6	16	25	P2.4/（A12）
（$\overline{RD}$）P3.7	17	24	P2.3/（A11）
XTAL2	18	23	P2.2/（A10）
XTAL1	19	22	P2.1/（A9）
GND	20	21	P2.0/（A8）

中间标注：AT89C51

图 10.3　AT89C51 引脚图

数码管按内部发光二极管电极的连接方式分为共阳极数码管和共阴极数码管两种。共阳极数码管的结构图如图 10.4（a）所示（公共端序号为 3、8 符号为"+"）。共阳极数码管是指将所有发光二极管的阳极接到一起,应用时,公共极 COM 应该接到 +5 V 如图 10.4（b）所示。当某一字段发光二极管的阴极为低电平时,相应字段就点亮;当某一字段的阴极为高电平时,相应字段就不亮。共阴极数码管的结构图如图 10.4（a）所示（公共端序号为 3、8 符号为"−"）。共阴极数码管是指将所有发光二极管的阴极接到一起,如图 10.4（c）所示。在应用时,公共极 COM 应该接到地线 GND 上,当某一字段发光二极管的阳极为高电平时,相应字

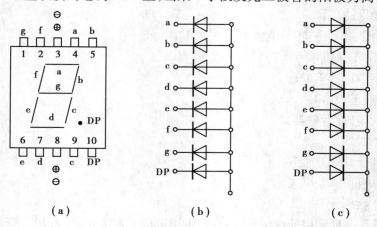

（a）　　　　　　（b）　　　　　　（c）

图 10.4　七段数码管的结构

段就点亮;当某一字段的阳极为低电平时,相应字段就不亮。

4 位 LED 显示器的结构原理图如图 10.5 所示。段码线控制显示的字形,位选线控制该显示位的亮或暗。根据对段选线和位选线的控制方法的不同,LED 显示器的显示方法有静态显示和动态显示两种。

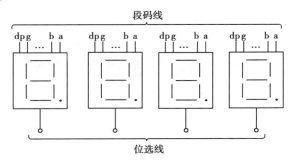

图 10.5　4 位 LED 显示器的结构原理图

①静态显示方式。各位的公共端连接在一起(接地或 +5 V),每位的段码线(a—dp)分别与一个 8 位的锁存器输出相连,显示字符一确定,相应锁存器的段码输出将维持不变,直到送入另一个段码为止。4 位 LED 静态显示电路如图 10.6 所示。

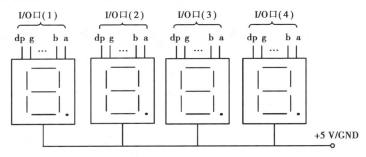

图 10.6　4 位 LED 静态显示电路

②动态显示方式。动态显示是将所有数码管的 8 个段选码"a、b、c、d、e、f、g、dp"的同名端连在一起,另外为每个数码管的公共端 COM 增加位选通控制电路,位选通由各自独立的 I/O 线控制。4 位 LED 动态显示电路如图 10.7 所示。

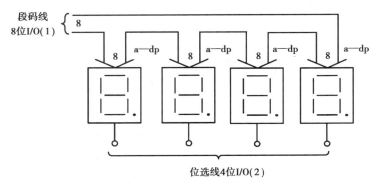

图 10.7　4 位 LED 动态显示电路

3) keil 和 proteus 的联合仿真

本训练所涉及得软件有 keil 和 proteus。其仿真步骤如下：

① keil 程序调试部分。进入 keil μ Vision3 IDE 集成开发环境后，选择"Project"→"New μ Vision Project…"选项，出现一个对话框，选择工程要保存的路径，输入工程文件名如图 10.8 所示。然后单击"保存"按钮，并保存。在所建工程弹出的对话框中，选择 AT89C52 处理器，如图 10.9 所示。

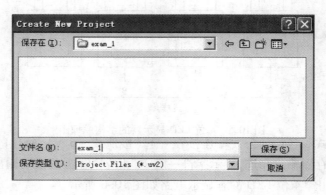

图 10.8　保存工程

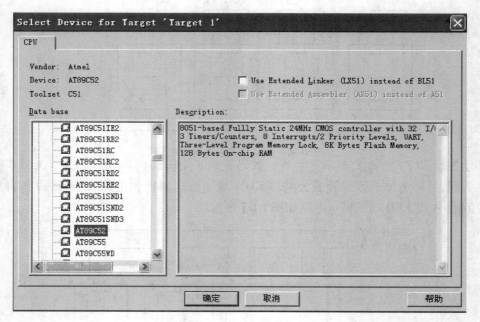

图 10.9　选择单片机型号

② 然后再单击"确定"按钮，弹出将 80C51 初始化代码复制到项目中的询问窗口，如图 10.10 所示。该功能便于用户修改启动代码。可选择"否"，通常也可选择"是"，只要不对文件代码进行修改，就不会对工程产生不良影响。单击"是"按钮，出现如图 10.11 所示的对话窗口。

图 10.10 选择是否加入初始化代码的询问信息

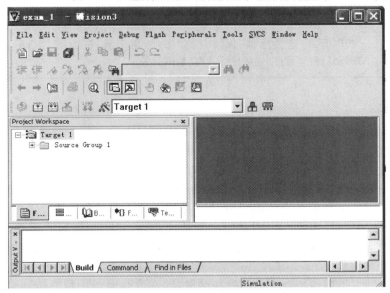

图 10.11 新建项目后 μ Vision3 界面图

③使用菜单"File"→"New"或者单击工具栏的新建文件按钮,然后将所设计的程序输入新建文档中,并保存文档.C(C 源文件)。将所保存的文档添加到工程中,再进行工程配置,单击"Project"菜单下的"Options for Target"命令,在弹出的对话框中,设晶振为 12 MHz,单击"Output"选项将"Create HEX File"打上钩如图 10.12 所示,再编译文件。

图 10.12 Output 选项卡

④proteus 仿真部分:运行 proteus 的 ISIS 后进入仿真界面将所需元件选择好,根据原理图画出仿真图,待仿真图连接好后双击 AT89C52 写入由 keil 所产生的程序,按开始进行仿真。

（3）**训练工具与材料**

训练工具与材料见表10.2。

表 10.2　10.2 节的训练工具与材料

训练工具	PC 机、万用表、KEIL 工具、proteus 工具、PCB 雕刻机
训练材料	PCB 板、转速传感器、保险丝、焊锡丝、电阻元件、发光二极管、整流二极管、AT89S51、电容元件、连接导线、LED 数码管等

（4）**训练内容**

1）电机转速测量的工作原理

利用光电管、单片机及 LED 数码管等器件可测量直流电机的转速并显示。光电开关,也称光电对管。其内部就是一个发光二极管和一个光敏三极管,分为反射式和直射式。它们的工作原理都是光电转化,即通过集聚光线来控制光敏三极管的导通与截止。因此,测量电机转速的实质是利用光电开关对直流电机叶片底部的白色小带进行检测。当检测到白色小带时,将产生一个脉冲信号,电机转一圈对应一个脉冲,然后对脉冲信号放大并进行计数,计算单位时间内所测得的脉冲数,即测出了电机的转速,并把转速数据通过 LED 数码管显示出来。

2）电路设计与编程

采用数字时钟发生器模拟直流电机转速的脉冲,在电路中添加数字时钟发生器的方法是点击图 10.13 左侧工具箱中的图标⑨,出现选择菜单,选择"DCLOCK"项,然后把该元件放入原理图编辑窗口中进行连线,鼠标右击"DCLOCK"图标,出现属性设置窗口。选择"数字类型"栏中的"时钟"项,在右面的"时间"栏中,手动修改输出的数字时钟脉冲的频率,即相当于改变了电机的转速。

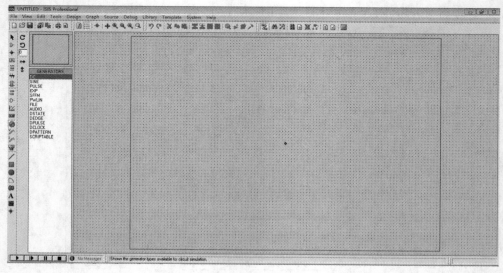

图 10.13　Proteus 的 ISIS 仿真界面

仿真运行后,电机(即每秒计得的脉冲数)显示在 LED 数码管上。在手动设置数字时钟频率时,选择"600",经过单片机测得的转数值(转/秒)在数码管上显示,与设置的数字脉冲频率一致。

3)操作步骤与要求

①根据原理在 Proteus 的 ISIS 仿真界面绘制所设计的电路原理图,如图 10.14 所示。

②在 AT89C51 芯片中添加由 keil μ Vision3 IDE 集成开发环境所编译生成的 22. hex 文件,如图 10.15 所示。

③单击仿真运行开始按钮" ｜ ▶ "能清楚地观察到:

a. 引脚的电平变化,红色代表高电平,蓝色代表低电平,灰色代表未接入信号或者表示高阻态。

b. 加载了 22. hex 文件后的程序运行情况如图 10.16 所示。单击仿真运行结束按钮" ■ ",仿真结束。

4)问题与训练总结

记录训练过程中存在的问题,写出对单片机及 keil 和 proteus 软件的使用总结体会。

参考程序如下:

```
#include < intrins. h >
#define uint unsigned int
#define uchar unsigned char
#define out P0
uchar seg[ ] = {0xc0,0xf9,0xa4,0xb0,0x99,0x92,0x82,0xf8,0x80,0x90,
0x01};
int i = 0;
void main( )
    {
        int j;
        TMOD = 0x15;
        TH0 = 0;
        TH1 = 0x3C;
        TL1 = 0xB0;
        TR0 = 1;
        TR1 = 1;
        IE = 0x88;
        while(1)
        {
            P2 = 0x00;
            out = seg[ i/100];
            P2 = 0x02;
            for( j = 0;j < 100;j + + );
            P2 = 0x00;
            out = seg[ i%100/10];
```

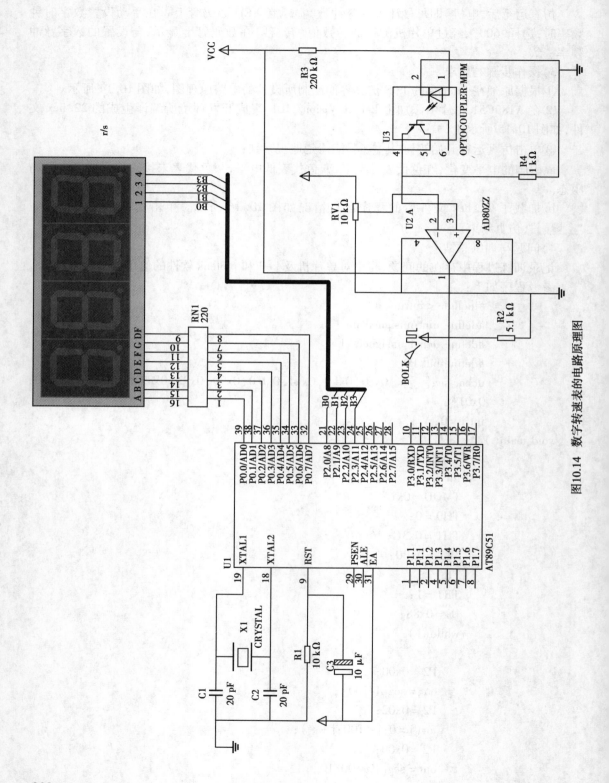

图10.14 数字转速表的电路原理图

```
            P2 = 0x04;
            for( j = 0; j < 100; j + + );
            P2 = 0x00;
            out = seg[ i% 10 ];
            P2 = 0x08;
            for( j = 0; j < 100; j + + );
        }
    }
void Timer1_ISR( ) interrupt 3
    {
        static int j = 0;
        TH1 = 0x3c;
        TL1 = 0xb0;

        if( + + j = = 20 )
        {
            j = 0;
            i = ( TH0 < < 8 ) |0;
            TH0 = 0;
            TL0 = 0;
        }
    }
```

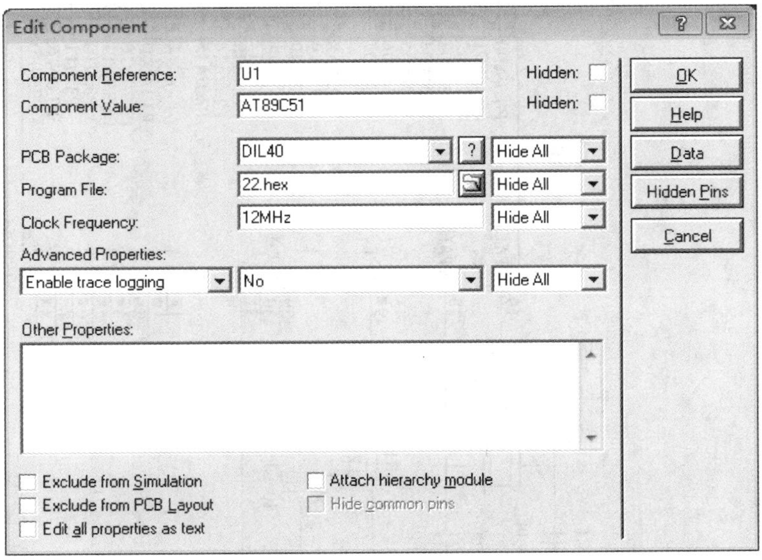

图 10.15　修改 AT89C51 属性并加载程序

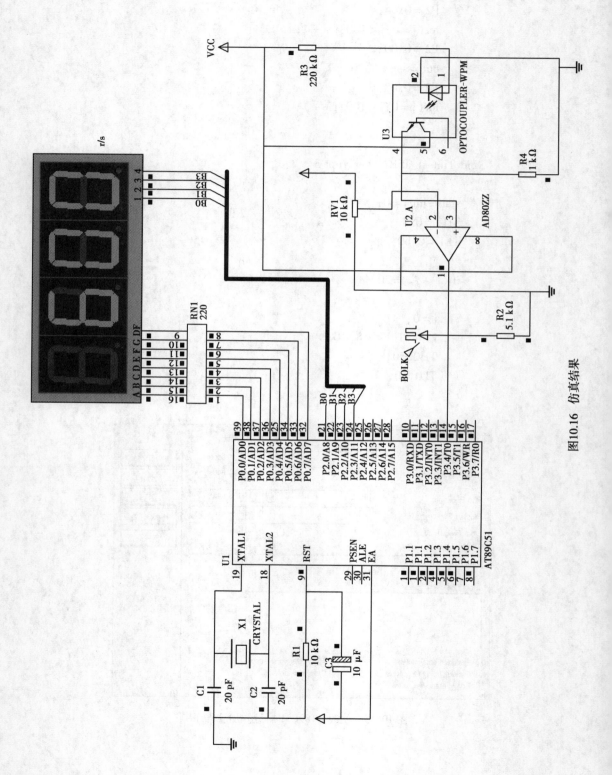

图10.16 仿真结果

10.3　基于单片机的超声测距系统设计与制作训练

（1）训练目标

①学习数字电路的设计、布局和元器件选型等基本知识。

②学习常用电子元器件的性能、规格、参数及使用方法，提高电路设计软件的应用能力和电路图的设计和仿真水平。

③通过超声波测距系统的装配和调试，提高读图和实际操作能力，掌握单片机程序编写与调试能力。

④利用超声波测距原理和编程技术，延伸推广测距系统在生活和工业生产中的应用。

（2）理论准备

1）超声波测距原理

超声波是一种频率高于 20 kHz 的声波，它的方向性好，易于获得较集中的声能，由换能晶片在电压的激励下发生振动产生的。它具有频率高、波长短、绕射现象小，特别是方向性好、穿透能力强，以及能够成为射线而定向传播等特点，超声波对液体、固体的穿透本领很大，可用于测距、测速、清洗、焊接、碎石、杀菌消毒等，属于机械波的范畴。因此，也遵循一般机械波在弹性介质中的传播规律，如在两种介质的分界面处或遇到杂质会发生反射和折射等现象，在其进入传播介质过程中，由于介质的吸收而发生声波能量的衰减，碰到活动物体能产生多普勒效应等特点。

①超声波的反射和折射现象

当超声波传播到声阻抗特性不同的两种介质分界面时，将会有一部分超声波被反射会原传播介质；而有另一部分超声波穿过介质分界面，进入另一种介质并继续传播。

②超声波的衰减

超声波在介质中传播时，由于在不同介质交界面声阻抗发生改变而带来的散射衰减，介质本身传播中对波的吸收等因素，使得超声波随着传播距离的增加其能力逐渐减弱。

③超声波的干涉

在传播介质中，两束频率相同的声波，在空间上发生重叠从而形成新的波形的现象，形成建设性干涉和摧毁性干涉两种结果。

在超声波的实际应用中，超声波测距正是利用上述性质其在两种介质分界面发生发射的特点实现距离的测量，从而实现生产和生活中不同问题的解决与功能的实现。如图10.17所示，超声波技术测距原理是通过超声波的产生、发射、传播以及发射、接收的过程实现的。

对于超声波测距的方法有多种，常用的有传播时间检测法、相位检测法、声波幅值检测法等。本训练项目采用传播时间检测法实现测距。当需要进行检测时，超声波换能器发射一定频率的超声波，借助于空气媒质进行传播，到达测量目标或障碍物（两种介质分界面）后被反射回原传播介质中，经由超声波接收器接收反射脉冲回波，根据控制模块中发射超声波开始

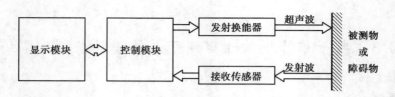

图 10.17　超声波测距原理框图

到接收到反射回波所需要的时间(往返)t/s,可得出检测距离 S 为

$$S = \frac{1}{2}vt \tag{10.8}$$

式中　v——超声波在空气中传播时的速度,m/s。

对于超声波测距系统的应用,其检测的范围和精度主要受到下属几个因素的制约:超声检测波的幅度、反射物的物理特点、反射和入射声波之间的夹角以及换能器的灵敏度。接收换能器对声波脉冲的接收检测灵敏程度将很大程度上影响检测距离的精度上,检测超声波的能量也将同时决定声波的监测范围。另一方面,为了提高测量的范围,同时减少测量误差,可利用多个超声波换能器通过采用多路超声波发射/接收的设计方法。在精度要求较高的情况下,则需要考虑温度对超声波传播速度的影响,在干燥的空气中,零摄氏度附近的超声波速度可近似计算为

$$v = (331.3 + 0.606 \times T) \qquad \text{m/s} \tag{10.9}$$

式中　T——相应的摄氏温度,如 $T=0$ ℃时,相应的超声波速度约为 331.3 m/s。

表 10.3 列出了几种不同温度的传播速度和空气密度。实际中应对超声波传播速度加以修正,以减小误差。

表 10.3　空气中超声波速度

温度/℃	波速/(m·s^{-1})	空气密度/(kg·m^{-3})
+15	340.27	1.225 0
+10	337.31	1.246 6
+5	334.32	1.269 0
0	331.30	1.292 2
−5	328.25	1.316 3
−10	325.18	1.341 3
−15	322.07	1.367 3

因此,只需要利用单片机的定时模块计时得到发射检测波和接收到回波信号的往返时间,根据式(10.9)得到声波传播速度,并结合式(10.8)得出被测物与检测系统间的距离。

2)超声波换能器介绍

超声波换能器是实现超声波的产生和接收的主要装置,在整个测距系统中具有关键作用。超声波换能器的功能是将输入的电功率转换成机械功率(即超声波)再传递到介质中去,

其自身消耗很少的一部分功率。其主要材料有压电晶体(电致伸缩)及镍铁铝合金(磁致伸缩)两类。压电晶体组成的超声波传感器是一种可逆传感器,它可将电能转变成机械振荡而产生超声波,同时当其接收到超声波时,也能转变成电能,所以它可分成发送器或接收器,而有的超声波传感器既作发送,也能作接收。超声波探头(换能器)其核心部件主要由压电晶片组成,既可发射超声波,也可接收超声波。小功率超声探头多用于探测和测距功能,根据其结构的不同,可分为直探头(纵波)、斜探头(横波)、表面波探头(表面波)、兰姆波探头(兰姆波)、双探头(一个探头发射、一个探头接收)等。本训练采用双探头结构,一个用于产生发射超声波,将电能或机械能转换为声能;另一个用于检测和接收反射回波信号,将声能转化为其他形式,超声波换能器通常由外壳、匹配层、压电陶瓷换能器、背衬、引出电缆等部分构成。

超声波换能器分机械式和电气式两类。本训练中采用电气式换能器中的压电式超声波换能器,含有两个压电晶片和一个共振板,其利用压电晶体的谐振实现超声波的激发。工作时,晶振两极外加脉冲信号,当加到它两端的交流电压频率等于压电晶片的固有振荡频率时,压电晶片将会发生共振且其输出能量最大,灵敏度也最高,并带动共振板振动,从而产生并由介质发出超声波;反之,当共振板接收到超声回波信号时,将压迫压电晶片作振动,将机械能转换为电信号,从而实现超声波的接收。工作时,注意超声波换能器的发射端输出的一系列脉冲方波,当其脉冲宽度越大,产生的波的个数越多时,则声波的能量越大,所能测的距离也将越远。

3)系统硬件电路设计

整个测距系统的设计主要包括两部分,即硬件电路和软件程序的设计。硬件电路采用模块化设计,主要包括单片机 AT89C2051 的控制电路、超声波发射电路与接收电路、四位数码管显示电路、温度测量电路和电源电路等模块组成。单片机会产生 40 kHz 的驱动信号,经过反相器后,在经由发射电路的信号放大和检波后传递到发射探头,从而转换为 40 kHz 的声波信号发射出去,同时触发单片机的计时器开始计数时,超声波被反射后按原路返回被返回到元介质中,在经过放大带通滤波整形等环节,从而被单片机所接收。与此同时,单片机内的定时计数器停止工作并得到声波发射到接收回波所用时间 t。考虑到超声波在空气中的传播速度与环境的温度有关,为此本系统添加了温度测量电路模块,利用 DS18B20 温度传感器测量得到系统所处的环境温度 T,最后利用式(10.9)计算得到校正后的声波速度 v,进而由式(10.8)实现超声波测距的功能。整个基于单片机的超声波测距系统其硬件电路框图如图 10.18 所示。

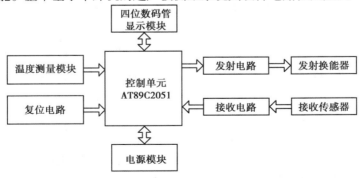

图 10.18　基于单片机的超声波测距系统框图

当外部开始进行测距功能时,发射电路通过 AT89C2051 单片机 P3.2($\overline{INT0}$)端口编程输出 40 kHz 左右的方波脉冲信号,同时触发内部定时/计数器 T0 开始计数。考虑到单片机 I/O 端口输出信号功率很弱,无法满足远距离测量的要求,为此加入信号功率放大电路,以此驱动超声传感器进行测距任务的实现。另外,从超声波接收传感器探头获得的超声回波信号也很微弱(几十个 mV 级),不可避免地将存在着较强的噪声干扰。为了得到较高信噪比的有用信号,必须对传感器接收到的回波信号进行信号放大电路和滤波电路等的作用。接收到的超声波信号经过 CX20106A 集成芯片进行信号的放大和滤波等作用后,得到信噪比良好的可用信号,并经单片机 P3.3 引脚传回单片机控制单元,与此同时,结束定时/计数器 T0 得到计时时间,并结合温度测量电路的数值进行速度校正,最终利用式(10.9)得到测距结果。

①发射电路设计

本训练用到的超声波发射电路,其中核心部件的压电超声换能器利用压电材料的压电效应实现,通过外加电场的作用发生机械形变,即逆压电效应,实现超声波的发射;如图 10.19 所示为超声波发射电路原理图。它由反相器 CD4069 和超声波发射换能器 LS2 组成。CD4069 内部集成 6 个反相器,同时具有电路放大功能,由单片机计数/定时器产生的 40 kHz 的方波信号由 P3.5 端口输出,其中,一路经两级反相后驱动超声波换能器的一个电极,另一路经一级反相后到超声波换能器的另一个电极。如图 10.19 所示,在输出端采用两个反相器并联以提高带负载能力,如此加到超声波换能器的两端通过逆压电效应产生超声波。

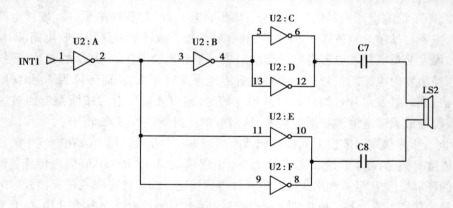

图 10.19 超声波发射电路原理图

②接收电路设计

超声波接收换能器利用正压电效应,即压电材料的机械形变产生电压的过程,于是将接收到的超声波振动转换为电信号。接收探头收到的回波信号相对较弱,通过如图 10.20 所示的 CX20106A 进行信号放大、选频、滤波、比较与整形之后,传到单片机的 P3.2 端口,产生一个低电平信号进行中断处理。

CX20106A 为索尼公司生产的专业遥控等信号接收芯片,采用单列 8 脚直插式,超小型塑料封装,能与 PIN 光电二极管直接连接,集电极开路输出,能够直接驱动 TTL 或 CMOS 型电路,具有的带通滤波器可通过改变 5 脚与电源之间的电阻进行调节,调节范围为 30 ~ 60 kHz。同时,由于未使用电感,可具有抗磁场干扰能力强,+5 V 供电。表 10.4 列出了 CX20106A 的

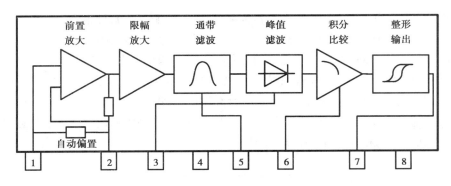

图 10.20　CX20106A 芯片内部框图

引脚定义和功能,使用 CX20106A 作为超声波接收处理的电路时,当它接收到上述 40 kHz 的回波信号时,将会在输出引脚产生一个低电平的下降脉冲,将其接到 AT89C2051 单片机的外部中断引脚作为中断信号处理。由内部框图 10.20 可知,CX20106A 接收到探头回波信号之后,将会对回波信号依次进行前置放大、带通滤波、检波和整形输出等处理。

表 10.4　CX20106A 芯片引脚符合于功能

引　脚	符　号	功　　能
1	IN	信号输入端
2	C1	前置放大器增益调节端
3	C2	接检波电容
4	GND	接地端
5	f_0	设定带通滤波器的中心频率
6	C3	外接积分电容
7	OUT	信号输出端
8	VCC	电源

如图 10.21 所示为 CX20106 原理图。本系统设计此部分电路时采用一级放大和带通滤波电路,中心频率 40 kHz 左右,放大滤波电路均采用了高速精密运算放大器 TL082,输出信号大约在 5 V。超声波前置电路接收到的信号,转换成 CX20106 可接收的数字信号,传递到 CX20106 的 1 脚,该脚的输入阻抗约为 40 kΩ,CX20106 的总增益大小由两脚外接的电阻 R6 和电容 C4 决定,该脚与地之间连接 RC 串联网络,它们是负反馈串联网络的一个组成部分。改变它们的数值能改变前置放大器的增益和频率特性,增大电阻 R6 或减小 C4,将使负反馈量增大,放大倍数下降;反之,则放大倍数增大,适当改变 C4 的大小可改变接收电路的灵敏度和抗干扰能力。其中,R6 越小或 C4 越大,则增益越高,总增益约为 80 dB,一般在实际使用中不必改动。通常选用参数为 $R6 = 4.7\ \Omega, C4 = 1\ \mu F$。R7 控制带通滤波器的中心频率,用来设置带通滤波器的中心频率 f_0,其阻值越大,则中心频率越低。例如,取 $R = 200\ \text{k}\Omega$ 时,$f_0 \approx$

42 kHz,若取 $R = 220$ kΩ,则中心频率 $f_0 \approx 40$ kHz。7 脚输出的控制脉冲序列信号幅值在 3.5~5 V,它是集电极开路输出方式,如图 10.21 所示,该引脚必须接上一个上拉电阻到电源端,一般取阻值为 22 kΩ,没有接收信号时该端输出为高电平,当有信号时则会产生下降。其余元件按图示连接,LS1 为超声波接收探头。当超声波接收探头收到 40 kHz 方波信号时将产生一个下降沿,此脚连接到单片机的外部中断 INT0 上,单片机在得到外部中断 0 的中断请求后,会转入外部中断 0 的中断服务程序进行处理,在超声波测距系统中,可在中断服务程序设定需要单片机处理的相应控制和处理数据。

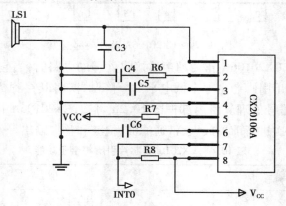

图 10.21 超声波 CX20106 接收处理电路

4)系统软件设计

测距系统的软件部分主要包括主程序、预置子程序、发射子程序、接收子程序、显示子程序以及温度补偿采集等模块组成,主程序控制单片机进行数据发送与接收,在一定温度下通过对系统温度的采集,进行超声波速度的校正,并将所得数据正确的显示在四位数码管上。当需要测量时,单片机会调用超声波发射程序,触发 40 kHz 的方波信号,传递到发射换能器之后,触发压电材料产生相应的监测超声波,同时调用单片机内部的定时器 T0,记录监测信号从发射到接收到回波所需时间,另外,注意到超声波发射换能器与接收换能器的位置比较近,避免接收器直接接收发射出来的信号而不是回波信号,对接收探头进行一定时间的延时,因此,超声波测距也就有一个最小监测距离的问题。另外,程序可控制单片机消除各探头对发射和接收超声波的影响,然后再打开外部中断,接收回波信号,启用中断服务程序。

如图 10.22 所示,系统上电后,会进行一系列的初始化,主函数主要是完成对软件环境、变量、寄存器等的初始化,设置好定时/计数器 T0 工作模式,设置好中断允许等操作,完成之后将进行定时超声波测距,通过内部定时/计数器 T0 和 T1 分别完成固定时间超声波的发射和监测回波信号所需时间,配合系统中断允许 EA,实现定时中断响应和外部中断响应的合理调用。

当定时器 T1 定时时间到时,将会进入 T1 中断服务子程序,如图 10.23 所示。一方面完成用于超声波测距时间计数用的定时器 T0 的赋初值并开始计时;另一方面通过端口 P3.3 发射 5 个频率为 40 kHz 的超声波脉冲信号。考虑到最小监测距离问题,为了避免"虚假回波",

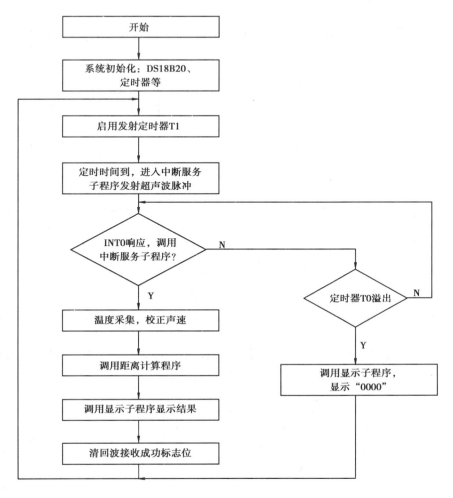

图 10.22　测距系统主程序流程图

上述流程图中需设置一延时接收时间,然后就可开启外部中断 INT0 允许中断信号,一旦超声波接收探头得到监测回波信号,则 P3.2 引脚出现低电平信号,将会立即调用外部中断 INT0 服务子程序,完成计时时间的读取以及系统监测温度的采集,然后通过声速补偿表达式 (10.9)进行速度校正,从而完成障碍物的测距与显示。

如图 10.24 所示为 INT0 外部中断服务子程序。当接收到回波信号后,将会关闭中断允许 EA,同时置位信号接收成功标志位为 1,进行后续操作。由主程序流程图可知,若监测距离超过了系统所能监测的范围,则计时定数其 T0 将溢出。这时,将会调用显示程序,四位数码管显示"0000",表示本次测距不成功,程序将返回主程序重新赋值计数测距。

(3)**训练工具与材料**

训练工具与材料见表 10.5。

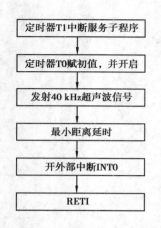

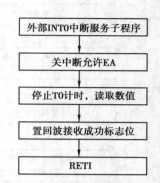

图 10.23　T1 中断子程序流程图　　　　图 10.24　INT0 外部中断服务程序

表 10.5　10.3 节的训练工具与材料

训练工具	电烙铁、焊锡、助焊剂、吸焊器、万用表、剥线钳、尖嘴钳、镊子、示波器、直流稳压电源、PC 机、单片机开发软件与仿真软件
训练材料	见表 10.6

　　表 10.6 列出了训练中用到的各元器件的参数、规格与型号,通过训练进一步掌握常用元器件的使用方法,进一步学习色环电阻的识别,电解电容的正负极判断,利用万用表判断数码管引脚的方法,晶体三极管的选择和使用及不同元器件的焊接装配工艺等。

表 10.6　超声波测距系统训练元器件

序　号	名　称	型号规格	数　量
1	电阻	4.7 kΩ	2 个
2	电阻	4.7/5.1 kΩ	1 个
3	电阻	220 kΩ	2 个
4	电容	10 μF	1 个
5	电容	104 F	1 个
6	电容	223 F	1 个
7	电容	30 pF	2 个
8	电容	3.3 μF/4.7 μF	1 个
9	9 脚排阻	A09-471	1 个
10	三极管	S8550	1 个

续表

序　号	名　　称	型号规格	数　量
11	超声波探头	TCT40-10R1、TCT40-10T1	2 个
12	12M 晶振		1 个
13	蜂鸣器		1 个
14	共阴数码管	50.8 mm×19 mm	1 个
15	单片机	AT89C2051	1 个
16	DIP20 座		1 个
17	两位接线柱		1 个
18	USB2.0 Mini 座		1 个
19	焊接面包板	10 cm×15 cm	1 个
20	反相器	CD4069	1 个
21	超声波接收芯片	CX20106	1 个

如图 10.25 所示为超声波测距训练所需的部分元器件实物图。其中,对于集成电路的使用,需要查阅芯片相关说明和技术资料,确定各引脚定义和使用方法,然后对照电路在 PCB 焊接电路板上设计焊接。首先将管脚座焊接到电路板上,然后将芯片插入管脚座进行电路连接和调试,确保管脚座上的凹槽与管脚座一一对应。采用的元器件连接面包板,可根据设计需要随意插拔,非常方便前期调试和组装工作。

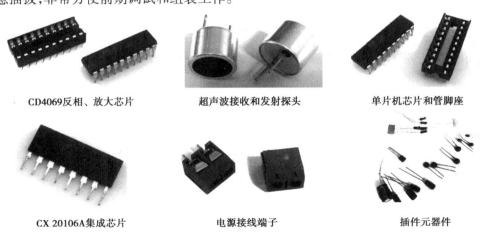

CD4069反相、放大芯片　　　　超声波接收和发射探头　　　　单片机芯片和管脚座

CX 20106A集成芯片　　　　电源接线端子　　　　插件元器件

图 10.25　超声波测距训练部分元器件实物图

(4)训练内容

通过对基于单片机技术的超声波测距系统的设计与实现,不仅可进一步掌握元器件的识读、焊接和调试方法与步骤,同时还能进一步学习有关单片机编程的相关知识与原理,并进行

不同功能的软件设计、程序编写与调试等操作技能。在超声波测距系统的装配与调试过程中：一方面，要根据要求，查阅相关资料，选择合适的软件，设计并绘制出单片机最小应用系统并进行有效的仿真等试验，进而设计出最终电子时钟的完整电路图。在训练过程中，进一步掌握先低后高、先轻后重、先小后大、先里后外的焊接原则，掌握芯片的引脚定义、使用方法，芯片插接的时候注意方向，缺口和底座对应；接电源时，一定要注意正负极，不能接反，正极接VCC，负极接GND；数码管的使用、引脚判别，尤其是在不知道是共阴极还是共阳极情况下，能够利用万用表测量，判断出其引脚及与引脚对应的"8"字笔段的判断等，从而正确插入元器件，其高低、极性要符合规定。另一方面，进一步掌握根据问题需要和功能需求，完成单片机程序的设计和编写，通过编写锻炼，提高汇编程序的编程和调试方法。

超声波测距系统主要程序（混合编程）如下：

```
/* 文件 1:cscjmain. c */
/* ------------------------------
超声波测距单片机程序
MCU AT89c51    XAL 12 MHz
Builde by hyfgod,2007. 5. 21
 ----------------------------*/
#include < reg51. h >
#define uchar unsigned char
#define uint unsigned int
#define ulong unsigned long
extern void cs_t( void ) ;
extern void delay( unit ) ;
extern void display( uchar * ) ;
data uchar testok ;
/* 主程序 */
void main( void )
{
data uchar dispram[ 5 ] ;
data uint i ;
data ulong time ;
P0 = 0xff ;
P2 = 0xff ;
TMOD = 0x11 ;
IE = 0x80 ;
while( 1 )
  {
  cs_t( ) ;
```

```
delay(17);
testok = 0;
EX0 = 1;
ET0 = 1;
while( ! testok ) display( dispram );
if ( 1 = = testok )
    {
time = TH0;
time = time << 8 | TL0;
time * = 172;
time/ = 10000;
dispram[0] = (uchar)(time%10);
time/ = 10;
dispram[1] = (uchar)(time%10);
time/ = 10;
dispram[2] = (uchar)(time%10);
dispram[3] = (uchar)(time/10);
if(0 = = dispram[3]) dispram[3] = 17;
    } else
    {
dispram[0] = 16;
dispram[1] = 16;
dispram[2] = 16;
dispram[3] = 16;
    }
for( i = 0; i < 300; i + + ) display( dispram );
    }
}
/ * 超声接收程序(外中断 0) * /
void cs_r( void ) interrupt 0
{
TR0 = 0;
ET0 = 0;
EX0 = 0;
testok = 1;
}
/ * 超时清除程序(内中断 T0 ) * /
```

```
    void overtime( void )interrupt 1
    {
    EX0 = 0 ;
    TR0 = 0 ;
    ET0 = 0 ;
    testok = 2 ;
    }
```

```
        ;/ * 文件 2 :cs_t. asm */
; ----------------------------
;超声发生子程序(12 MHz 晶振 38.5 Hz)
; ----------------------------
                        NAME    CS_T
? PR? CS_T? CS_T        SEGMENT    CODE
                        PUBLIC CS_T
                        RSEG    ? PR? CS_T? CS_T
CS_T:                   PUSH    ACC
                        MOV    TH0,#00H
                        MOV    TL0,#00H
                        MOV    A,#4D
                        SETB    TR0
CS_T1:                  CPL    P1. 0
                        NOP
                        NOP
                        NOP
                        NOP
                        NOP
                        NOP
                        NOP
                        NOP
                        NOP
                        NOP
                        DJNZ    ACC,CS_T1
                        POP    ACC
                        RET
;
                        END
```

;／＊文件 3：display.asm＊／

;－－－－－－－－－－－－－－－－－－－－－－

;四位共阳 LED 动态扫描显示程序＊／

;p0 为段码口,p2 为位选口(高电平有效 0)

;参数为要显示的字符串指针

;－－－－－－－－－－－－－－－－－－－－－－－－

```
                    NAME   DISPLAY
? PR? _DISPLAY? DISPLAY SEGMENT   CODE
? CO? _DISPLAY? DISPLAY SEGMENT   DATA
                    EXTRN CODE (_DELAY)
                    PUBLIC _DISPLAY
                    RSEG  ? CO? _DISPLAY? DISPLAY
? _DISPLAY? BYTE：
DISPBIT：          DS   1
DISPNUM：          DS   1
                    RSEG  ? PR? _DISPLAY? DISPLAY
_DISPLAY：         PUSH   ACC
                    PUSH   DPH
                    PUSH   DPL
                    PUSH   PSW
                    INC DISPNUM
                    MOV   A,DISPNUM
                    CJNE   A,#4D,DISP1
DISP1：            JC  DISP2
                    MOV    DISPNUM,#00H
                    MOV    DISPBIT,#0FEH
DISP2：             MOV   A,R1
                    ADD   A,DISPNUM
                    MOV   R0,A
                    MOV   A,@ R0
                    MOV   DPTR,#DISPTABLE
                    MOVC  A,@ A + DPTR
                    MOV   P0,A
                    MOV   A,DISPNUM
                    CJNE   A,#2D,DISP3
                    CLRP0.7
DISP3：             MOV   P2,DISPBIT
                    MOV   R6,#00H
                    MOV   R7,#0AH
```

```
            LCALL  _DELAY
            MOV    P0,#0FFH
            MOV    P2,#0FFH
            MOV    A,DISPBIT
            RL   A
            MOV    DISPBIT,A
            POPPSW
            POPDPL
            POPDPH
            POPACC
            RET
    DISPTABLE:DB
        0C0H,0F9H,0A4H,0B0H,99H,92H,82H,0F8H,80H,90H,88H,83H,0C6H,0A1H,
86H,8EH,0BFH,0FFH
    ;     "0","1","2","3","4","5","6","7","8","9","A","B","C","D","E",
"F"," _ "," "
            END
        ;/ * 文件 4:delay. asm * /
    ; - - - - - - - - - - - - - - - - - - - - - - - - - - - - - - -
    ;延时 100 机器周期 * 参数(1 ~ 65535)
    ; - - - - - - - - - - - - - - - - - - - - - - - - - - - - - - -
            NAME   DELAY
    ? PR? _DELAY? DELAY SEGMENT   CODE
            PUBLIC _DELAY
            RSEG   ? PR? _DELAY? DELAY
    _DELAY:      PUSH  ACC            ;2
            MOV  A,R7            ;1
            JZ   DELA1          ;2
            INC R6            ;1
    DELA1:       MOV   R5,#49D         ;2
            DJNZ  R5, $         ;2
            DJNZ  R7,DELA1          ;2
            DJNZ  R6,DELA1          ;2
            POPACC
            RET
    ;
            END
```

10.4　定量包装控制系统训练

(1)训练目标

①进一步掌握 PLC 控制系统的设计原理。

②掌握 PLC 程序编制技巧。

③熟悉称重传感器应用技术。

④熟悉电气控制系统的集成实现策略与方法。

⑤进一步提升电气设备安装调试能力。

(2)理论准备

1)定量包装技术及发展

称重技术在人类生产工艺流程中具有重要作用。静态称重和动态称重是定量包装控制系统的两种重要方式。人们遇到的主要是静态称重,如汽车磅秤、电子秤等。静态称重是指在秤体和所称物体之间达到静态平衡后再进行称量,无须考虑所称物体的冲力动态过程等因素,设计简单,精度比较高。有很多情况下,需要在正常作业时测量出物体的质量,而且在这种情况下其质量往往是一个随时间变化的量。例如,在粮食包装的过程,取市场上 50 kg 一袋的精装大米为例,在对大米进行色选抛光之后,通过提升机送入料斗,然后在大米从料斗下落到计量斗的过程中实时测量,并发出控制信号;在饲料配比中经常需要将多种原料按一定的比例混合,这种将一种原料和其他多种原料按事先设定的比例进行混合的配料称重系统在工业生产过程中有着重要的意义,它能根据事先设定的配料单,将各种不同的原料在不同的称重设备中同时进行称重,然后实现按比例混合。

2)定量包装原理

定量包装称重控制器是定量包装秤的核心,定量包装秤由定量称重控制器和备料斗、计量斗、夹袋机构等部分组成,如图 10.26 所示。备料斗用于存放要包装的物料,如大米、小麦等,通过提升机保证备料斗有足够的物料;计量斗底部装有质量传感器,可实时反映斗内物料质量;夹袋机构可根据控制信号夹住或松开包装袋。定量包装称重控制器是整个系统的核心。开始运行时,称重控制器对备料斗发出投料信号,物料从备料斗卸入计量斗,计量斗把物料质量信息反馈给控制器,控制器根据当前质量和目标质量,自动控制备料斗依次按大、中、小 3 种速度向计量斗卸料,使物料快速精确进入计量斗。当计量斗物料质量达到目标值时,停止卸料。若此时包装袋已准备好,控制器通知计量斗向包装袋卸料,卸料结束后松开包装袋自动开始下一个过程。

3)TYDB 称重控制器

TY5D/A 五位数显称重控制器是一款智能化程中南控制仪表。如图 10.27 所示为该仪表的外形和外部接线端子图。该仪表的基本性能如下:

- 1—4 路 0 ~ 20 mA 信号直接输入。
- 显示范围: − 19 999 ~ 99 999。
- 任意时刻峰值保持和显示值清零功能。
- 报警方式:上下限回滞或带差自由设定。
- 两组继电器输出和报警可选。

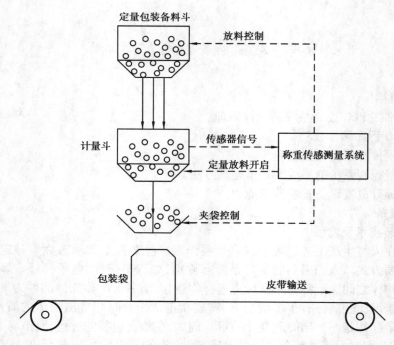

图 10.26　定量包装系统的原理结构图

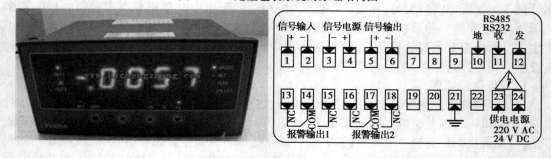

图 10.27　TY5D/A 称重控制器外形与接线图

- 0 ~ 5 V、4 ~ 20 mA 输出可选。
- 采样速度 10 次/s。

4)新泰阳 PLC(cpu224)

①新泰阳 PLC(cpu224)的特点与外部接线

本机集成 14 输入/10 输出共 24 个数字量 I/O 点。可连接 7 个扩展模块,最大扩展至 136 路数字量 I/O 点或 35 路模拟量 I/O 点。16 384 字节程序和 8 192 字节数据存储空间。6 个独立的高速计数器,2 路独立的 100 kHz 高速脉冲输出,具有 PID 控制器。1 个 RS485 通信/编程口,都能支持 PPI 通信协议和自由方式通信。cpu224 本体没有模拟量的输入和输出,cpu224XP 本体有一路输出(电压和电流同步 M,I V)两路输入(M A +,B +,都是 0 ~ 10 V,不能直接接电流信号,电流信号可在输入端子处并联一个 250 Ω 的电阻,把 0 ~ 20 mA 电流信号转换为 0 ~ 5 V 的电压信号)。在程序中,使用 AIW0 对应 A + 和 M,AIW2 对应 B + 和 M,AQW0 对应 I,M 或 V,M。如图 10.28、图 10.29 所示为 CPU224 继电器型、晶体管型输出外部接线图。

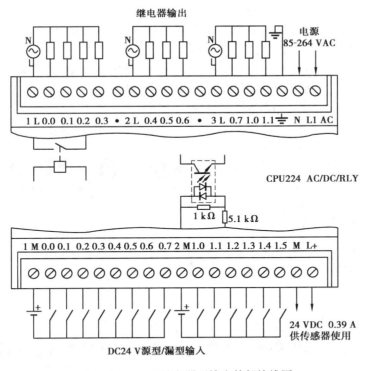

继电器输出

电源
85-264 VAC

1 L 0.0 0.1 0.2 0.3 ● 2 L 0.4 0.5 0.6 ● 3 L 0.7 1.0 1.1 N L1 AC

CPU224 AC/DC/RLY

1 kΩ　5.1 kΩ

1 M 0.0 0.1 0.2 0.3 0.4 0.5 0.6 0.7 2 M 1.0 1.1 1.2 1.3 1.4 1.5 M L+

24 VDC 0.39 A
供传感器使用

DC24 V源型/漏型输入

图 10.28　CPU224 继电器型输出外部接线图

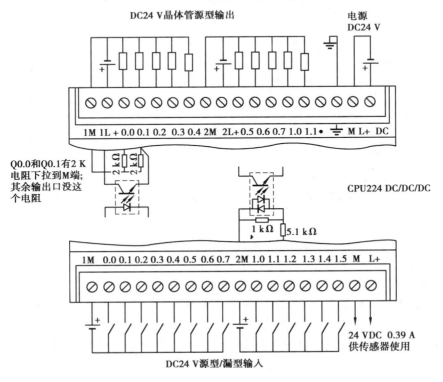

DC24 V晶体管源型输出

电源
DC24 V

1M 1L + 0.0 0.1 0.2 0.3 0.4 2M 2L+ 0.5 0.6 0.7 1.0 1.1 ● M L+ DC

Q0.0和Q0.1有2 K
电阻下拉到M端；
其余输出口没这
个电阻

2 kΩ 2 kΩ

CPU224 DC/DC/DC

1 kΩ　5.1 kΩ

1M 0.0 0.1 0.2 0.3 0.4 0.5 0.6 0.7 2M 1.0 1.1 1.2 1.3 1.4 1.5 M L+

24 VDC 0.39 A
供传感器使用

DC24 V源型/漏型输入

图 10.29　CPU224 晶体管型输出外部接线图

②新泰阳 CPU 与 PC 通信设置

首先确认 PLC 接通电源,连接 PLC 的电缆是 PC-PPI 或 USB-PPI;电脑是 XP 系统;给 PLC 通电;把 PLC 拨动到停止状态(注意:内部有 1 s 的拨动延时检测,不要拨动太快),PLC 切换到停止状态时,提示灯为以下状态;PLC 状态提示灯,STOP 灯亮(黄色);RUN 灯灭(绿色);SF/DG 灯亮或不亮(黄色或红色)用通信线连接 PLC 和电脑。

打开 STEP 7 软件,进行如图 10.30 所示的设置。

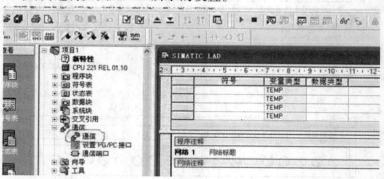

图 10.30　打开 STEP7

双击"通信",弹出如图 10.31 所示的对话窗口。

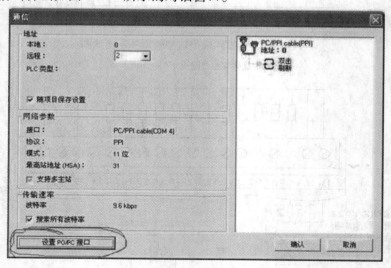

图 10.31　通信窗口

单击设置 PG/PC 接口,如图 10.32 所示。

双击 PC/PPI(Cable)设置为如图 10.33 所示的格式。

单击本地连接,弹出如图 10.34 所示的窗口。

单击下拉、选择链接到 PLC 的端口;如果是电脑自带的串口,一般就选择 COM1;如果是 USB 转出来的,就要选择 USB 转出来的口。

最后刷新地址:把刷到的地址填入箭头指向,如图 10.35 所示;单击"确认"按钮即可。

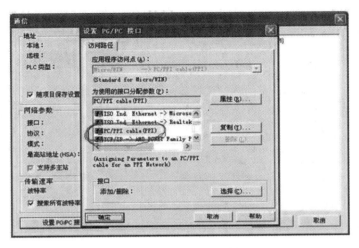

图 10.32 设置 PG/PC 接口

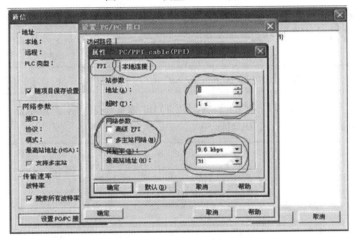

图 10.33 双击 PC/PPI(Cable)设置

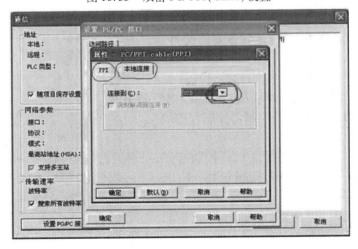

图 10.34 本地连接

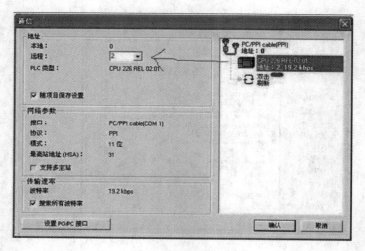

图 10.35　刷新地址

（3）**训练工具与材料**

训练工具与材料见表 10.7。

表 10.7　10.5 节的训练工具与材料

训练工具	数字万用表、测电笔、6 mm、3 mm" + "" － "起子
训练材料	PLC 主机、PLC 开发工具、PC 机、TYDB 称重计量控制器、继电器、接触器、接线端子、导线若干、电磁阀、DC24 V 电源

（4）**训练内容**

训练项目 1:TYDB 称重计量控制器的使用

1）训练内容

阅读 TYDB 称重计量控制器说明书,掌握 TYDB 称重计量控制器的使用设置方法,将该控制器设置成 500 g 的称重控制。

2）设计步骤与要求

①确定电源设计方案,综合比较方案的优劣。

②设计电路原理图。

③进行参数设计与元器件选型参数计算。

④设计电路 PCB 图、制作串联型直流稳压电源 PCB 板。

训练项目 2:PLC 定量包装控制器控制程序编程

1）训练内容

设计一款 500 g 定量包装控制 PLC 控制程序,要求进行"放料打开→定量称重→定量点检测到→关闭放料→夹袋→开启定量包装→输送→下一次包装循环"编程。

2）操作步骤与要求

①熟悉西门子 STEP7 开发工具。

②规划定量包装系统的功能,设置输入功能、输出控制功能,规划输入、输出点。

③编制 PLC 程序。

④进行程序仿真。

⑤测试。

训练项目 3:定量包装系统安装与调试

1)训练内容

定量包装控制系统的集成。

2)操作步骤与要求

①根据功能要求准备定量包装控制器、PLC、继电器、接触器、接线端子、导线等所需训练材料。

②设计控制系统硬件电路。

③器件测试、集成定量包装控制系统。

④硬件电路检查,排错。

⑤程序下载。

⑥软件、硬件系统联合调试。

3)注意事项

①查阅定量称重控制器的使用资料,掌握其使用方法,注意安全。

②调试过程用电安全。

③注意爱护电器材料,增强节约意识。

4)问题与训练总结

记录软件、硬件设计过程中存在的问题,总结设计经验,系统总结工业控制系统集成的方法与要求。

参考文献

［1］文先和.应用电工技术及技能训练［M］.哈尔滨:哈尔滨工业大学出版社,2013.

［2］张永飞.电工技能实训教程［M］.西安:西安电子科技大学出版社,2004.

［3］刘法治,周锋,杨晓兵.内线电工实用操作技术［M］.北京:机械工业出版社,2012.

［4］杨亚平.电工技能与实训［M］.北京:电子工业出版社,2006.

［5］王晓光.电工电子实训教程［M］.北京:中国电力出版社,2009.

［6］江华圣.电工技能实训［M］.北京:人民邮电出版社,2006.

［7］高淑娟.中文版 AUTOCAD2014 电气设计［M］.北京:清华大学出版社,2014.

［8］李世铭,孙建中,戴山.新编无线电使用技术手册［M］.杭州:浙江科学技术出版社,1993.

［9］周希章.实用电工手册［M］.北京:金盾出版社,2011.

［10］夏国辉.新编电工手册［M］.延边:延边人民出版社,2001.

［11］费小平,陈必群.电子整机装配实习［M］.北京:电子工业出版社,2007.

［12］化雪荟,陈大力.PCB 布线抗干扰问题的分析与设计［J］.甘肃科技纵横,2004,33(3):39-40.

［13］陈学平.PCB 设计的干扰与抑制研究［J］.制造业自动化,2010(8):144-147.

［14］王卫平,陈粟宋,肖文平.电子产品制造工艺［M］.2 版.北京:高等教育出版社,2011.

［15］廖芳,莫钊.电子产品生产工艺与管理［M］.北京:电子工业出版社,2007.

［16］http://en.wikipedia.org/wiki/Speed_of_sound.

［17］李莉,王丽坤,秦雷.1-3-2 压电陶瓷/聚合物复合材料圆柱形换能器制备［J］.功能材料,2010(z1):60-63.

［18］瞿金辉,周蓉生.超声波测距系统的设计［J］.中国仪器仪表,2007(8):43-45.

［19］沙爱军.基于单片机的超声波测距系统的研究与设计［J］.电子科技,2009(11):57-61.

［20］周志敏,纪爱华.快速掌握变频器的工程应用及故障处理［M］.北京:化学工业出版社,2013.

［21］魏连荣.变频器原理及实例分析［M］.北京:化学工业出版社,2014.

［22］王建,徐洪亮.三菱变频器入门与典型应用［M］.北京:中国电力出版社,2009.

［23］李方园.零起点学西门子变频器应用［M］.北京:机械工业出版社,2012.

［24］王建,杨秀双,刘来员.变频器实用技术:西门子［M］.北京:机械工业出版社,2012.